安徽省研究生规划教材

EXPERIMENTAL DESIGN AND ANALYSIS
试验设计与分析

主　编　陈　军
副主编　闵凡飞　邱轶兵
编　委　程雅丽　薛长国　刘令云
　　　　尚欢欢　包龙祥

中国科学技术大学出版社

内 容 简 介

本书是工科专业硕士研究生必修基础课程教材，内容涵盖试验设计和试验数据处理分析的基本原理、知识和方法，包括科学研究的一般过程、试验设计与分析概述、试验设计方法、试验结果的分析方法、试验结果的软件分析、试验设计与分析在科研中的应用，使学生能够通过课程学习灵活运用单因素优选、析因试验设计、分割试验设计、正交试验设计、均匀试验设计、单纯形调优试验设计、响应面优化试验设计等试验设计方法进行试验的方案设计，学会利用直观分析、方差分析及回归分析等试验数据分析方法对试验数据进行科学的分析和判断，培养学生运用所学试验设计与分析知识解决试验及科研过程中问题的能力，为以后的科研及解决生产实际问题打下技术基础。

本书可作为矿业、材料、化工、环境、机械、农林、医药、食品等相关专业研究生用书，也可供工程技术人员、科研人员和教师参考。

图书在版编目(CIP)数据

试验设计与分析 / 陈军主编． -- 合肥：中国科学技术大学出版社，2025.3． -- ISBN 978-7-312-06193-6

Ⅰ．TB21

中国国家版本馆 CIP 数据核字第 2024TX3282 号

试验设计与分析
SHIYAN SHEJI YU FENXI

出版	中国科学技术大学出版社 安徽省合肥市金寨路 96 号，230026 http://www.press.ustc.edu.cn https://zgkxjsdxcbs.tmall.com
印刷	合肥市宏基印刷有限公司
发行	中国科学技术大学出版社
开本	787 mm×1092 mm 1/16
印张	17
字数	420 千
版次	2025 年 3 月第 1 版
印次	2025 年 3 月第 1 次印刷
定价	70.00 元

前　言

在科学研究和生产中,经常需要做许多试验,并通过对试验数据的分析来寻求问题的解决办法。如此,就存在着如何安排试验和如何分析试验结果的问题,也就是如何进行试验设计与分析的问题。

本书共分为6章:第1章介绍科学研究的一般过程,主要内容包括科学研究的类型、科学研究的一般步骤、科研工作者的素质、科学研究的选题、课题研究前的准备及文献检索;第2章介绍试验设计与分析概述,主要内容包括试验设计的意义、试验设计与分析的基本概念、试验设计中的误差控制、常用试验设计方法及试验结果的分析方法;第3章介绍试验设计方法,主要内容包括单因素优选法、析因试验设计法、分割试验设计法、正交试验设计法、均匀试验设计法、单纯形调优试验设计法、响应面优化试验设计法以及试验设计方法的综合应用;第4章介绍试验结果的分析方法,主要内容包括正交试验结果的直观分析法、正交试验结果的方差分析法、试验结果的回归分析法、试验结果的图表表示法及响应面优化试验设计法;第5章介绍试验结果的软件分析,主要内容包括Excel在试验结果分析中的应用和其他软件在试验结果分析中的应用;第6章介绍试验设计与分析在科研中的应用,主要内容包括正交试验设计在煤泥浮选试验中的应用、响应面设计在聚合物制备中的应用、均匀试验设计在组合梁斜拉桥施工控制多参数敏感性分析中的应用。

本书编写工作由编委会成员共同协作完成,主编陈军负责统筹协调全书编写工作及第4章、第6章的具体编写工作,副主编闵凡飞负责全书编写的指导及第1章、第2章的具体编写工作,副主编邱轶兵负责全书编写的指导及第5章的具体编写工作,编委会成员程雅丽和薛长国共同负责第3章的具体编写工作,在此感谢编委会成员为教材编写付出的智慧和汗水。同时,本书获批安徽省教育厅2022年度新时代育人质量工程项目(研究生教育)"省级研究生规划教材"(2022ghjc059),在此感谢安徽省教育厅和安徽理工大学的资助。

由于编者经验及水平有限,本书必然会存在一些问题与不妥之处,敬请读者不吝指正。

安徽理工大学教授、博士生导师

2024年6月

目 录

前言 ·· (i)

第1章 科学研究的一般过程 ·· (1)
  1.1 科学研究的类型 ·· (1)
  1.2 科学研究的一般步骤 ··· (5)
  1.3 科研工作者的素质 ··· (6)
  1.4 科学研究的选题 ·· (7)
  1.5 课题研究前的准备 ··· (14)
  1.6 文献检索 ··· (14)

第2章 试验设计与分析概述 ·· (19)
  2.1 试验设计的意义 ·· (19)
  2.2 试验设计与分析的基本概念 ··· (20)
  2.3 试验设计中的误差控制 ··· (25)
  2.4 常用试验设计方法 ··· (38)
  2.5 试验结果的分析方法 ··· (42)

第3章 试验设计方法 ·· (45)
  3.1 单因素优选法 ··· (45)
  3.2 析因试验设计法 ·· (57)
  3.3 分割试验设计法 ·· (58)
  3.4 正交试验设计法 ·· (60)
  3.5 均匀试验设计法 ·· (71)
  3.6 单纯形调优试验设计法 ··· (77)
  3.7 响应面优化试验设计法 ··· (88)
  3.8 试验设计方法的综合应用 ·· (91)

第4章 试验结果的分析方法 ·· (93)
  4.1 正交试验结果的直观分析法 ··· (93)
  4.2 正交试验结果的方差分析法 ··· (114)
  4.3 试验结果的回归分析法 ··· (143)

4.4 试验结果的图表表示法 ……………………………………………………… (168)

第 5 章 试验结果的软件分析 ……………………………………………………… (179)
5.1 Excel 在试验结果分析中的应用 ………………………………………………… (179)
5.2 其他软件在试验结果分析中的应用 …………………………………………… (204)

第 6 章 试验设计与分析在科研中的应用 ………………………………………… (220)
6.1 正交试验设计在煤泥浮选试验中的应用 ……………………………………… (220)
6.2 响应面试验设计在聚合物制备中的应用 ……………………………………… (225)
6.3 均匀试验设计在组合梁斜拉桥施工控制多参数敏感性分析中的应用 ……… (231)

附录 …………………………………………………………………………………… (237)
附录 1 F 分布表 …………………………………………………………………… (237)
附录 2 常用正交表 ………………………………………………………………… (242)
附录 3 相关系数临界值表 ………………………………………………………… (252)
附录 4 均匀设计表 ………………………………………………………………… (253)

参考文献 ……………………………………………………………………………… (260)

第 1 章　科学研究的一般过程

1.1　科学研究的类型

科学研究活动从内容或性质上可分为基础研究、应用研究和开发研究三类。这三类科学研究活动分别体现了科学研究及其成果在社会生产实践中得以应用的三个阶段。另外，为领导者或领导机关决策服务的软科学研究也越来越受到重视。

1.1.1　基础研究

1. 基础研究的内涵

基础研究是以自然、社会和人类思维认识活动的基本规律为研究对象的，它包括基础理论研究和应用基础研究两部分。在国家自然科学基金项目指南中，把上述两者综合为数理科学、化学科学、生命科学、地球科学、工程与材料科学、信息科学、管理科学和专门领域八大部分。

基础研究或者是揭示一种新的规律，确立一种新的理论，或者是对现有理论在一定程度和范围内进行深化和拓展。其理论成果的一般表现形式是由概念、定理、定律等组成的理论体系。基础科学研究是对自然界及社会基本规律的认识，它对整个科学事业的发展具有主导作用。因此，基础研究的成果有助于科学技术基础性问题的解决，通常能开辟新的技术和生产领域，进而对科学技术乃至人类社会生活产生普遍而深远的影响。基础科学是物质运动最本质的规律性的反映，是人类思维高度抽象的结晶。基础研究既为应用研究和开发研究提供理论指导，又是应用研究和开发研究的知识基础。一些发达国家之所以在一些现代科学技术方面能不断地产生新的成果，与这些国家雄厚的基础研究实力是分不开的。

基础科学研究是一项具有长期性、艰苦性和连续性的工作。一个国家若在基础科学研究方面具有较强的实力，那绝不是一朝一夕形成的，而通常是与这个国家在基础研究方面的基础和传统密切相关的。从研究者的角度看，在基础理论研究方面取得一定的成就，需要厚实的理论功底和较长的研究周期。有志于进行相关学科基础理论研究的青年大学生，从在校之日起，就应为此而积极进行知识、能力乃至心理方面的准备和积累。

2. 基础研究的特征

基础研究意在追求真理,认识事物,开拓新的知识领域,实现知识、理论的体系化。基础研究通常通过实验分析或理论性研究对事物的属性、结构和各种关系进行分析,加深对客观事物的认识,解释现象的本质,揭示物质运动的规律,提出和验证各种设想、理论或定律。在成果形式上通常表现为理论、观念或科学定律,以论文的形式在科学期刊上发表或在学术会议上交流。

基础研究在研究目的和应用价值方面具有普适性。总体上看,基础研究不像应用研究和开发研究那样有具体的应用或使用目的。基础研究在成果预期方面虽然肯定会有用途,但在技术途径和方法上并不明确。当然,在基础研究范畴内,不同性质的研究活动在目的与效应的追求上也有一些差异。对于那些应用性基础研究而言,研究者对于研究方向及未来成果的期待相对比较明确。

基础研究所取得的科学成果具有非保密性的特点。它的研究成果一般都会公开发表在科学刊物上,成为全人类共同的精神财富。人们应用公开发表的基础研究最新成果,不需要像使用专利技术或发明那样支付费用。

1.1.2 应用研究

1. 应用研究的内涵

应用研究主要是运用基础研究成果,探索新的科学技术途径,研究和提出解决各方面困难、问题的措施和办法。应用研究是科学理论转化为直接生产力的一个必要环节,它可以加速或缩短科学物化的过程,为现实的工作、生产以及技术改造与进步提供理论指导,从而提高社会劳动生产力,因此具有很强的实用性和综合性。应用研究是开发研究的基础,同时又不断地为基础理论研究提出新的课题。从研究目的与特征来看,应用研究侧重于确定基础研究成果的服务方向以及实现预定方向及目标的具体方法,从而把理论发展为应用形式,使理论具有服务社会实践的可能性。应用研究虽然有一定的风险,但在特定的专业技术范围内有较大的影响,成果一般可以大致预测,而且转化时间较短。

2. 应用研究的特征

简而言之,应用研究是将基础研究形成的理论成果进一步发展转化为运用于社会生产、生活实际的新的成果形态。相对于基础研究而言,它具有以下三个方面的主要特点:

首先,应用性是应用研究最主要、最基本的特征。应用研究是将基础研究形成的理论、定律应用于现实的社会生活之中。如果我们说基础研究的价值还只是潜在的、未知的,那么应用研究就是将基础研究的那些潜在和未知的价值发掘、体现出来。通常,我们所说的研究报告、发明专利、数据模型和设计方案等就具有这样的特点。

其次,应用研究具有拓展性。应用研究将基础研究的成果应用于现实的社会生产生活,这本身就是一种拓展。因为停留在基础研究阶段的科研成果本身应该还是有局限的,应用研究将这些研究成果引入现实的社会生产生活之中。在这一过程中，作为基础研究成果的理论、规律本身也在得以延伸和拓展。同时，应用研究是在基础研究具有普适性的理论指导下，结合现实的需要，在某一特定的领域里开展研究，因而应用研究是在基础研究的范围内沿着某一特定方向的延伸、拓展和具体化。

最后，应用研究具有明确的指向性。应用研究具有明确的目标指向和应用范围。与基础研究一样，应用研究是为了认识事物、拓展新知而进行的一种创新性的研究活动。所不同的是，这种研究活动是针对某一特定的现实目标而进行的。应用研究不仅有着明确的研究领域、范围和目标，而且对于其研究的预期成果和效应也有具体的要求，这是应用研究与基础研究的不同之处。通常，在科研管理的过程中，主管机关对于应用研究也会提出一些比较明确的要求甚至指标。

1.1.3 开发研究

1. 开发研究的内涵

开发研究也称发展研究或推广研究。开发研究是把基础研究和应用研究的成果拓展到生产实践中，进行新材料、新设备、新工艺与新产品方面的研究和开发。与前两类研究活动相比，开发研究与社会生产最为接近，其成果形式多为专利、图纸和产品样品等，因而也是科学技术从潜在生产力转化为现实生产力必不可少的一个环节。而且，开发研究一般目标明确、计划具体、周期较短，与生产和社会生活的实际联系密切，成功率较高。但对于研究者来说，则需要具有较强的实践能力和工作经验。

开发研究通常是自然科学领域里的一个比较明显的科研活动形式。在自然科学领域，基础研究、应用研究和开发研究既是科学研究的三种类型，也是科学研究事业从总体上相互联系、依次进行的三个阶段。基础研究意在追求真理，认识事物，形成一定的知识理论体系；应用研究旨在以工程为目标，探讨新知识应用的可能性；开发研究目的明确，主要是把研究成果应用到生产上、工程上，以期形成生产能力。在社会科学研究的实践活动中，一般没有这样清晰的阶段划分，通常只分为理论研究和应用研究。

2. 开发研究的意义与价值

开发研究是介于科研与生产之间的过渡阶段和中间环节，与人们的日常生产生活的关系更加紧密。正因为如此，开发研究也在科学研究事业中确立了其无可替代的地位和作用。同应用研究一样，开发研究是发展国民经济建设和国防建设所迫切需要的，是科学研究的主战场之一。从一定的意义上说，基础研究是直接为应用研究和开发研究服务的。基础研究通常是研究那些基础性、长远性、根本性的问题，这些问题解决后当然会对生产及社会发展起到很大的作用，但这种作用和功能毕竟具有间接性。直接地服务于生产、生活及社会发展的需要则是开发研究的根本宗旨、重要特征和实践价值。

在过去相当长的一段时间里，我国社会普遍存在着轻视开发研究的倾向。重理论、重研究，轻实践、轻应用的做法，严重影响着我国科研事业的发展。在高校，开发研究也一直是个薄弱环节,高校科学技术成果的转化率普遍较低,加强应用研究和开发研究是高校科研的一个发展方向。一方面,要从政策机制入手,纠正科学研究实践中的这一偏差或失误;另一方面,作为高校在校学生,应积极投身于开发研究的实践之中,力争在这一研究领域里有所作为。一般来说,理工科学生在校期间的科学研究活动应以应用研究和开发研究为主,这类研究周期较短,而且实用性、应用性强,青年大学生在这方面开展研究有相对的优势。

1.1.4 软科学研究

1. 软科学研究的内涵

软科学研究是依据研究的对象、内容和方法的不同,对研究活动进行的一种分类。与传统的那些分门别类的"刚性"学科相比较,软科学"不是单一学科,而是一组以科学、技术、经济、社会、环境的相互关系和宏观管理为研究对象,以实现领导决策科学化和政策制定科学化为研究目的的学科综合"。

软科学是由自然科学和社会科学交叉发展、相互融合而逐步形成的,为社会经济发展提供决策依据的一种新兴的综合性学科。随着人类社会各项事业之间相互联系和整体推进的需要日益增强,人们对那些以促进科技、经济和社会协调发展为目的,就社会系统中带有重大战略性、政策性的问题进行的科学研究,即软科学研究,开始予以高度重视。软科学研究作为科学研究的一个门类,具有两个方面的显著特征:一是适用性和现实性;二是复杂性和综合性。软科学研究首先是为适应经济与社会发展需要,解决社会进程中各种现实问题而进行的,这就是我们所说的适用性和现实性。软科学研究的复杂性和综合性主要体现在研究的对象和方式上。软科学研究不是以某个单一的现象和问题作为自身的研究对象,而是把一个相对复杂的事物和现象放置于一个系统之中,通过对与之相互关联的各种要素及其相互关系的分析,对其进行整体的研究与把握,并为解决问题、发展事业提供最优化的方案或决策。正因如此,这种研究的方式就具有很强的综合性和跨学科性,在研究的过程中往往需要运用哲学、社会科学、管理学和自然科学,包括一些现代科技手段和方法。

2. 软科学研究的意义与价值

软科学研究的兴起是现代社会发展的必然结果,也是我国现代化建设事业的现实需要。一方面,软科学研究实际上也是一种应用研究,它是满足适应社会发展进程中的现实需要而展开的,所以这种研究的成果通常具有一定的实践价值和现实意义,这也是软科学研究同那些所谓的纯理论或纯学术研究的根本区别;另一方面,在当代科学研究事业中,软科学研究一般是以为领导者和领导机关决策以及制定政策服务为目的,它所研究的问题也大多是与国家的政治经济及各项社会发展事业密切相关的重大课题或是一些极为关键性的问题。因此,掌握软科学研究的一些基本特征与方法,对于我们大学生适应未来工作的需要和促进自身的发展具有十分重要的意义。

上文分别介绍几种不同类型、性质和内涵的科学研究活动,就一个国家或地区来说,如何对不同类型的科学研究活动进行规划和引导,以形成合理的科学研究体系十分重要。对于研究生来说,要对不同类型的科学研究活动及其特点有一定了解,并根据当前及今后的自身实际情况做出相应的抉择。

1.2 科学研究的一般步骤

根据科学研究的规律,科学研究的一般过程包括准备阶段、实施阶段和后续阶段三个环节。

1.2.1 科学研究的准备阶段

科学研究的准备阶段包括资料搜集、科研选题、科学假说、科学试验与观察等方面的内容。对于不同类型的研究活动来说,这一过程所花费的时间和精力不一样。特别是一些应用性、开发性研究项目,由于研究活动的成本高,风险较大,人们对前期的选题论证一般都相当重视,并在这方面投入较大的人力与财力。需要指出的是,在很多研究活动中,准备阶段与实施阶段的工作并没有一个分明的界限,有些工作在准备阶段和实施阶段都需要进行,如资料搜集、试验与观察等。另外,在现代科研活动中,科研项目申报与立项也是科研活动前期的重要内容。总之,按照一般科学研究的程序,课题或项目获得批准立项,可视为研究过程的准备阶段结束。

"凡事预则立,不预则废。"对于科学研究来说,准备阶段的工作十分重要。刚刚涉足科学研究领域的人往往不太注重准备阶段的工作,常常是有了一点初步的想法之后,就急忙投入所谓的研究过程之中,其结果通常是事倍功半。大学生做科研也应该十分重视准备阶段的各项工作,使我们开展的科学研究活动一开始就能进入一个比较科学的程序,形成一个良好的开端。

1.2.2 科学研究的实施阶段

科学研究的实施阶段包括观察和试验、论证与演绎、撰写试验报告和论文等方面的具体工作。各种不同性质的研究活动,其实施阶段的工作性质、内容和侧重点各不相同。一般来说,自然科学研究活动在实施阶段的主要任务是观察与试验,社会科学研究在这一阶段的主要任务是通过论证、演绎完成论文的写作,而开发性研究在这一阶段则非常注重设计、试制等有关工作。

科学研究的实施阶段,是科学研究活动的主要环节。在这一阶段里,研究者往往都会历经一个不断探索、失败、再探索的过程。包括社会科学研究的论文写作,一般也都会经过几易其稿、反复锤炼,直至相对成熟。另外,现代科学研究活动一般都纳入了相关的管理系统,科研工作者除了按照科学研究的内在规律和要求推进研究活动之外,还要配合主管机关完成相应的管理程序。

1.2.3 科学研究的后续阶段

科学研究的后续阶段包括科研成果的评价与鉴定、推介与转化，以及知识产权保护等方面的工作。由于科学研究活动本身所具有的探索性，人们经过前几个阶段的科学研究过程所取得的成果，从理论上说存在着或然性。这些科研成果有的可能没有完全达到预期目的，有的甚至可能与研究者的出发点完全相反。为了说明科学研究成果的科学性、可信度及其可能产生的效益或效果，科研成果形成之后一般都应当由科研管理部门或相应的社会机构组织同行专家、权威人士进行评价鉴定。因此，成果鉴定就成了现代科学研究活动中不可缺少的一个环节。除此之外，成果的推介、应用以及申请专利等工作也十分重要，因为这些工作一般直接影响着研究成果的效益以及研究者的切身利益。过去，我们的科研工作者不太注重这方面的工作，很多科研活动仅仅停留在论文和实验室的阶段。这样做不仅影响了个人研究成果的价值，同时对于社会也是一种损失，因为停留在论文和实验室阶段的研究成果，它的效应、效益是十分有限的。在知识经济时代，我们的科研工作者要努力改变传统的科研意识，把科学研究的重点切实转移到与社会发展和人们生产生活密切相关的领域里来，同时也应该更加注重研究成果的推介和应用等科学研究的后续工作。

1.3 科研工作者的素质

1.3.1 德

"德"指的是科研工作者的思想道德和科学道德。在素质结构中，"德"的核心和实质就是学会做人，而学会做人正是做好学问的前提。然而有些人认为只要有了学问，就可以从事科研工作、出成果，结果导致了素质结构上的偏差，以致出现问题。诚信和协作是目前需要进一步强调的！

1.3.2 识

"识"指的是科研工作者的胆识。其含义主要是指科研工作者在正确的思想认识路线指引下，所应具备的识别能力、判断能力和预见能力。

1.3.3 才

"才"是指科研工作者的才干、才能、能力。具体说来就是善于把知识、方法、技巧等巧妙地应用到科研的实际工作中去，转化为进行科研的实际能力。

1.3.4 学

"学"是指科研工作者的学习、学问、学识。科研工作者的"才"很大程度上依赖于他的后天学习,可以说"学"是一个人做科研的基础。特别是当前正值"知识爆炸"的时代,知识日新月异,科技迅猛发展,一个人的"学"将显得尤为重要。

1.4 科学研究的选题

1.4.1 科研选题的重要性及意义

1. 什么是科研选题

所谓科研选题,就是选择、确定研究课题,即明确某一项科研活动所要解决的问题,也就是确定科研活动的"主攻"方向。

确定科研课题是开展研究工作的前提,或者是第一步。没有确定研究课题,就像战士不知"主攻方向"一样,科研工作就不可能进行,或者说这种研究活动就成了无的放矢。英国著名科学家贝尔纳曾说过:"课题的形成和选择是研究工作中最复杂的一个阶段。一般说来,提出课题比解决课题更困难。"正是在这样的意义上,如何选定研究课题以及选定怎样的研究课题,体现着一个研究者的基本素质,也决定着一项研究活动及其成果的价值。对于一些科学研究活动来说,研究者提出的一些主张或观点也许并不重要,而人们之所以对这种研究活动给予肯定性评价,则恰恰在于研究者在这一活动中提出了一个十分重要的、亟待解决的问题。

确定科研课题有时是一个过程。通常,人们在受到某种启发而产生出一个想法或问题的时候,所确定的科研课题还只是初步的、不成熟的。随着观察、思考的逐步深入,原先确定的选题或者是被否定、被推翻,或者是得以进一步地深入和拓展。掌握科学的科研选题的原则和方法,有利于我们在科研选题的过程中少走或不走弯路。

2. 科研选题的意义

科研选题十分重要,是事关科研活动成败的关键性环节。如前所述,科学研究始于问题,科学研究的第一步即课题选择是否科学、适当。科研选题决定着科学研究的进程及其研究成果的意义或价值。弗兰西斯·培根有一句名言:"跛足而不迷路者能赶过虽健步如飞但误入歧途的人。"这一忠告,十分精辟地告诉人们,在科研活动中,首先要明确目标,看准方向,避免耗费心机而事倍功半。从研究者的角度看,科研选题除了看课题是否具有社会意义或社会意义大不大之外,还要分析解决这一课题的环境及主客观条件,如果课题选择得不适当,就可能使研究走向歧路,甚至半途而废。

同时,科研选题这一环节之所以十分重要,还因为这项工作十分困难、复杂,研究者难以把握。一个真正具有科研价值的研究课题是在社会的客观需要与科学本身的内在发展要求两个方面相互作用的基础上产生和形成的。也就是说,课题的提出是社会客观需要与科学研究的可能性和规律性相结合的产物,它涉及科研课题的社会评价和科学评价两个方面的价值准则。在很多时候,科学研究的社会价值和科学价值之间并不是同一的,而是存在差距的。相对于那种单纯地从社会发展需要,抑或单纯地着眼于科学自身发展势态,以及纯粹从好奇、兴趣出发提出问题,严格意义上的科研选题自然要复杂得多,困难得多。正因如此,科研课题的选定、确立本身就是科学研究的一种阶段性成果,人们在向上级机关或科研单位申报科研项目时,专家们评审项目的主要依据是本项目所选定、确立的研究课题。科研课题的选定还要受到主客观条件的制约和影响,一个好的研究课题的确定,实际上反映了一个人的认识水平和眼光,同时还会受到研究者当时所处的环境和条件的限制。因此,开展科学研究活动,必须高度重视科研选题这一环节。

1.4.2 科研课题的基本来源

通过哪些途径去确立或选定科研课题呢?原则上可以从以下几个方面去考虑:

1. 要善于在那些人们还没有开拓的领域里寻找课题

不断地开拓科学研究新的领域和新的课题,是科学研究活动本质规定性的体现,也是科学研究活动的意义和价值的根本体现。人类社会的发展进步,从一定的意义上说,正是那些科学研究工作者包括社会科学理论的开创者和奠基人不断进行科学技术、思想理论创新的必然结果。在现代科学研究实践中,人们越来越重视那些原创性研究成果,因为这类研究成果对于社会经济和其他各项事业的发展贡献最大,意义不可估量,而这些原创性研究成果主要是从那些人们还没有开拓或很少涉及的研究领域里寻找的科研课题。大学生从从事科学研究之日起,就应该立志开拓新的科学研究领域和方向,争取在科学研究方面有所作为,为人类社会的发展进步做出较大的贡献。

在科学研究活动中,原创性研究及其成果是一种最具价值的研究活动和成果,而原创性研究活动及其成果的起点,则在于科研选题的原创性。因此,在科研选题这一环节上,一些具有一定的研究能力的人应当勇于、善于去发掘那些具有原创性的研究课题。

2. 从前人研究过的领域中寻找和选择课题

对于前人已经有涉猎的研究课题进行研究,有几种不同的情况。一种情况是前人的研究已经产生了一些正确的结论,但随着新资料的发现,可以从另外一些角度予以补充或阐述。其次,是以前人的研究成果为基础,随着客观事物的发展、认识水平的提高,在新的条件下予以丰富和发展,或者对其中某些不尽妥当的认识,以新的研究成果予以修正、订补和论证。另外,在学术发展过程中,每一学科领域都存在着许多有争议的问题。这类问题有许多人研究过、探讨过,但观点不一,众说纷纭,至今没有一个比较统一或公认的结论。这些问题同样需要深入研究,正确解决,这既是客观实践的需要,也是学术发展的要求。对这类认识不统一、有争议的课题进行研究,对发展科学研究事业,促进学术研究的繁荣具有十分重要的意义。选择这类课题进行研究,必须对争论的情况、争论的焦点、各方的观点有较为全面的了解,同时研究者对选定的课题还必须有一定的认识、看法或见解。

当然,所有这一切,都有赖于研究者敏锐的科学研究眼光和洞察力,都必须借助于对科学前沿信息的研究和掌握。如果对所要研究的问题相关科学领域的前沿信息一无所知,或者对已知的信息缺乏分析和研究的能力,无法确定哪些问题是有新意的、有研究价值的,当然不可能确立科学、正确的研究选题。

3. 从现实社会生活的实践中寻找和发现研究课题

现实社会生活既是科学研究的动力,也是科学研究的源泉。现实社会的方方面面不断地在向我们的科学研究工作者提出新的课题。随着科学研究事业的发展,现实世界向人们提出的需要研究和解决的问题不是越来越少,而是不断增加。人们把科学探索形象地比作膨胀的气球,就是说,由于科学研究的促进作用,人们的认知像一个球体愈来愈扩展,愈来愈膨胀,但与此同时,这个球体与未知世界的接触面也就愈来愈大,人类探索未知世界的能力也会随着已知领域的增长而不断地提高。从这样的意义上说,科学对于未知世界的探索是无止境的,从现实社会生活的实践中发现和寻找新的研究课题也是永无止境的。

在现实社会生活的实践中寻找和发现科学研究的课题,需要我们时刻保持对社会生活的极大热情,经常关注经济和社会发展进程中出现的新现象和问题。特别是青年大学生要努力保持一种肯动脑、勤思索的精神状态,这样头脑中就会产生许多科学研究的灵感。在人类科学史上有过许多这样的生动事例。澳大利亚有着广阔的牧场,畜牧业比较发达,20世纪30年代曾引进一种良种牛,但这种牛的粪便在草原上容易结块,给草原的生态环境和畜牧业生产造成了灾害,于是科学家们开始关心起牛粪问题来,并对这一问题进行研究。后来科学家们发现有一种叫屎壳郎的昆虫特别喜欢牛粪,便从中国和其他国家或地区找到了既适应澳大利亚自然条件,又对牛粪感兴趣的屎壳郎品种,经过培育、繁殖放养在草原上,使牛粪的灾害问题得到解决。在我们今天的现实生活中,也有许多类似的问题,如果我们能够逐一地加以研究和解决,那么我们国家的经济建设和社会各项事业将会得到更加快速的发展。

1.4.3 科研选题的基本原则

1. 科学性原则

(1) 课题研究的内容必须是科学的、符合科学规律的。

科学性是科学研究的本质特性,坚持科学性是科学研究必须遵循的基本原则,也是衡量科学研究工作的重要标准。科学研究活动所选定的课题,必须是有助于揭示客观世界的规律,正确地反映人们认识世界和改造世界的实际情况的。这是科研选题贯彻科学性原则的最本质特征。首先,科研选题应当坚持以充足的事实和试验观测结果为依据,把科研选题建立在总结过去有关科学领域的试验成果和理论思想的基础之上。没有这个基础,任何重大的发现都是不可能的,甚至还会出现一些不切实际的幻想。在人类科学史上,不同时代的人们都先后提出过所谓"永动机"的具体设想,但是这些人都犯了一个共同性的错误——热力学基本定律早已宣判"永动机"是不可能制造出来的。

其次,要坚决杜绝那些打着科学研究旗号的伪科学甚至是封建迷信的内容。我国的科学研究中曾经出现过伪科学和封建迷信的闹剧,给我们的科学研究工作留下了深刻的教训。在世界科学史上这样的教训也不乏其例。在今后的科学研究实践中,我们一定要注意全面提高科学研究的意识和能力,树立正确的科学研究观念,始终自觉地坚持科学研究本身所应当具备的科学性。

(2) 科研选题必须有科学的态度和作风。

科学研究是一项老老实实的工作,它必须以科学理论为依据,以客观事实为基础,不能主观臆想、凭空妄想,不能漫无边际、毫无根据地确定研究课题。用科学的精神和严肃认真的态度,去探索真理,发展真理,是科学研究活动过程中必须始终坚持的一种态度和作风。凡是违背科学研究的原则而确定的课题,都会使研究工作失去客观依据,受到科学规律的惩罚,最终遭受挫折,走向歧途。有些刚刚涉足科学研究的人们,往往不太重视研究选题这一环节,有了一点想法就匆匆拿起笔写,由于事先酝酿得不够充分,论文写作的过程中不得不写写停停,甚至中途夭折,这样的教训要注意吸取。

确立科研选题的另一个重要依据,是个人的研究经历、特长和优势,也就是个人的科研实力。在科研立项的过程中,主管部门对研究者申请的科研项目进行评审时,一方面要看课题本身的内涵和价值,另一方面也要考察研究者在这一研究领域里的经历、成就。显然,一个在相关研究领域里完全没有涉足的人,别人是不相信他能够完成该领域某一研究项目或课题的。从这个意义上说,强调科研选题必须有科学的态度和作风,包括要把科研选题建立在自身科研经历和实力的基础上。

2. 必要性原则

(1) 科学研究的内容和问题应符合社会发展的现实需要和长远需要。

人类的一切认识和实践活动,其根本目的就在于能动地改造世界,从而造福于人类自身。科学研究的价值也就具体地体现为满足人们的物质生活和精神文化生活,促进社会的发展进步。社会发展需要是科学发展的动力,科学研究活动必须以满足和适应社会发展需要为目的,任何一项科学研究活动首先考虑的应该是这一研究活动是否具有必要性,即它在满足人的需要、促进社会发展方面有没有积极意义以及具有怎样的积极意义,这是选择研究课题时应当遵循的基本原则。

由于人和社会需要的复杂性和多样性,科学研究的价值同样具有多质性。根据科研选题的必要性原则,我们进行科研选题的时候还应尽量把眼光放在那些与社会经济发展联系最紧密的问题上。在社会生活的各个领域里,都有许多可供选择的课题,但是就国家或社会主体来说,在有限的智力资源和物力资源条件下,只有紧紧抓住那些重点课题,集中力量组织攻关,才能实现预定的科技发展的总目标,以取得最大的经济效益和社会效益。就研究者个人来说,只有自觉地与国家、社会科学研究的战略重点保持同步,紧紧抓住那些社会影响和经济效益巨大的重点研究课题,如能够带动其他科学技术领域发展的前沿性课题,对长远的社会进步和经济振兴有重大影响的课题,能够成为产业技术发展基础的共同性技术和保障国家安全的尖端科学技术,以及社会生产、生活中亟待解决的问题等展开深入的研究,才有可能真正在科学研究事业中有所作为。

在科研选题这个环节中,既要坚持选题的必要性原则,又不可单纯以实用主义的态度和观点看待科研选题。有些问题的研究看起来与经济和社会的发展相关性似乎不强,但它往往在某一方面具有其特殊的功能和意义;有些问题在今天的人们看来似乎意义不大,但对于整个人类社会的长远发展和根本利益却有着不可估量的作用。对这样一些课题我们同样应该予以足够的重视,这就需要我们科研工作者具有全面的科学意识和观念,具有较高的科学认识能力与水平。

(2) 科学研究的内容和问题应符合科学事业自身的发展需要。

从科学研究的价值来说,它既有适应和满足人与社会发展需要的功能,同时还具备满足和适应科学事业自身不断发展和进步需要的作用。有些研究课题看起来似乎与经济和社会发展的现实需要并没有多大的直接联系,但在科学研究这一大的系统中,这些研究的内容及成果却往往是推动整个科学研究事业向前发展的必不可少的环节和工具。也就是说,有些科学研究,单从其服务社会的功能出发,似乎看不出有什么意义或价值,但在科学研究的进程中却是不可或缺的。这样的研究课题同样是具有社会意义和价值的。例如,无论是自然科学研究还是社会科学研究,其中一些基础性研究课题与社会生产实践和人们日常生活没有直接的关系,其社会价值往往需要通过一系列的中间环节才能得以实现。因此,对这样的研究课题用功利主义的眼光来评价它在科学体系中的地位通常很难。但是,正因为这些研究课题的基础性特征,决定了它们最终必将对科学的各个领域发挥作用,并迟早会找到物化为直接生产力的途径的。基础性课题研究一旦实现了这种转化,就必然会给人类社会文明带来质的飞跃,其科学价值往往是不可估量的。如果对这类研究课题采取功利主义的态度,忽视甚至排斥它,那么对科学事业和社会的发展都是十分有害的。因此,国家对这类课题研究一直保持相当的重视,个人对这类课题也要有相应的学术眼光。

3. 创新性原则

(1) 创新是科学研究最本质的特征。

科学活动是人类继往开来、不断创新的社会实践活动。科学工作者应把开展科学发明、科学创造视为自己的天职,而科学的创新性首先且主要体现在科研选题的创新性上。爱因斯坦指出:"提出一个问题比解决一个问题更为重要,因为解决问题也许仅是一个数学上或实验上的技能而已,而提出新的问题、新的理论,从新的角度去看旧的问题,却需要有创造性的想象力,而且标志着科学的真正进步。"爱因斯坦的这番话,强调了科研选题的重要性,同时也非常明确地提出了选题所必须遵循的创新性原则。

要使我们开展的科学研究课题具有一定的创造性和创新性。一是要敢于和善于开拓新的科学研究领域,在前人还没有涉足的领域里去寻找和发现课题,要敢于和善于对那些前人没有完成或难以攻克的课题发起挑战,运用新的科学技术和手段进行新的理论创造。我国著名数学家陈景润选择的难题,就是数学家哥德巴赫所提出而没有完全解决的问题。二是要敢于摆脱陈旧学说和传统观念的羁绊,用批判的眼光看待已有的理论和传统的观点与结论,发现其中的矛盾和缺陷,进行科学技术的开拓与创新。爱因斯坦狭义相对论的诞生,就是从对牛顿的时空观念的怀疑与挑战开始的。在那一时代,对于绝大多数物理学家来说,牛顿关于时间和空间的物理阐述是不容置疑的。然而,年轻的爱因斯坦却没有盲从,而是运用一种全新的思路来重新考虑问题。终于在1905年,他在年仅26岁的时候发表了狭义相对论。人们惊呼:"又一个哥白尼诞生了!"

创造性的研究课题,不是研究者灵机一动的结果,而是他们长期积淀形成的科学创新素质和创新能力的必然反映。这些创造性课题的确立,有时的确来源于研究者的科学灵感,但这些科学灵感也正是研究者知识能力厚积薄发的一种具体体现。注重科学选题的创新性不仅是我们应当自觉坚持的一个原则,更是我们必须不断努力培养的一种能力。

(2)创新性课题的基本特征。

衡量选题是否有创新,要看选题的内容是否能够开拓新领域、提出新理论,是否采用新设计、新工艺、新方法等。一个具有创新性的课题,首先应具有科学研究的前沿性。也就是说,我们的研究工作要在系统地学习前人的研究成果,从前人的思想中得到启迪的同时,敢于去研究那些前人刚刚开始但还没有解决的问题。其次,科学研究的课题都应该具有一定的独创性或突破性,重复、复制前人已有的认识和结论,是和科学研究的本质特征格格不入的。著名物理学家李政道在谈到选题时说,在选择课题时,了解人家做了什么并不是最重要的,最重要的是了解人家不会做什么。能够在别人不会做或不曾做过的领域里取得新的成绩和突破,这就是创造、创新。因此,任何一个科学研究项目,其研究内容都应是前人或他人没有解决或没有完全解决的科学问题。通过对这些课题的研究能够发现或充实前人或他人没有发现的真理或已经发现但仍然不够完善的真理。

要瞄准那些科研冷门。由于客观世界的无限性和人们认识的有限性,历代科学家对于社会和自然界的研究,都会出现偏差或留有空白。我们进行科研选题时不要轻易放过别人忽略的地方,要善于在这些地方寻找矛盾,发现问题,深入进去。科学无禁区,在选择研究课题时,要敢于涉足别人还没有进入的领域,也要敢于从自己熟知的学科跨入生疏的学科,敢于去开拓新的领域。

4. 可行性原则

(1)要认真分析和考虑自身的主观条件。

首先,大学生科学研究活动应尽量选择那些自己比较感兴趣,而且有开展研究的冲动和愿望的问题为研究对象。科学研究活动是一种充分体现人的自主性和能动性的实践活动,它不像其他行为那样可以通过外力的作用而产生效应,而是更多地依赖主体自身的创造力、想象力和艰苦的探索性实践。大学生科研选题尽可能地与自身的兴趣、爱好和特长相结合,既有利于发挥自己的优势,也有利于科研课题的进展。由于自己在这方面有基础、有见解,有话可说,非说不可,这样才能有探索的欲望。有了探索的欲望,就会产生研究的动力,并常常会"乐此不疲"。

其次,要注意结合自己所学专业以及自己的知识能力结构来考虑选择科研课题。把科学研究的实践活动与自己所学专业和知识结构的特点结合起来,有利于大学生在校期间学习与科研活动之间的互动发展,可以减少科学研究和完成现阶段的学习任务之间的矛盾和冲突。当然,我们并不反对大学生从事本专业之外的科学研究活动,但它毕竟会产生更多的困难,需要我们认真地加以应对和处理。

另外,大学生开展科研、选择课题要注意"量力而行"。要善于对主观愿望和客观条件进行全面考虑,选出大小适当、难度适中的研究课题来。人们在谈及科学研究时有"小题大做"的说法。"小题大做"既是一种方法,也是一种关于科研选题的方法论。所谓"小题大做"是指研究活动从一个比较微观的具体的问题入手,把这样一个看起来很"小"的问题做大、弄透,以小见大。这对于刚刚从事科学研究的青年大学生来说很有借鉴意义。从科研能力和水平的现状来说,起步时最好能从那些问题比较集中、复杂度不高的课题入手。这样的一类课题思路相对单一,容易深入,也容易产生成果。

(2) 要认真分析和考虑开展科学研究的客观条件和可能。

开展科学研究活动特别是自然科学领域里的研究活动,在很大的程度上依赖于一定的科学研究环境与条件。爱因斯坦一生有许多伟大成就,然而这位伟大科学家的后半生几乎没有作出什么重要贡献,其中一个重要原因就是"选题上的失误"。为了揭示引力和电磁力这两种作用力在本质上的联系,爱因斯坦选择"统一场论"作为自己的研究课题,然而由于超越了当时科学发展的历史条件,爱因斯坦孤军作战,为了这一研究课题耗尽其后半生的精力,终究没有取得成果。

科学研究的客观条件当然包括多方面的因素,其中有两点尤其应当注意。第一,对作为特定领域里科学研究的基础,现有的认识和研究水平达到什么样的程度,必须搞清楚。如果人们的认识水平和科学研究的成果还没有达到相应的程度,而我们却在那里幻想进行某些超越现实可能的科学研究试验,那就有点异想天开了。第二,对研究过程所必需的文献资料、实验设备、经费、时间等条件,是否有保障,保障到什么程度,也必须搞清楚。特别是一些自然科学研究项目,对于研究设备和环境的依赖更大,如果缺乏这些基本的保障,科学研究就根本不可能进行下去。

1.4.4 科研选题的基本步骤

(1) 问题调研。
(2) 课题选择。

在问题调研之后,即进入提出科学问题和确定科研选题的阶段,也就是选题的形成阶段。这主要是根据问题调研的结果,从所调研的科学问题中优选出一定的备选课题,设计、拟定出研究方案,提出开题报告。开题报告一般包括七个方面的内容:

① 课题来源;
② 研究的目的和意义;
③ 国内外研究现状和发展趋势;
④ 主要研究内容和研究方法;
⑤ 完成课题的主客观条件;
⑥ 研究周期和所需经费;
⑦ 需要有关部门协助解决的问题等。

开题报告是对课题可行性进行判断和主管部门审批课题的重要依据。

(3) 课题论证与决策。

1.5 课题研究前的准备

1.5.1 思想准备

人是有思想的,做任何工作都要把思想准备、思想工作放在前头。思想明确了,工作中就可以少出偏差、少走弯路:
(1) 要明确课题责任人的职责。
(2) 要开好研究前的思想动员会。
(3) 要明确课题研究目标,限制课题研究范围。

1.5.2 组织准备

这里的组织准备是专指某一研究课题的责任人和为完成该研究课题所建立起来的一种临时性的研究集体的组织工作。主要工作有以下几点:
(1) 确定课题组的组织形式和课题组成员。在现代科学研究中存在着两种研究形式,一种是个人研究,另一种是合作研究。这里主要是指合作研究中的组织工作。
(2) 掌握研究工具和研究方法。
(3) 构思课题完成步骤和制订研究计划。

1.6 文 献 检 索

对有关资料和学术动态进行搜集和分析,作为对已掌握文献的补充。如果没有这些最新的参考文献,要想使研究具有新颖性和独创性是不可能的。搜集和阅读资料是为科学研究开拓思路,提供理论依据。

1.6.1 文献与情报资料的种类和来源

1. 书籍

书籍是指装订成册的图书或文字,带有文字和图像的纸张的集合。在中国古代纸张推广前,书籍多用以火焙干的竹子编成。

2．期刊

期刊是一种连续性的出版物,如周刊、旬刊、半月刊、月刊、季刊、半年刊、年刊等,由依法设立的期刊出版单位出版。期刊出版单位出版期刊,必须经新闻出版署批准才能获得和持有国内统一连续出版物号。

3．报纸

报纸是一种以刊载新闻和时事评论为主的定期向公众发行的出版物。它是大众传播的重要载体,具有反映和引导社会舆论的功能。

4．专利文献

专利文献是记载专利申请、审查、批准过程中所产生的各种有关文件的资料。狭义的专利文献指包括专利请求书、说明书、权利要求书、摘要在内的专利申请说明书和已经批准的专利说明书等的文件资料。广义的专利文献还包括专利公报、专利文摘,以及各种索引与供检索用的工具书等专利文献,是一种集技术、经济、法律三种情报为一体的文件资料。其载体形式包括纸型、缩微胶片型、磁带型、光盘型等。专利文献具有内容新颖、广泛、系统、详尽,实用性强,可靠性强,质量高,出版迅速,形式统一,重复出版量大,分类和检索方法特殊,文字严谨等特点。根据设置的专利种类,专利文献可分为发明专利文献、实用新型专利文献和外观设计专利文献三大类。根据其法律性,专利文献可分为专利申请公开说明书和专利授权公告说明书两大类。专利文献的检索可依如下途径进行:专利性检索,避免侵权的检索,专利状况检索,技术预测检索,具体技术方案检索等。

5．科技报告和政府出版物

科技报告是记录某一科研项目调查、试验、研究的成果或进展情况的报告,又称研究报告、报告文献。出现于20世纪初,第二次世界大战后迅速发展,成为科技文献中的一大门类。每份报告自成一册,通常载有主持单位、报告撰写者、密级、报告号、研究项目号和合同号等。按内容可分为报告书、论文、通报、札记、技术译文、备忘录、特种出版物。大多与政府的研究活动、国防及尖端科技领域有关,发表及时,课题专深,内容新颖,数据完整,且注重报道进行中的科研工作,是一种重要的信息源。查寻科技报告有专门的检索工具。

政府出版物又称"官方出版物",是由政府部门及其专门机构根据国家的命令出版的文献资料。其内容比较广泛,大致包括行政性文献(如法令、条约、统计资料等)和科技文献(如研究报告、技术政策等)两大类。根据1958年联合国教科文组织召开的"有关各国之间交换官方出版物和政府文献"会议规定,官方出版物包括下列几种:议会文献;中央、联邦及地方政府的各种行政方面的出版物及报告;全国性目录;国家编纂的各种手册、工具书;法律及司法部门、法院判例以及其他有关出版物等。在各种政府出版物中,有的在未列入政府出版物前已经发表过,有的是初次发表。政府出版物是了解各国政治、经济、科学技术等情况的一种重要资料,应注意收集和利用。

6. 情报

情报是指关于某种情况的消息和报告(多带机密性质)。从情报搜集的手段来给其下定义,情报是通过秘密手段搜集来的敌对方的外交、军事、政治、经济、科技等信息。从情报处理的流程来给其下定义,情报是被传递、整理、分析后的信息。

7. 会议文献

会议文献指各国或国际学术会议所发表的论文或报告,随着学术会议的召开而产生,一般没有固定的出版形式。通常分为会前出版物和会后出版物两种,会前出版物主要包括会议内容、日程、预告、论文摘要和论文预印本等。会后出版物主要是论文集,还包括其他有关会议经过的报告、消息报道等。学术会议是情报交流的重要渠道。会议文献在一定程度上反映了国际上或某个国家某些专业研究的水平和动向,属于一次文献,是重要的文献情报源之一。

8. 学位论文

学位论文是作者为获得某种学位而撰写的研究报告或科学论文。一般分为学士论文、硕士论文、博士论文三个级别。其中尤以博士论文质量最高,是具有一定独创性的科学研究著作,是收集和利用的重点。学位论文代表不同的学识水平,是重要的文献情报源之一。它一般不在刊物上公开发表,只能通过学位授予单位、指定收藏单位和私人途径获得。查找国外学位论文的检索工具有《国际学位论文文摘》(*Dissertation Abstracts International*),由美国大学缩微品公司(University Micro-films Incorporation)编辑出版,收录美国、加拿大、英国、法国、比利时、澳大利亚等国的 450 余所大学的学位论文文摘和其他各国著名大学的学位论文目录,分 A(人文与社会科学)、B(科学和工程)、C(欧洲学位论文文摘)3 辑出版。我国于 1979 年恢复实行学位制度。北京图书馆、中国科技情报所和中国社会科学院文献情报中心是指定的博士论文收藏单位。

9. 标准文献

标准文献是指由技术标准、管理标准、经济标准及其他具有标准性质的类似文件所组成的一种特种文献。狭义上指按规定程序制订,经公认权威机构(主管机关)批准的一整套在特定范围(领域)内必须执行的规格、规则、技术要求等规范性文献,简称标准。广义上指与标准化工作有关的一切文献,包括标准形成过程中的各种档案、宣传推广标准的手册及其他出版物、揭示报道标准文献信息的目录和索引等。

10. 产品样本(产品资料)

厂商为向用户宣传和推销其产品而印发的介绍产品情况的文献,通常包括产品说明书、产品数据手册、产品目录等。产品样本的内容主要是对产品的规格、性能、特点、构造、用途、使用方法等的介绍和说明,所介绍的产品多是已投产和正在行销的产品,反映的技术比较成熟,数据也较为可靠,内容具体,通俗易懂,常附较多的外观照片和结构简图,直观性较强。

但产品样本的时效性强,使用寿命较短,且多不提供详细数据和理论依据。大多数产品样本以散页形式印发,有的则汇编成产品样本集,还有些散见于企业刊物、外贸刊物中。产品样本是技术人员设计、制造新产品的一种有价值的参考资料,也是计划、开发、采购、销售、外贸等专业人员了解各厂商出厂产品现状、掌握产品市场情况及发展动向的重要情报源。

1.6.2 文献与情报资料的搜集

信息检索的主要原则有:
(1) 准确性:信息检索的结果必须准确、清晰、无歧义。为达到这个目标,检索系统需要有高效的算法、合适的检索方式和正确的关键词。
(2) 实用性:信息检索的结果必须符合用户的实际需求,能够解决用户的问题或帮助用户完成任务。
(3) 全面性:信息检索需要覆盖尽可能多的信息源和文档,以便提供最全面的信息结果。
(4) 可靠性:信息检索系统必须保证搜索结果的可靠性,避免出现错误或误导用户。
(5) 可重复性:信息检索结果需要具有可重复性,用户可以在不同的时间和环境下获得相同的结果。
(6) 高效性:信息检索系统需要快速响应用户的请求,以提供最快的搜索结果。
(7) 用户友好性:信息检索系统需要易于使用,能够满足用户的操作习惯和需求。

1.6.3 文献与情报资料的阅读方法

(1) 快速阅读法:快速阅读法是最简单也是最常见的一种阅读方法。主要是对文章的标题、摘要、图表、结论等进行快速扫描,以便对文章的主题、目的和内容等有总体的了解。
(2) 扫读法:扫读法是一种比较详细的阅读方法,在快速阅读的基础上,重点关注文章的重点段落,如引言、方法、结果和讨论等,同时仔细阅读相应的图表内容。通过这种方法,可以更深入地理解文章,同时找到自己想要的内容。
(3) 细读法:细读法是一种深度阅读的方法,需要耐心地逐段读完文章,注重细节和连贯性,更多地关注文章的论点、证据和结论等内容,同时对关键词和句子进行梳理和归纳,并做出个人的思考和判断。这种方法对于研究型阅读是必要的。
(4) 笔记法:笔记法是阅读文献时记录关键信息和个人想法的一种方法。可以将关键词、句子、段落摘录下来,配合自己的注释和思考,编写读书笔记,以便后续整理和加以利用。
(5) 关联法:关联法是指在阅读文献时,不断尝试与自己的研究方向和问题联系起来,找出文章与自己的研究方向之间的关系和联系。这种方法能够帮助我们更深入地理解文献内容和掌握自己的研究方向,从而进行深度思考和探索。

总之,文献阅读方法很多,每个方法都有其独特的优点和适用范围。我们可以根据自己的需要选择不同的方法,以达到最佳的阅读效果。

1.6.4 阅读文献与情报资料时记笔记的方法

（1）阅读前准备：在开始阅读文献之前，先了解一些背景信息。查阅文献的摘要、关键词和目录，以了解文章的主题、目的和结构，这有助于我们更好地理解和组织文章的内容。

（2）主动阅读：在阅读文献时，不要只是被动地接受信息，而是要采取主动的阅读策略。使用标记、画线和批注等方式来标记重要观点、关键信息和不理解的部分。同时，不要忽视文献中的图表和表格，它们可以帮助我们更好地理解和记忆文章的内容。

（3）分段笔记法：将文献分成不同的段落，并为每个段落写下一个简短的摘要。在摘要中，可以记录作者的主要观点、试验结果、数据分析和结论等。这样做可以帮助我们更好地组织和回顾文章的内容。

（4）关键词标记：阅读文献时，将重要的关键词和术语进行标记。这有助于我们在后续的阅读和查找中快速找到相关信息。同时，我们还可以使用颜色或符号来将不同类型的关键词进行分类，以便更好地整理和理解文献。

（5）总结和思考：在阅读完文献后，及时对所读内容进行总结和思考。写下我们对文献的主要观点、研究方法、结果和结论的理解。同时，我们还可以思考文献与已有知识的关系，是否存在争议或需要进一步研究的问题等。这有助于我们深入思考和批判性地分析文献的内容。

（6）提取引文：在阅读文献时，注意提取和记录引文信息。包括作者、标题、期刊名称、发表年份等。这对于后续的引用和写作非常重要。我们可以使用引文管理工具来帮助我们整理和管理所提取的引文信息。

（7）建立知识框架：在阅读多篇相关文献时，尝试将它们联系起来，建立一个知识框架。我们可以使用思维导图、概念图或笔记本等方式来组织和整理所读文献的内容。这有助于我们更好地理解和记忆所读文献的内容，并为后续的研究和写作提供参考。

综上所述，阅读文献并做笔记是一项需要技巧和方法的任务。通过采取上述方法，可以更有效地阅读文献，并在后续的科研和写作中充分利用所学知识。

第 2 章 试验设计与分析概述

试验设计与分析是以概率论、数理统计及线性代数为理论基础,经济地、科学地安排试验和分析处理试验结果的一项科学技术。其主要内容是讨论如何合理地安排试验和科学地分析试验结果,从而解决生产中和科学研究中的实际问题。它要求除具备概率论、数理统计及线性代数等基础知识外,还应有较深、较广的专业知识和丰富的实践经验。只有这三者紧密结合起来,才能取得良好的效果。

在科学研究和生产中,经常需要做许多试验,并通过对试验数据的分析,来寻求问题的解决办法。如此,就存在着如何安排试验和如何分析试验结果的问题,也就是如何进行试验设计与分析的问题。

2.1 试验设计的意义

2.1.1 试验为什么要设计

在工农业生产、科学研究和管理实践中,为了研制新产品,更新老产品,降低原材料、动力等资源消耗,提高产品的产量和质量,做到优质、高产、低消耗,即提高经济效益,都需要做各种试验。凡是试验就存在着如何安排试验、如何分析试验结果的问题。若试验方案设计正确,对试验结果分析得法,就能够以较少的试验次数、较短的试验周期、较低的试验费用,迅速地得到正确的结论和较好的试验效果;反之,试验方案设计不正确,试验结果分析不当,就可能增加试验次数,延长试验周期,造成人力、物力和时间的浪费,不仅难以达到预期的效果,甚至造成试验的全盘失败。因此,如何科学地进行试验设计是一个非常重要的问题。

一项科学合理的试验安排应能做到以下三点:
(1) 试验次数尽可能地少;
(2) 便于分析和处理试验数据;
(3) 通过分析能得到满意的试验结论。

2.1.2 试验设计的含义

试验设计,顾名思义,研究的是有关试验的设计理论与方法。通常所说的试验设计是以概率论、数理统计及线性代数等为理论基础,科学地安排试验方案,正确地分析试验结果,尽快获得优化方案的一种数学方法。

一般认为,试验设计是统计数学的一个重要分支。

必须指出,试验设计要做到科学、经济合理,取得良好的效果,并非轻而易举。只有试验参加者具备有关试验设计领域里的理论基础、知识和方法、技巧等,才能胜任这项工作。此外,搞好试验设计工作还必须具有较深、较广的专业技术知识和丰富的生产实践经验。只有把试验设计的理论、专业技术知识和实际经验三者紧密结合起来,才能取得良好的效果。

由此看来,试验设计的目的是获得试验条件与试验结果之间规律性的认识。对于一个良好的试验设计来说,要经过三个阶段,即方案设计、试验实施和结果分析。在方案设计阶段,要明确试验的目的,即明确试验要达到什么目标,考核的指标和要求是什么,影响指标的主要因素有哪些以及因素变动的范围(即水平多少)怎样,从而制订出合理的试验方案(或称试验计划);在试验实施阶段,根据试验方案进行试验,获得可靠的试验数据;在结果分析阶段,采用多种方法对试验测得的数据进行科学的分析,找出哪些考察因素是主要的,哪些是次要的,并选取优化的生产条件或因素水平组合。

最后,还需指出,试验设计能从影响试验结果的特征值(指标)的多种因素中,判断出哪些因素显著,哪些因素不显著,并能对优化的生产条件所能达到的指标值及其波动范围给以定量估计。同时,也能确定最佳因素水平组合或生产条件的预测数学模型(即所谓经验公式)。因此试验设计适合于解决多因素、多指标的试验优化设计问题,特别是当一些指标之间相互矛盾时,运用试验设计技术可以明了因素与指标间的规律性,找出兼顾各指标的适宜的对系统寻优的方法。

2.2　试验设计与分析的基本概念

2.2.1　常用术语

1. 试验指标

在试验设计与分析中,我们通常根据试验和数据处理的目的而选定用来考察或衡量其效果的特征值即试验指标。试验指标可以是产品的质量、成本、效率和经济效益等。

试验指标分为定量指标和定性指标两大类。定量指标(如精度、粗糙度、强度、硬度、合格率、寿命和成本等)可以通过试验直接获得,它方便计算和数据处理;而定性指标(如颜色、气味、光泽等)不是具体数值,一般要定量化后再进行计算和数据处理。

试验指标可以是一个,也可以是几个,前者称为单考察指标试验设计,后者称为多考察指标试验设计。

2. 试验因素

对试验指标产生影响的原因或要素称为试验因素。

例如在合金钢 40 Cr 的淬火试验中,淬火硬度与淬火温度(如 770 ℃、800 ℃、850 ℃)和冷却方式(如水冷、油冷、空冷)有关。其中淬火温度和冷却方式是试验因素,而淬火硬度是试验指标。

因素一般用大写字母 A,B,C,⋯来表示。

因素有各种分类方法。最简单的分类,把因素分为可控因素和不可控因素。加热温度、熔化温度、切削速度、走刀量等人们可以控制和调节的因素,称为可控因素;机床的微振动、刀具的微磨损等人们暂时不能控制和调节的因素,称为不可控因素。试验设计一般仅适于可控因素。

从因素的作用来看,可把因素分为可控因素、标示因素、区组因素、信号因素和误差因素:

(1) 可控因素。可控因素是水平可以比较并且可以人为选择的因素。例如,机械加工中的切削速度、走刀量、切削深度,电子产品中的电容值、电阻值,化工生产中的温度、压力、催化剂种类等。

(2) 标示因素。标示因素是指外界的环境条件、产品的使用条件等因素。标示因素的水平在技术上虽已确定,但不能人为地选择和控制。属于标示因素的有:产品使用条件,如电压、频率、转速等;环境条件,如气温、湿度等。

(3) 区组因素。区组因素是指具有水平,但其水平没有技术意义的因素,是为了减少试验误差而确定的因素。例如,加工某种零件,不同的操作者、不同的原料批号、不同的班次、不同的机器设备等均是区组因素。

(4) 信号因素。信号因素是为了实现人的某种意志或为了实现某个目标值而选取的因素。例如:对于切削加工来说,为达到某一目标值,可改变切削参数 v、s、t,这时三个参数就是信号因素;在稳压电源电路设计中,调整输出电压与目标值的偏差,可通过改变电阻实现,这时电阻就是信号因素。信号因素在采用 SN 比方法设计时用得最多。

(5) 误差因素。误差因素是指除上述可控因素、标示因素、区组因素、信号因素外,对产品质量特性值有影响的其他因素(如在试验过程中的测量、仪器和环境条件等的影响)的总称。也就是说,影响产品质量的外干扰、内干扰、随机干扰的总和,就是误差因素。如果说如何规定零件特性值是可控因素的作用,那么,围绕目标值产生的波动,或者在使用期限内发生老化、劣化,就是误差因素作用的结果。

3. 因素的水平

试验因素在试验中所处的状态、条件的变化可能会引起试验指标的变化,我们把因素变化的各种状态和条件称为因素的水平。在试验中需要考虑某因素的几种状态时,就称该因素为几水平因素。如上例 40 Cr 的淬火试验中,淬火温度为 770 ℃、800 ℃、850 ℃ 3 种状态,则淬火温度这个试验因素为 3 水平因素。因素的水平应是能够直接被控制的,并且水平的变化能直接影响试验指标不同程度的变化。

水平通常用数字 1,2,3,⋯表示。

4. 试验效应

试验效应是指某因素由于水平发生变化所引起的试验指标发生变化的现象。

实例分析:考察某化学反应中温度(A)和时间(B)对产品转化率的影响。该研究考察的因素及水平如表 2.1 所示。

表 2.1　试验因素及水平表

水平	A 温度(℃)	B 时间(min)
1	60	50
2	80	60

考察指标:产品转化率(%)。

现安排如下试验并得到相应试验结果,如表 2.2 所示。

表 2.2　试验安排及试验结果表

试验号	A 温度(℃)	B 时间(min)	转化率(%) 试验1	转化率(%) 试验2	平均值(%)	差值
1	60	50	73	77	75	10(1,2)
2	60	60	83	87	85	10(3,4)
3	80	50	89	91	90	15(1,3)
4	80	60	78	82	80	5(2,4)

从表 2.2 可以看出,对于 1 号、2 号试验来说,因素 A 不变,因素 B 由 50 min 变为 60 min 时转化率由 75% 变为 85%,增加了 10%,这个变化值称为试验效应,即由于因素 B 的变化引起试验指标产品转化率的变化,其他几个试验与此相似。

5. 交互作用

除了单个因素对试验指标产生影响外,因素间还会联合起来影响试验指标,这种联合作用的影响称为交互作用。

如考察某化学反应中温度(A)与时间(B)对产品收率的影响。温度和时间均取 2 水平,即

$$A: A_1, A_2 \quad B: B_1, B_2$$

在各 A_iB_j 条件下的平均收率可能有三种情况,如图 2.1 所示。

第Ⅰ种情况:不论 B 因素取哪个水平,A_2 水平下的收率总比 A_1 水平下高 10;同样,不论 A 因素取哪个水平,B_2 水平下的收率总比 B_1 水平下高 5。这种情况下,一个因素水平的好坏程度不受另一个因素水平的影响,这种情况称为因素 A 与因素 B 之间无交互作用。但由于误差的存在,如果两直线近似相互平行,也可以认为两因素间无交互作用,或交互作用可以忽略。

第Ⅱ种情况:在 B_1 水平下 A_2 比 A_1 的收率高,但在 B_2 水平下 A_2 比 A_1 的收率低。这种情况下,一个因素水平的好坏或好坏程度受到另一个因素水平制约,称为因素 A 与因素 B 存在交互作用,记作 A×B。这两条直线明显相交,这是交互作用很强的一种表现。

第Ⅲ种情况:不论 B 因素取哪个水平,A_2 水平下的收率总比 A_1 水平高,但高的程度不

同,也说明因素 A 与因素 B 存在交互作用。

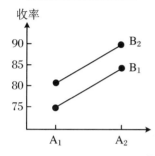
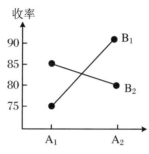
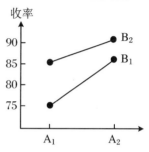

图 2.1　温度(A)与时间(B)对产品收率的影响

根据参与交互作用的因素的多少,交互作用可分为:

一级交互作用:两个因素,记为 A×B;

二级交互作用:三个因素,记为 A×B×C;

……

6. 重复试验

重复试验指在同一试验室中,由同一个操作者,用同一台仪器设备在相同的试验方法和试验条件下,对同一试样在短期内(一般不超过 7 天),进行连续两次或多次分析的试验。

2.2.2　常用统计量

1. 极差

极差是一组数据中的最大值与最小值之差,其计算公式为

$$R = x_{\max} - x_{\min} \tag{2.1}$$

极差表示一组数据的最大离散程度,它是统计量中最简单的一个特征参数。在试验设计及实际生产中经常用到。

2. 一组数据之和与平均值

在试验设计与分析中,设有 n 个观察值 $x_1, x_2, \cdots, x_n$,我们称之为一组数据。这组数据之和与平均值分别为:

$$T = x_1 + x_2 + \cdots + x_n = \sum_{i=1}^{n} x_i \quad (i = 1, 2, \cdots, n) \tag{2.2}$$

$$\bar{x} = \frac{T}{n} = \frac{1}{n}\sum_{i=1}^{n} x_i \quad (i = 1,2,\cdots,n) \tag{2.3}$$

3. 偏差

偏差又称离差。偏差在数理统计中一般有两种，一种是与期望值 μ 之间的偏差，另一种是与平均值 $\bar{x}$ 之间的偏差。在试验设计与分析中往往不知道期望值 μ，而很容易知道平均值 $\bar{x}$，所以常常把与平均值 $\bar{x}$ 之间的偏差作为统计量进一步分析研究。

设有 n 个观察值 $x_1,x_2,\cdots,x_n$，则把每个观察值 $x_i(i=1,2,\cdots,n)$ 与平均值 $\bar{x}$ 的差值称为与平均值之间的偏差，简称偏差。

很显然，与平均值 $\bar{x}$ 之间的偏差的总和为零，即

$$(x_1 - \bar{x}) + (x_2 - \bar{x}) + \cdots + (x_n - \bar{x}) = \sum_{i=1}^{n}(x_i - \bar{x}) = 0 \quad (i = 1,2,\cdots,n) \tag{2.4}$$

4. 偏差平方和与自由度

由式(2.4)可知，一组数据与其平均值的各个偏差有正、负或零，各偏差值的总和为零。所以偏差和不能表明这组数据的任何特征。如果消除掉各个偏差正、负的影响，即以偏差平方和作为这组数据的一个统计量，则偏差平方和能够表征这组数据的分散程度，常以 S 表示。

设有 n 个观察值 $x_1,x_2,\cdots,x_n$，其平均值为 $\bar{x}$，则偏差平方和为

$$S = (x_1 - \bar{x})^2 + (x_2 - \bar{x})^2 + \cdots + (x_n - \bar{x})^2 = \sum_{i=1}^{n}(x_i - \bar{x})^2 \quad (i = 1,2,\cdots,n) \tag{2.5}$$

简单来说，自由度就是在偏差平方和中独立平方的数据的个数，用 f 表示。对平均值 $\bar{x}$ 的自由度是数据的个数减去1，即 $f = n - 1$。原因是，有将 n 个偏差 $(x_1 - \bar{x}),(x_2 - \bar{x}),\cdots,(x_n - \bar{x})$ 相加之和等于零的一个关系式存在，即

$$(x_1 - \bar{x}) + (x_2 - \bar{x}) + \cdots + (x_n - \bar{x}) = 0 \tag{2.6}$$

n 个偏差数中有 $n-1$ 个数是独立的，第 n 个数可由式(2.6)所确定，这说明第 n 个数据受其他 $n-1$ 个独立的数据所约束。故若有 n 个观察值，与平均值 $\bar{x}$ 的偏差平方和的自由度应为 $n-1$ 个，即

$$f = n - 1 \tag{2.7}$$

5. 方差与均方差

由于测量数据的个数对偏差平方和的大小有明显的影响，有时尽管数据之间的差异不大，但当数据很多时，偏差平方和仍然较大。为了克服这一缺点，可以用方差来表征这组数据的分散程度。

方差也称均方或平均偏差平方和，它表示单位自由度的偏差大小，即偏差平方和 S 与自由度 f 的比值 V，也即

$$V = \frac{S}{f} \tag{2.8}$$

均方差也称标准偏差。由方差 V 的计算式(2.8)可知,方差 V 的量纲为观察数据 x_i 的量纲的平方,为了与原特性值的量纲相一致,可采用方差 V 的平方根 $\sqrt{V}$ 作为一组数据离散程度的特征参数,用 s 表示:

$$s = \sqrt{V} = \sqrt{\frac{S}{f}} = \sqrt{\frac{1}{n-1}\sum_{i=1}^{n}(x_i - \bar{x})^2} \quad (i = 1,2,\cdots,n) \tag{2.9}$$

6. F 值或方差比

F 值用于 F 检验,其计算公式为

$$F = \frac{V}{V_e} \tag{2.10}$$

式(2.10)中 V 可表示总的方差 V_T,也可只表示因素或交互作用的方差,如 V_A,V_B,V_{AB},$\cdots$。

F 检验时,将计算所得 F 值与 F 分布表查出的临界值 $F_\alpha(f_1,f_2)$ 比较,可得出因素是否显著的结论。$F_\alpha(f_1,f_2)$ 中,f_1 为因素偏差平方和的自由度,称第一自由度;f_2 为误差偏差平方和的自由度,称第二自由度。α 为显著性水平或检验水平,或置信度,一般取 $\alpha = 0.01$,0.05,0.10,$\cdots$。F 分布表见附录1。

2.3 试验设计中的误差控制

2.3.1 试验误差

在试验过程中,环境的影响,试验方法和所用设备、仪器的不完善以及试验人员的认识能力所限等原因,使得试验测得的数值和真值之间存在一定的差异,在数值上即表现为误差。随着科学技术的进步和人们认识水平的不断提高,虽可将试验误差控制得越来越小,但始终不可能完全消除它,即误差的存在具有必然性和普遍性。在试验设计中应尽力控制误差,使其减小到最低程度,以提高试验结果的精确性。

误差按其特点与性质可分为三种。

1. 系统误差

系统误差是由于偏离测量规定的条件,或者测量方法不合适,按某一确定的规律所引起的误差。在同一试验条件下,多次测量同一量值时,系统误差的绝对值和符号保持不变,或在条件改变时,按一定规律变化。例如,标准值的不准确、仪器刻度的不准确而引起的误差都是系统误差。

系统误差是由按确定规律变化的因素所造成的,这些误差因素是可以掌握的。具体来说,有四个方面的因素:

(1) 测量人员:由于测量者的个人特点,在刻度上估计读数时,习惯偏于某一方向;动态

测量时,记录某一信号,有滞后的倾向。

(2) 测量仪器装置:仪器装置结构、设计、原理存在缺陷,仪器零件制造和安装不正确,仪器附件制造有偏差。

(3) 测量方法:采取近似的测量方法或近似的计算公式等引起的误差。

(4) 测量环境:测量时的实际温度对标准温度的偏差,测量过程中温度、湿度等按一定规律变化的误差。

对系统误差的处理办法是发现和掌握其规律,然后尽量避免和消除。

2. 随机误差(偶然误差)

在同一条件下,多次测量同一量值时,绝对值和符号以不可预定方式变化着的误差,又称偶然误差。即使对系统误差进行修正后,还出现的观测值与真值之间的误差。例如,仪器仪表中传动部件的间隙和摩擦、连接件的变形等引起的示值不稳定等都是偶然误差。这种误差的特点是在相同条件下,少量地重复测量同一个物理量时,误差有时大有时小,有时正有时负,没有确定的规律,且不可能预先测定。但是当观测次数足够多时,随机误差完全遵守概率统计的规律。也就是说,这些误差的出现没有确定的规律性,但就误差总体而言,却具有统计规律性。

随机误差由很多暂时未被掌握的因素构成,主要有三个方面:

(1) 测量人员:瞄准、读数的不稳定等。

(2) 测量仪器装置:零部件、元器件配合的不稳定,零部件的变形、表面油膜不均、摩擦等。

(3) 测量环境:测量温度的微小波动,湿度、气压的微量变化,光照强度变化、灰尘、电磁场变化等。

随机误差是实验者无法严格控制的,所以随机误差一般是不可完全避免的。

对一个实际测量的结果进行统计分析(见表2.3),就可以发现随机误差的特点和规律。

表2.3中观测总次数 $n=150$,某测量值的算术平均值为5.02,共分14个区间,每个区间的间隔为0.01。为直观起见,把表中的数据画成频率分布直方图(见图2.2),从图中便可分析归纳出随机误差的以下四个特性。

(1) 随机误差的有限性。在某确定的条件下,误差的绝对值不会超过一定的限度。表2.3中的 Δx_i 均不大于0.07,可见绝对值很大的误差出现的概率近于零,即误差有一定限度。

(2) 随机误差的单峰性。绝对值小的误差出现的概率比绝对值大的误差出现的概率大,最小误差出现的概率最大。表2.3中$|\Delta x_i|\leqslant 0.03$的次数为110,其中$|\Delta x_i|\leqslant 0.01$的次数为61,而$|\Delta x_i|>0.03$的仅40次。可见随机误差的分布呈单峰形。

(3) 随机误差的对称性。绝对值相等的正负误差出现的概率相等。表2.3中正误差出现的次数为65,而负误差为61,两者出现的频率分别为0.427和0.407,大致相等。

(4) 随机误差的抵偿性。在多次、重复测量中,由于绝对值相等的正负误差出现的次数相等,因此全部误差的算术平均值随着测量次数的增加趋于零,即随机误差具有抵偿性。抵偿性是随机误差最本质的统计特性,凡是具有相互抵偿特性的误差,原则上都可以按随机误差来处理。

表 2.3 测量值分布表

区间	测量值 x_i	误差 Δx_i	出现次数 n_i	频率 f_i
1	4.95	−0.07	4	0.027
2	4.96	−0.06	6	0.04
3	4.97	−0.05	6	0.04
4	4.98	−0.04	11	0.073
5	4.99	−0.03	14	0.093
6	5.00	−0.02	20	0.133
7	5.01	−0.01	24	0.16
8	5.02	0	17	0.113
9	5.03	0.01	12	0.08
10	5.04	0.02	12	0.08
11	5.05	0.03	10	0.066
12	5.06	0.04	8	0.053
13	5.07	0.05	4	0.027
14	5.08	0.06	2	0.018

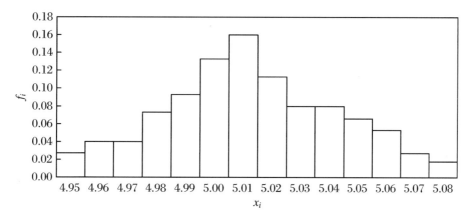

图 2.2 频率分布直方图

由随机误差的特点和规律可知,多次试验值的平均值的随机误差比单个试验值的随机误差小,可以通过增加试验次数减小随机误差。

随机误差决定了测量的精密度。它产生的原因还不清楚,但由于它总体上遵守统计规律,理论上可以计算出它对测量结果的影响。

3. 粗大误差(过失误差)

明显歪曲测量结果的误差称为粗大误差。凡包含粗大误差的测量值称为坏值。例如,测量者在测量时对错了标志、读错了数、记错了数等。过失误差是可以避免的。

发生粗大误差的原因主要有两个方面:

(1) 测量人员的主观原因:由于测量者责任心不强,工作过于疲劳、缺乏经验操作不当,或在测量时不仔细、不耐心、马虎等,造成读错、听错、记错等。

(2) 客观条件变化的原因:测量条件意外的改变(如外界振动等),引起仪器示值或被测对象位置的改变。

2.3.2 试验数据的精准度

误差的大小可以反映试验结果的好坏,误差可能是随机误差或系统误差单独造成的,还可能是两者的叠加。为了说明这一问题,引出了精密度、正确度和准确度这三个表示误差性质的术语。

1. 精密度

精密度反映了随机误差大小的程度,是指在一定的试验条件下,多次试验的符合程度。如果试验数据分散程度较小,则说明是精密的。

例如,甲、乙两人对同一个量进行测量,得到两组试验值:
甲:11.45,11.46,11.45,11.44
乙:11.39,11.45,11.48,11.50

很显然甲组数据的彼此符合程度好于乙组,故甲组数据的精密度较高。

试验数据的精密度是建立在数据用途基础之上的,对某种用途可能认为是很精密的数据,对另一用途可能显得不精密。

由于精密度表示了随机误差的大小,因此对于无系统误差的试验,可以通过增加试验次数而达到提高数据精密度的目的。如果试验过程足够精密,则只需少量几次试验就能满足要求。

2. 正确度

正确度反映系统误差的大小,是指在一定的试验条件下,所有系统误差的综合。

由于随机误差和系统误差是两种不同性质的误差,因此对于某一组试验数据而言,精密度高并不意味着正确度也高。反之,精密度不好,但当试验次数相当多时,有时也会得到好的正确度。精密度和正确度的区别和联系,可通过图2.3得到说明。

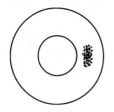
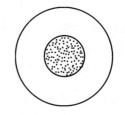

(a) 精密度好,正确度不好　　(b) 精密度不好,正确度好　　(c) 精密度好,正确度好

图2.3　精密度和正确度的关系

3. 准确度

准确度反映了系统误差和随机误差的综合,表示了试验结果与真值的一致程度。

如图 2.4 所示，假设 A、B、C 三个试验都无系统误差，试验数据服从正态分布，而且对应着同一个真值，可以看出 A、B、C 的精密度依次降低。由于无系统误差，三组数的极限平均值(试验次数无穷多时的算术平均值)均接近真值，即它们的正确度是相当的。如果将精密度和正确度综合起来，则三组数据的准确度从高到低依次为 A、B、C。

又如图 2.5 所示，假设 A′、B′、C′三个试验都有系统误差，试验数据服从正态分布，而且对应着同一个真值，则可以看出 A′、B′、C′的精密度依次降低。由于都有系统误差，三组数的极限平均值均与真值不符，所以它们是不准确的。但是，如果考虑到精密度因素，则图 2.5 中 A′的大部分试验值可能比图 2.4 中 B 和 C 的试验值要准确。

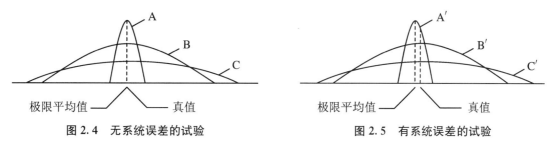

图 2.4　无系统误差的试验　　　　　　图 2.5　有系统误差的试验

通过上面的讨论可知：

（1）对试验结果进行误差分析时，只讨论系统误差和随机误差两大类，而坏值在试验过程和分析中随时剔除。

（2）一个精密的测量(即精密度很高、随机误差很小的测量)可能是正确的，也可能是错误的(当系统误差很大，超出了允许的限度时)。

所以，只有消除了系统误差之后，随机误差愈小的测量才是既正确又精密的，此时称它是准确(或精确)的测量，这也正是人们在试验中所要努力争取达到的目标。

2.3.3　坏值及其剔除

在实际测量中，由于偶然误差的客观存在，所得的数据总存在着一定的离散性。但也可能由于过失误差出现个别离散较远的数据，这通常称为坏值或可疑值。如果保留了这些数据，由于坏值对测量结果的平均值的影响往往非常明显，故不能以 $\bar{x}$ 作为真值的估计值。反过来，如果把属于偶然误差的个别数据当作坏值处理，也许暂时可以报告出一个精确度较高的结果，但这是虚伪的、不科学的。

对于可疑数据的取舍一定要慎重，一般处理原则如下：

（1）在试验过程中，若发现异常数据，应停止试验，分析原因，及时纠正错误。

（2）试验结束后，在分析试验结果时，如发现异常数据，则应先找出产生差异的原因，再对其进行取舍。

（3）在分析试验结果时，如不清楚产生异常值的原因，则应对数据进行统计处理，常用的统计方法有拉伊达准则、肖维勒准则、格拉布斯准则、狄克松准则、t 检验法、F 检验法等。若数据较少，则可重做一组数据。

（4）对于舍去的数据，在试验报告中应注明舍去的原因或所选用的统计方法。

总之，对待可疑数据要慎重，不能任意抛弃和修改。往往通过对可疑数据的考察，可以发现引起系统误差的原因，进而改进试验方法，有时甚至得到新试验方法的线索。

下面介绍几种检验可疑数据的统计方法。

1. 拉伊达准则

该方法按正态分布理论，以最大误差范围 $3s$ 为依据进行判别。设有一组测量值 x_i ($i=1,2,\cdots,n$)，其样本平均值为 $\bar{x}$，偏差 $\Delta x_i = x_i - \bar{x}$，则标准偏差

$$s = \sqrt{\frac{1}{n-1}\sum_{i=1}^{n}(x_i-\bar{x})^2} = \sqrt{\frac{1}{n-1}\sum_{i=1}^{n}(\Delta x_i)^2} \tag{2.11}$$

如果某测量值 x_j ($1 \leqslant j \leqslant n$) 的偏差 $|\Delta x_j| > 3s$，则认为 x_j 是含有粗大误差的坏值。

该方法的最大优点是简单、方便、不需查表。但对小子样不准，往往会把一些坏值隐藏下来而犯"存伪"的错误。例如，当 $n \leqslant 10$ 时，

$$s = \sqrt{\frac{1}{n-1}\sum_{i=1}^{n}(\Delta x_i)^2} \geqslant \sqrt{\frac{1}{10-1}\sum_{i=1}^{n}(\Delta x_i)^2} = \frac{1}{3}\sqrt{\sum_{i=1}^{n}(\Delta x_i)^2} \tag{2.12}$$

即 $3s \geqslant |\Delta x_i|$。

此时，任意一个测量值引起的偏差 Δx_i 都能满足 $|\Delta x_i| \leqslant 3s$，不可能出现大于 $3s$ 的情况。因而当测量次数 $n \leqslant 10$ 时，即使测量数据中含有粗大误差，用拉伊达准则也不能判别出来。

拉伊达准则判断测量数据列 x_i ($i=1,2,\cdots,n$) 中是否有坏值的计算步骤如下：

(1) 计算样本均值 $\bar{x}$ 与标准偏差 s。

(2) 对与均值偏差最大的数据采用拉伊达准则进行判断。如果该数据不含有粗大误差，判断结束。如果该数据含有粗大误差，则剔除该数据，并对剩下的 $n-1$ 个数据重新进行判断。

(3) 计算剩下的 $n-1$ 个测量数据的样本均值 $\bar{x}'$ 与标准偏差 s'。

(4) 对剩下的 $n-1$ 个测量数据中与 $\bar{x}'$ 偏差最大的数据再按拉伊达准则进行判断。这样一直进行下去，直到找不到含有粗大误差的测量数据为止。

例 2.1 对某物理量进行 15 次等精度测量，测量值为：28.39, 28.39, 28.40, 28.41, 28.42, 28.43, 28.40, 28.30, 28.39, 28.42, 28.43, 28.40, 28.43, 28.42, 28.43。试用拉伊达准则判断该测量数据的坏值，并剔除。

解

$$\bar{x} = \frac{1}{15}\sum_{i=1}^{15}x_i = 28.404$$

$$s = \sqrt{\frac{1}{15-1}\sum_{i=1}^{15}(\Delta x_i)^2} = 0.033$$

$$3s = 3 \times 0.033 = 0.099$$

这组测量数据中偏差最大的数据是 $\Delta x_8 = 28.30 - 28.404 = -0.104$，按拉伊达检验法可知，$\Delta x_8 = -0.104$ 不在区间 $(-0.099, 0.099)$ 范围内，因而 $x_8 = 28.30$ 是坏值，应剔除。

剔除坏值 x_8 后，对剩下的 14 个测量数据重新求 $\bar{x}'$ 与标准偏差 s'。

$$\bar{x}' = \frac{1}{14}\sum_{i=1}^{14} x_i = 28.4114$$

$$s' = \sqrt{\frac{1}{14-1}\sum_{i=1}^{14}(\Delta x_i)^2} = 0.0161$$

$$3s' = 3 \times 0.0161 = 0.0483$$

剩余数据最大偏差为 $\Delta x_1 = 28.39 - 28.4114 = -0.0214$，按拉伊达检验法可知，$\Delta x_1 = -0.0214$ 在区间 $(-0.0483, 0.0483)$ 范围内，因而剩余 14 个试验数据无坏值。

2．格拉布斯准则

对于某一等精度重复测量数据 $x_i(i=1,2,\cdots,n)$，样本平均值为 $\bar{x}$，偏差 $\Delta x_i = x_i - \bar{x}$，标准偏差为 s。对于任一测量数据，定义统计量

$$g_i = \frac{|\Delta x_i|}{s} \tag{2.13}$$

选定显著性水平 α（α 值常取为 0.05，0.025，0.01），如果某一测量数据 x_i 所对应的 g_i 满足

$$g_i > g_\alpha(n) \tag{2.14}$$

则认为在显著性水平为 α 时，该测量数据含有坏值，应予以剔除，式中 $g_\alpha(n)$ 称为格拉布斯临界值，可从表 2.4 中查得。剔除该数据的原因是

$$P[g_i > g_\alpha(n)] = \alpha \tag{2.15}$$

使用格拉布斯准则判断一组数据 $x_i(i=1,2,\cdots,n)$ 中是否有坏值的计算步骤如下：

(1) 首先将测量数据按从小到大的顺序排列，得到

$$x_{(1)} \leqslant x_{(2)} \leqslant \cdots \leqslant x_{(n-1)} \leqslant x_{(n)}$$

(2) 计算样本均值 $\bar{x}$ 与标准偏差 s。

(3) 根据测量次数 n 和选定的显著性水平 α，查格拉布斯临界值表得到 $g_\alpha(n)$。

(4) 对与均值 $\bar{x}$ 偏差最大的数据 $x_{(i)}$（$x_{(1)}$ 或 $x_{(n)}$）进行判断。如果 $x_{(i)}$ 所对应的 $g_{(i)} \leqslant g_{(n)}$，则该数据不含有粗大误差，判断结束。如果 $g_{(i)} > g_{(n)}$，则该数据含有粗大误差，应该剔除该数据。并对剩下的 $n-1$ 个测量数据重新进行判断。

(5) 将剩下的 $n-1$ 个测量数据按从小到大的顺序排列，得到

$$x'_{(1)} \leqslant x'_{(2)} \leqslant \cdots \leqslant x'_{(n-1)} \leqslant x'_{(n)}$$

并计算剩下的 $n-1$ 个测量数据的样本均值 $\bar{x}'$ 与标准偏差 s'。

(6) 根据测量次数 $n-1$ 和选定的显著性水平 α，查格拉布斯临界值表得到 $g_\alpha(n-1)$。

(7) 对剩下的 $n-1$ 个测量数据中与 $\bar{x}'$ 偏差最大的数据 $x'_{(i)}$（$x'_{(1)}$ 或 $x'_{(n)}$）进行判断。如果 $x'_{(i)}$ 所对应的 $g'_{(i)} \leqslant g_\alpha(n)$，则该数据不含有粗大误差，判断结束。如果 $g'_{(i)} > g_\alpha(n)$，则该数据含有粗大误差，应该剔除该数据。尚需对剩下的 $n-2$ 个数据继续进行判断，这样一直进行下去，直到找不到含有粗大误差的测量数据为止。

表 2.4 格拉布斯临界值 $g_a(n)$ 表

n	显著性水平				n	显著性水平			
	0.05	0.025	0.01	0.005		0.05	0.025	0.01	0.005
3	1.153	1.155	1.155	1.155	31	2.759	2.024	3.119	3.253
4	1.463	1.491	1.155	1.496	32	2.773	2.938	3.135	3.270
5	1.672	1.715	1.749	1.764	33	2.786	2.952	3.150	3.286
					34	2.799	2.965	3.164	3.301
6	1.822	1.887	1.944	1.973	35	2.811	2.979	3.178	3.316
7	1.938	2.020	2.097	2.139					
8	2.032	2.126	2.221	2.274	36	2.823	2.991	3.191	3.330
9	2.110	2.315	2.323	2.387	37	2.835	3.003	3.204	3.343
10	2.176	2.290	2.410	2.482	38	2.846	3.014	3.216	3.356
					39	2.857	3.025	3.288	3.369
11	2.234	2.355	2.485	2.564	40	2.766	3.036	3.240	3.381
12	2.285	2.412	2.550	2.636					
13	2.331	2.462	2.607	2.699	41	2.877	3.046	3.251	3.393
14	2.371	2.507	2.659	2.755	42	2.887	3.057	3.261	3.404
15	2.409	2.549	2.705	2.806	43	2.896	3.067	3.271	3.415
					44	2.905	3.075	3.282	3.425
16	2.443	2.585	2.747	2.852	45	2.914	3.085	3.292	3.435
17	2.475	2.620	2.785	2.894					
18	2.504	2.650	2.821	2.932	46	2.923	3.094	3.302	3.445
19	2.532	2.681	2.854	2.968	47	2.931	3.103	3.310	3.455
20	2.557	2.709	2.884	3.001	48	2.940	3.111	3.319	3.464
					49	2.948	3.120	3.329	3.474
21	2.580	2.733	2.912	3.031	50	2.956	3.128	3.336	3.483
22	2.603	2.758	2.939	3.060					
23	2.624	2.781	2.963	3.087	60	3.025	3.199	3.411	3.560
24	2.644	2.802	2.987	3.112	70	3.082	3.257	3.471	3.622
25	2.663	2.822	3.009	3.135	80	3.130	3.505	3.521	3.673
					90	3.171	3.347	3.563	3.716
26	2.681	2.841	3.029	3.157	100	3.207	3.383	3.600	3.754
27	2.698	2.859	3.049	3.178					
28	2.714	2.876	3.068	3.199					
29	2.730	2.893	3.085	3.218					
30	2.745	2.908	3.103	3.236					

例 2.2 以例 2.1 中的数据，用格拉布斯方法判断是否存在坏值（$\alpha = 0.05$）。

解

$$\bar{x} = \frac{1}{15}\sum_{i=1}^{15} x_i = 28.404$$

$$s = \sqrt{\frac{1}{15-1}\sum_{i=1}^{15}(\Delta x_i)^2} = 0.033$$

将所有的数据按从小到大的顺序排列可得

$$x_{(1)} = 28.30 < \cdots < x_{(15)} = 28.43$$

$x_{(1)}$ 和 $x_{(15)}$ 两个测量值都应列为可疑对象，但

$$|\Delta x_{(1)}| = |28.30 - 28.404| = 0.104$$
$$|\Delta x_{(15)}| = |28.43 - 28.404| = 0.026$$

故应首先怀疑 $x_{(1)}$ 是否含有粗大误差。根据式（2.13），并代入相应的数据得

$$g_{(1)} = \frac{|\Delta x_{(1)}|}{s} = \frac{0.104}{0.033} = 3.152$$

由 $\alpha = 0.05, n = 15$，查表 2.4 可得 $g_{0.05}(15) = 2.409$。由于

$$g_{(1)} = 3.152 > g_{0.05}(15) = 2.409$$

故数据 $x_{(1)} = 28.30$ 即原数据 x_8 含有粗大误差，应予以剔除。对剩下的 14 个数据，同样按上述方法进行判断。将剩下的 14 个数据按从小到大的顺序排列可得

$$x'_{(1)} = 28.39 < \cdots < x'_{(14)} = 28.43$$

计算这 14 个数据的平均值与标准偏差可得

$$\bar{x}' = \frac{1}{14}\sum_{i=1}^{14} x_i = 28.4114$$

$$s' = \sqrt{\frac{1}{14-1}\sum_{i=1}^{14}(\Delta x_i)^2} = 0.0161$$

$x'_{(1)}$ 和 $x'_{(14)}$ 两个测量值都应列为可疑对象，但

$$|\Delta x'_{(1)}| = |28.39 - 28.4114| = 0.0214$$
$$|\Delta x'_{(15)}| = |28.43 - 28.4114| = 0.0186$$

故应首先怀疑 $x'_{(1)}$ 是否含有粗大误差。根据式（2.13），并代入相应的数据得

$$g'_{(1)} = \frac{|\Delta x'_{(1)}|}{s} = \frac{0.0214}{0.0161} = 1.329$$

由 $\alpha = 0.05, n = 14$，查表 2.4 可得 $g_{0.05}(14) = 2.371$。由于

$$g'_{(1)} = 1.329 < g_{0.05}(14) = 2.371$$

故数据 $x'_{(1)} = 28.39$ 为不含粗大误差的正常数据，因此原数据中除 x_8 外的 14 个数据均为正常数据。

3. 狄克松准则

上述粗大误差的判别方法均需求样本均值和标准偏差，在实际工作中比较麻烦，采用狄克松准则就可以避免这一缺点。这一准则采用了极差比的方法，为了使判断的效率高，不同

的测量次数应用不同的极差比计算。对于某一等精度重复测量数据 $x_i(i=1,2,\cdots,n)$，按从小到大的顺序排列，得到

$$x_{(1)} \leqslant x_{(2)} \leqslant \cdots \leqslant x_{(n-1)} \leqslant x_{(n)}$$

如果上述测量值中有含有粗大误差的测量数据，首先值得怀疑的是 $x_{(1)}$ 和 $x_{(n)}$。狄克松首先定义了一个与 $x_{(1)}$（或 $x_{(n)}$）、n 有关的极差比统计量 d_0（d_0 的计算公式见表2.5），如果

$$d_0 > d_\alpha(n) \tag{2.16}$$

则认为在显著性水平 α 下，$x_{(1)}$（或 $x_{(n)}$）中含有粗大误差，应予以剔除。式中 $d_\alpha(n)$ 为狄克松临界值，与测量值的数量 n、显著性水平 α 及 d_0 的计算公式有关，可查表2.5得到。

表 2.5 狄克松临界值 $d_\alpha(n)$ 及 d_0 的计算公式

n	$d_\alpha(n)$		d_0 的计算公式	
	$\alpha=0.01$	$\alpha=0.05$	$x_{(1)}$ 可疑时	$x_{(n)}$ 可疑时
3	0.988	0.941		
4	0.889	0.765		
5	0.780	0.642	$\dfrac{x_{(2)}-x_{(1)}}{x_{(n)}-x_{(1)}}$	$\dfrac{x_{(n)}-x_{(n-1)}}{x_{(n)}-x_{(1)}}$
6	0.698	0.560		
7	0.637	0.507		
8	0.683	0.554		
9	0.635	0.512	$\dfrac{x_{(2)}-x_{(1)}}{x_{(n-1)}-x_{(1)}}$	$\dfrac{x_{(n)}-x_{(n-1)}}{x_{(n)}-x_{(2)}}$
10	0.597	0.477		
11	0.679	0.576		
12	0.642	0.546	$\dfrac{x_{(3)}-x_{(1)}}{x_{(n-1)}-x_{(1)}}$	$\dfrac{x_{(n)}-x_{(n-2)}}{x_{(n)}-x_{(2)}}$
13	0.615	0.521		
14	0.641	0.546		
15	0.616	0.525		
16	0.595	0.507		
17	0.577	0.490		
18	0.561	0.475		
19	0.547	0.462	$\dfrac{x_{(3)}-x_{(1)}}{x_{(n-2)}-x_{(1)}}$	$\dfrac{x_{(n)}-x_{(n-2)}}{x_{(n)}-x_{(3)}}$
20	0.535	0.450		
21	0.524	0.440		
22	0.515	0.430		
23	0.505	0.421		
24	0.497	0.413		
25	0.489	0.406		

使用狄克松准则判断一组数据 $x_i(i=1,2,\cdots,n)$ 中是否有坏值的计算步骤如下：

(1) 首先将测量数据按从小到大的顺序排列，得到

$$x_{(1)} \leqslant x_{(2)} \leqslant \cdots \leqslant x_{(n-1)} \leqslant x_{(n)}$$

(2) 对与均值 $\bar{x}$ 偏差最大的数据 $x_{(i)}$（$x_{(1)}$ 或 $x_{(n)}$）进行判断。根据测量次数 n 和选定的显著性水平 α，以及与均值 $\bar{x}$ 偏差最大的数据是 $x_{(1)}$ 还是 $x_{(n)}$，查狄克松临界值 $d_\alpha(n)$ 及 d_0 的计算公式表，得到 $d_\alpha(n)$ 及 d_0 的计算公式。

(3) 如果 $x_{(i)}$ 所对应的 $d_0 \leqslant d_\alpha(n)$，则该数据不含有粗大误差，判断结束。如果 $d_0 > d_\alpha(n)$，则该数据含有粗大误差，应该剔除该数据。并对剩下的 $n-1$ 个测量数据重新按从小到大排列，计算新的均值与标准偏差，再查表 2.5，重新进行判断，这样一直进行下去，直到找不到含有粗大误差的测量数据为止。

例 2.3 以例 2.1 中的数据，用狄克松准则判断是否存在坏值（$\alpha = 0.05$）。

解 将所有的数据按从小到大的顺序排列可得

$$x_{(1)} = 28.30 < \cdots < x_{(15)} = 28.43$$

$x_{(1)}$ 和 $x_{(15)}$ 两个测量值都应列为可疑对象，但 $x_{(1)}$ 与平均值偏差更大，故应首先怀疑 $x_{(1)}$ 是否含有粗大误差。由 $\alpha = 0.05, n = 15, x_{(1)}$ 为可疑数据，查表 2.5 得

$$d_0 = \frac{x_{(3)} - x_{(1)}}{x_{(n-2)} - x_{(1)}} = \frac{28.39 - 28.30}{28.43 - 28.30} = 0.692$$

$$d_\alpha(n) = 0.525$$

由于 $d_0 = 0.692 > d_\alpha(n) = 0.525$，故数据 $x_{(1)} = 28.30$ 即原数据 x_8 含有粗大误差，应予以剔除。

对剩下的 14 个数据，同样按上述方法进行判断。

将剩下的 14 个数据按从小到大的顺序排列可得

$$x'_{(1)} = 28.39 < \cdots < x'_{(14)} = 28.43$$

由于 $x'_{(1)}$ 和 $x'_{(14)}$ 两个测量值都应列为可疑对象，但 $x'_{(1)}$ 与平均值偏差更大，故应首先怀疑 $x'_{(1)}$ 是否含有粗大误差。由 $\alpha = 0.05, n = 14, x'_{(1)}$ 为可疑数据，查表 2.5 得

$$d_0 = \frac{x_{(3)} - x_{(1)}}{x_{(n-2)} - x_{(1)}} = \frac{28.39 - 28.39}{28.43 - 28.39} = 0$$

$$d_\alpha(n) = 0.546$$

由于 $d_0 = 0 < d_\alpha(n) = 0.546$，故数据 $x'_{(1)} = 28.39$ 为不含粗大误差的正常数据，因此原数据中除 x_8 外的 14 个数据均为正常数据。

在用上面的准则检验多个可疑数据时，应注意以下几点。

(1) 可疑数据应逐一检验，不能同时检验多个数据。这是因为不同数据的可疑程度是不一致的，应按照与 $\bar{x}$ 偏差的大小顺序来检验，首先检验偏差最大的数，如果这个数不被剔除，则所有的其他数都不应被剔除，也就不需再检验其他数了。

(2) 剔除一个数后，如果还要检验下一个数，应注意试验数据的总数发生了变化。

(3) 用不同的方法检验同一组试验数据，在相同的显著性水平上，可能会有不同的结论。

上述几个准则检验可疑数据各有其特点。拉伊达准则简单，无须查表，用起来也很方便，测量次数较多或要求不高时用，当测量次数较少时，不能应用。格拉布斯准则和狄克松准则都能适用于试验数据较少时的检验，在一些国际标准中，常推荐用格拉布斯准则和狄克松准则来检验可疑数据。在较为精确的实验中，可以选用两三种方法对实验数据进行判断。

2.3.4 误差控制(费歇尔三原则)

统计判断是利用试验数据提供的信息进行的。不管是误差还是平均值之差,都来源于试验数据,因此如何保证试验数据的真实可靠性,便成了一个极为重要的问题。

所谓真实可靠性,就是要实现结果的再现性,正确地估计出误差值。这就要求在进行试验设计时,对试验的设计和各种误差加以妥善的处理,这就是通常所说的试验误差控制问题。在试验设计中有一套独特的方法,称为费歇尔(Fisher)三原则。

1. 重复测量原则

增加试验重复测量次数,不仅可以减少误差,而且还可以提高试验指标的精度。随试验重复测定次数的增加,平均值更加靠近真值,误差值缩小。所以,在通常的条件下都进行重复测量,以达到满意的效果。同时只有经过重复试验,才能计算出标准误差,进一步进行无偏估计和统计假设检验。

此外,试验设计中,试验误差是客观存在和不可避免的。试验设计任务之一就是尽量减少误差和正确估计误差。若只做一次试验,就很难从试验结果中估计出试验误差,只有设计几次重复,才能利用同样试验条件取得多个数据的差异,把误差估计出来。同一条件下试验重复次数越多,则试验的精度越高。因此,在条件允许时应尽量多做几次重复试验。但也并非重复试验次数越多越好,因为无指导地盲目进行多次重复试验不仅无助于试验误差的减少,而且造成人力、物力、财力和时间的浪费。

2. 随机化原则

在试验过程中,环境变化也会造成系统误差。因而要求在试验过程中保持环境条件稳定。但是,某些条件的变化难以控制,因此如何组织试验,消除或尽量减轻环境等条件变化所带来的影响,就成了一个值得注意的问题。

例如,用两台台秤称重时,由于零点调整得不同,其中一台测得的数值可能偏大,而另一台称出的数值却始终偏低,结果将产生系统误差。在这种情况下,可以在试验结束时,再校正一次零点进行修正。随机化就是解决这种问题的有效方法。打乱测定的次序,不按固定的次序进行读数,这就是随机化方法。所以,随机化是使系统误差转化为偶然误差的有效方法。系统误差的种类很多,环境条件的变化、试验人员的水平和习惯、原材料的材质、设备条件等,这些都会引起系统误差。有的系统误差既容易发现,也容易消除;有的系统误差虽然可以发现,但消除它却很困难,有时甚至不能消除;还有一些系统误差却很难发现。上述天平零点不准而引起的误差就属于第一类。农业试验中由于地理差异所引起的系统误差,虽然知道它存在,但消除它要消耗很大物力,而且效果也是值得怀疑的,这类系统误差就属于第二类。总之,在试验设计中都把随机化作为一个重要原则加以贯彻实施。随机化的方法,除抽签和掷骰子外,还常用随机数法。同样,也要从统计理论的高度去理解它的意义。统计学中所处理的样本都是随机样本,不管是有意识地或者是无意识地破坏了样本的随机性质,都破坏了统计的理论基础。

3. 局部控制原则

对某些系统误差,虽然实行随机化的方法使系统误差具有了随机误差的性质,使系统误差的影响降低,但有时还是很大。为了更有效地消除它们的影响,对诸如地理、原材料以及实验日期等,除实行随机化外,还在组织或设计试验时实施区组控制的原则。区组控制是按照某一标准将试验对象加以分组,所分的组称为区组。在区组内试验条件一致或者相似,因此,数据波动小,而试验精度却较高,误差必然减小。区组之间的差异较大,这种将待比较的水平设置在差异较小的区组内以减少试验误差的原则,称为局部控制。当试验规模大,各试验之间差异较大,采用完全随机化设计会使试验误差过大,有碍于将来的判断,在这种情况下,常根据局部控制的原则,将整个试验区划分为若干个区组,在同一区组内按随机顺序进行试验,此种试验叫随机区组试验设计法。区组试验实际上是配对试验法的推广。在每一个区组中,如果每一个因素的所有水平都出现,称为完全区组试验。

假设需要比较一种处理(如用不同方式制备的 5 批材料或反应的 5 种温度)的效应,为了减少实验误差造成的不确定性,决定对每种处理试验 3 次,总共做 15 次试验,则理想的设计应该是除各种处理应有的偏差外能使 15 次试验在相同条件下进行。但在实际中或许无法做到这一点,如不可能制备出足够 15 次试验用的质量相同的原材料,但足以满足五次试验使用。如此,试验过程可以这样安排:在不必完全相同的 3 个齐性批的每一批上,试验全部 5 种处理,这样,批与批间的差异就不影响处理的比较了。例如片状材料的试验,最典型的如橡胶,假如要试验橡胶的五种处理方法,而原料是大片橡胶。可以设想,从这一大片橡胶的不同部位切下 3 片,每片再一分为五,即共进行 3 组每组 5 次的试验比较。这样,组与组之间就不会影响 5 种处理的比较。另一方面,若从该片橡胶上随机切取 15 块,并随机地实行 5 种处理,实验的精确性就会大大降低,因为材料的不均匀性会增大实验误差。

在上述橡胶的实验中,切取的每一大片分成的五块的组称为一个区组。为了预防同一区组内的系统误差,应按随机顺序安排区组内的处理,用这种方法得到的结果就是一个随机化区组设计。

费歇尔三原则是设计试验、组织试验应遵循的重要原则,按照这一原则组织与设计试验可以得到满意的信息,能够消除某些因素带来的影响,防止各种因素相互混杂。所以,任何一个试验,在设计和组织试验过程中,都应根据具体情况尽量实现费歇尔三原则。但是,事物往往是复杂的,试验设计的方法也很多,如何分析和评价一种试验方案的优劣,就是一项基本训练。下面通过一个具体试验方案的分析和讨论,说明如何应用这一原则。

某化工厂为提高产量,选取三个工况进行试验,分别用 A、B、C 代表三个工况,每一个工况做三次试验,试验方案见表 2.6。方案 a 显然是没有掌握试验设计方法的人员提出来的。这一方案,如果从方便的角度来看,可以说是最简便的。然而,如果三天的条件不一样就会带来系统误差,使天与天之间的效果与每天的处理效果混杂在一起,无法分开。例如,试验结果是 A 工况的产量高,但这也可能是由于这一天其他条件好,因而难以肯定 A 工况好,还是第一天的条件好。可见,当存在这种混杂现象时,即使增加重复试验的次数也无济于事。解决这种混杂的办法就是用随机化分组,如方案 b 所示,这就避免了一天重复三次的缺点。这一方案,虽然比方案 a 好,但问题解决得还是不彻底,如第二天工况 B 就进行了两次,而第三天工况 A 也进行两次。如果天与天之间的差异较大，这还是会引起混杂。而方案 c 就可以完全避免天与天之间的差异和因素效果混杂的现象。这个方案同时还考虑了随机化原则和区组控制原则，但其缺点是没有考虑日内试验次序可能带来的系统误差。如果每天试验时，都是开始时条件差些，结束时条件好些的，那么由于工况 B 有两天排在第三次，这样测试效果就偏好。为避免这种问题的产生，把日内试验次序也按区组控制原则重新安排，即方案 d。可见三个工况不论是在三天之间，还是在一天的试验次序上都不重叠。把这一方案单独表示出来，列于表 2.7 中。这种方案设计称作拉丁方格(Latin square)法。

由拉丁方格法设计的试验又称为完备型试验。相反地，如表 2.8 所示，对于四个工况的试验，由于具体条件的限制，一天内只能安排三个工况，这样一天之内就不可能包括全部工况。这种试验设计称为不完备型试验设计。

表 2.6　方案比较

	第一天	第二天	第三天
方案 a	AAA	BBB	CCC
方案 b	BCA	CBB	ACA
方案 c	CBA	CAB	ACB
方案 d	BCA	CAB	ABC

表 2.7　拉丁方格法

	1	2	3
第一天	B	C	A
第二天	C	A	B
第三天	A	B	C

表 2.8　不完备型试验

	1	2	3
第一天	B	C	D
第二天	C	D	A
第三天	D	A	B
第四天	A	B	C

2.4　常用试验设计方法

2.4.1　因素的选取

每一个具体的试验，由于试验目的的不同或者现场条件的限制等，通常只选取所有影响因素中的某些因素进行试验。试验过程中改变这些因素的水平而让其余因素保持不变。但是为了保证结论的可靠性,在选取因素时应把所有影响较大的因素选入试验。另外,某些因素之间还存在着交互作用。所以,影响较大的因素还应包括那些单独变化水平时效果不显著,而与其他因素同时变化水平时交互作用较大的因素。这样试验结果才具有代表性。如果设计试验时,漏掉了影响较大的因素,那么只要这些因素水平一变,结果就会改变。所以,为了保证结论的可靠性,设计试验时就应把所有影响较大的因素选入试验,进行全组合试验。一般而言,选入的因素越多越好。在近代工程中,20~50个因素的试验并不罕见,但从充分发挥试验设计方法的效果看,以7~8个因素为宜。当然,不同的试验,选取因素的数目也会不一样,因素的多少决定于客观事物本身和试验目的的要求。而当因素间有交互作用影响时,如何处理交互作用是试验设计中另一个极为重要的问题。关于交互作用的处理方法将在正交试验中介绍。

2.4.2 水平的选取

水平的选取也是试验设计的主要内容之一。对影响因素,可以从质和量两方面来考虑,如原材料、添加剂的种类等就属于质的方面,对于这一类因素,选取水平时就只能根据实际情况有多少种就取多少种;相反,诸如温度、水泥的用量等就属于量的方面,这类因素的水平以少为佳。因为随水平数的增加,试验次数会急剧增加。

图 2.6 是转化率与温度的关系。图 2.6(a)是温度取 2 水平时的情况,可见两点间可以是直线,也可以是曲线。如果两个水平的间距较大,那么中间的转化率就难以判断,为防止产生这样的后果,水平应当靠近。图 2.6(b)是温度取 3 水平时的情况,通过试验可以得到 3 个点,当真实关系是抛物线时,中间一点的转化率就最高,但会不会是更复杂的三次曲线呢?一般来说是不可能的。因为一般情况下,水平的变化范围不会很大,局部范围内真实关系曲线应当较为接近于直线或者二次抛物线。所以,为减少试验次数,一般取 2 水平或 3 水平,只有在特殊情况下才取更多的水平。

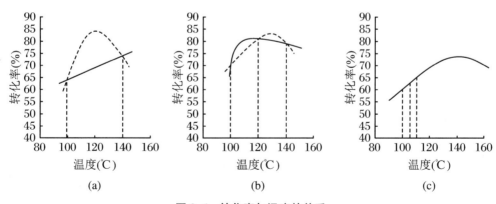

图 2.6 转化率与温度的关系

对不同的试验,水平的选取方法不一样。在新旧工艺对比试验中,往往是取 2 水平,即新工艺条件和现行工艺条件。一般可按以下方法选取:

$$2\text{水平}\begin{cases}\text{现行工艺水平}\\\text{新工艺水平}\end{cases}$$

但在寻找最佳工况的试验中,试验初期阶段由于心中无数,试验范围往往较大,这时就不得不取多水平。而随着试验的进行,试验的范围会逐渐缩小,试验后期阶段为减少试验次数,就可以取2水平或3水平。

$$3\text{水平}\begin{cases}\text{现行工艺水平或理论值减少}10\%\\\text{现行工艺水平或理论值}\\\text{现行工艺水平或理论值增加}10\%\end{cases}$$

上面已经涉及水平变化的幅度问题,从减少试验次数看,当水平间距不太大时取2水平或3水平就可满足要求。但也应当注意,水平靠近时指标的变化较小,尤其是那些影响不大的因素,水平靠近就可能检测不出水平的影响,从而得不到任何结论。所以,水平幅度在开始阶段可取大些,然后再逐渐靠近。如图2.6(c)所示,如果温度水平不是100 ℃、120 ℃、140 ℃,而是100 ℃、105 ℃、110 ℃,应很难得出正确的结论。此时,即使仪器能够分辨出水平变化所引起的指标波动,但从统计方法来看,这是没有什么意义的。

还应当指出,选取的水平必须在技术上现实可行。如在寻找最佳工况的试验中,最佳水平应在试验范围内;在工艺对比试验中,新工艺必须具有工程实际使用价值。再如研究燃烧问题时,温度水平就必须高于着火温度,若环境温度低于着火温度,试验将无法进行。有时还有安全问题,如某些化学反应在一定条件下会发生爆炸等。

水平数越多,试验的次数也就越多。如某一化学反应,其反应的完全程度与反应温度和触媒的用量有关,当温度A取3水平,触媒用量取6水平时,就要做$3\times6=18$次试验。在很多情况下,考虑到经济因素和试验的复杂程度,应尽量减少试验次数,以达到试验的最终目的。而减少试验次数在很多情况下决定于试验设计人员的专业水平和经验。根据化学反应动力学原理,温度水平较高时,触媒的用量可以少些;相反,温度水平低时,触媒用量必须多些。也就是说,可以去掉那些温度低、触媒用量少和温度高、触媒用量多的组合。这样,试验次数就可以减少,试验费用就会降低。但是如果把握不大,那就只好做18次试验。

2.4.3 常用试验设计方法

试验设计时,要明确试验的目的。根据不同的试验目的,选择合适的试验指标。一般而言,应选择最关键的因素效应、最敏感的参数作为试验指标。为了充分利用试验所得数据和信息,利用综合评价参数作为试验指标是值得推荐的。确定因素时,不能遗漏有显著性的因素,同时要考虑因素之间的交互作用。当因素的水平数不同时,应采用完全区组试验设计,即全组合试验设计。要安排适当的重复试验,减少试验的误差,提高试验指标的精度。

最常见的试验设计方法有:单因素优选法、析因试验设计法、分割试验设计法、正交试验设计法、均匀试验设计法、正交回归试验设计法、单纯形调优试验设计法、响应面试验设计法、SN比试验设计法、产品三次设计等。下面简单地介绍几种常见的试验设计方法。

1. 单因素优选法

优选法就是根据生产和科研中的不同问题,利用数学原理,合理地安排试验点,减少试验次数,以求迅速找到最佳点的一类科学方法。常用的单因素优选法有均分法、平分法、黄金分割法、分数法、抛物线法、预给要求法、比例分割法等。

2. 析因试验设计法

在多因素试验中,将因素的全部水平相互组合按随机的顺序进行试验,以考察各因素的主效应与因素之间的交互效应,这种安排试验的方法称为析因试验设计法。

3. 分割试验设计法

前面研究的是将各因素的全部水平相互组合按随机的顺序进行试验。但是,在有些情况下,由于条件限制,或为节省费用与试验时间,以提高某个或某些因素的试验精度,不便做或不宜采用全组合试验设计,这时可采用分割试验设计。

4. 正交试验设计法

用正交表安排多因素试验的方法称为正交试验设计法。该方法是依据数据的正交性(即均匀搭配、整齐可比)来进行试验方案设计的。由于该方法应用广泛,为了方便起见,已经构造出了一套现成规格化的正交表。根据正交表的表头和其中的数字结构就可以科学地挑选试验条件(因素水平),合理地安排试验。它的主要优点是:
(1) 能在众多的试验条件中选出代表性强的少数试验条件;
(2) 根据代表性强的少数试验结果数据可推断出最佳的试验条件或生产工艺;
(3) 通过试验数据的进一步分析处理,可以提供比试验结果本身多得多的对各因素的分析;
(4) 在正交试验的基础上,不仅可作方差分析,还能使回归分析等数据处理的计算变得十分简单。

5. 均匀试验设计法

均匀设计是一种只考虑试验点在试验范围内均匀散布的一种试验设计方法。与正交试验设计类似,均匀设计也是通过一套精心设计的均匀表来安排试验的。当试验因素变化范围较大,需要取较多水平时,可以极大地减少试验次数。

6. 单纯形调优试验设计法

单纯形调优试验设计法是一种多维直接搜索法,指先给定多维空间中一个初始单纯形,求出单纯形各个顶点的目标函数值,并加以比较,丢掉其中最坏的点,代之以新点,从而构成一新的单纯形。如此迭代下去,逐步逼近最优点。此法于1962年由斯盆得莱(W. Spendly)、赫斯蒂(G. R. Hext)、海姆斯瓦尔斯(F. R. Himsworth)等人提出,1965年涅尔得(J. A. Nelder)和梅得(R. Mead)两人加以改进。

7. 响应面试验设计法

响应面优化法,即响应曲面法,是利用合理的试验设计方法并通过实验得到一定数据,采用多元二次回归方程来拟合因素与响应值之间的函数关系,通过对回归方程的分析来寻求最优工艺参数,解决多变量问题的一种统计方法。响应面优化法的优点在于考虑了试验随机误差,将复杂的未知的函数关系在小区域内用简单的一次或二次多项式模型来拟合,计算比较简便,是降低开发成本、优化加工条件、提高产品质量,解决生产过程中的实际问题的一种有效方法。与正交试验相比,其优势是在试验条件寻优过程中,可以连续地对试验的各个水平进行分析,而正交试验只能对一个个孤立的试验点进行分析。但响应面优化法的局限性则是在使用响应面优化法之前,应当确立合理的各因素和水平,因为响应面优化法的前提是设计的试验点应包括最佳的试验条件,如果试验点的选取不当,试验响应面优化法就不能得到很好的优化结果。

2.4.4　试验设计与分析的基本过程

1. 试验设计阶段

根据试验要求,明确试验目的,确定要考察的因素以及它们的变动范围,由此制订出合理的试验方案。

2. 试验的实施

按照设计出的试验方案,实地进行试验取得必要的试验数据结果。

3. 试验结果的分析

对试验所得的数据结果进行分析,判定所考察的因素中哪些是主要的,哪些是次要的,从而确定出最好的生产条件,即最优方案。

2.5　试验结果的分析方法

试验数据的处理与分析是试验设计与分析的重要组成部分。在生产和科学研究中,会碰到大量的试验数据,试验数据的正确处理关系到能否达到试验目的、得出明确结论,如何从这些杂乱无章的试验数据中取出有用的情报帮助解决问题,用于指导科学研究和生产实践,为此需要选择合理的试验数据分析方法对试验数据进行科学的处理和分析,只有这样才能充分有效地利用试验测试信息。

试验数据分析通常是建立在数理统计的基础上。在数理统计中就是通过随机变量的观察值(试验数据)来推断随机变量的特征,例如分布规律和数字特征。数理统计是广泛应用的一个数学分支,它以概率论为理论基础根据试验或观察所得的数据,对研究对象的客观规律做出合理的估计和判断。

常用的试验数据分析方法主要有以下几种。

2.5.1 直观分析方法

直观分析方法是通过对试验结果的简单计算,直接分析比较确定最佳效果。直观分析主要可以解决以下两个问题:

(1) 确定因素最佳水平组合。该问题归结为找到各因素分别取何水平时,所得到的试验结果会最好。这一问题可以通过计算出每个因素每一个水平的试验指标值的总和与平均值,通过比较来确定最佳水平。

(2) 确定影响试验指标的因素的主次地位。该问题可以归结为将所有影响因素按其对试验指标的影响大小进行排队。解决这一问题采用极差法,某个因素的极差定义为该因素在不同水平下的指标平均值的最大值与最小值之间的差值。极差的大小反映了试验中各个因素对试验指标影响的大小,极差大表明该因素对试验结果的影响大,是主要因素;反之,极差小表明该因素对试验结果的影响小,是次要因素或不重要因素。

值得注意的是,根据直观分析得到的主要因素不一定是影响显著的因素,次要因素也不一定是影响不显著的因素,因素影响的显著性需通过方差分析确定。

直观分析方法的优点是简便、工作量小,而缺点是判断因素效应的精度差,不能给出试验误差大小的估计,在试验误差较大时,往往可能造成误判。

2.5.2 方差分析方法

简单说来,把试验数据的波动分解为各个因素的波动和误差波动,然后,将它们的平均波动进行比较,这种方法称为方差分析。方差分析的中心要点是把试验数据总的波动分解成两部分,一部分反映因素水平变化引起的波动;另一部分反映试验误差引起的波动,亦即把试验数据总的偏差平方和 S_T 分解为反映必然性的各个因素的偏差平方和 $S_A, S_B, \cdots, S_N$ 与反映偶然性的误差平方和 S_e,并计算比较它们的平均偏差平方和,以找出对试验数据起决定性影响的因素(即显著性或高度显著性因素)作为进行定量分析判断的依据。

方差分析方法的优点主要是能够充分地利用试验所得数据估计试验误差,可以将各因素对试验指标的影响从试验误差中分离出来,是一种定量分析方法,可比性强,分析判断因素效应的精度高。

2.5.3 因素-指标关系趋势图分析方法

即计算各因素各个水平平均试验指标,采用因素的水平作为横坐标,采用各水平的平均试验指标作为纵坐标绘制因素-指标关系趋势图,找出各因素水平与试验指标间的变化规律。

因素-指标关系趋势图分析方法的主要优点是简单,计算量小,试验结果直观明了。

2.5.4 回归分析方法

回归分析方法是用来寻找试验因素与试验指标之间是否存在函数关系的一种方法。一般回归方程的表示方法如下:

$$y = b_0 + b_1x_1 + b_2x_2 + b_3x_3 + \cdots + b_nx_n$$

在试验过程中,试验误差越小,则各因素 x_i 变化时,得出的考察指标 y 越精确。因此,利用最小二乘法原理,列出正规方程组,解这个方程组,求出回归方程的系数,代入并求出回归方程。对于所建立的回归方程是否有意义,要进行统计假设检验。

回归分析的主要优点是应用数学方法对试验数据去粗取精,去伪存真,从而反映事物内部规律性。

在试验数据处理过程中可以根据需要选用不同的试验数据分析方法,也可以同时采用几种分析方法。

第3章 试验设计方法

3.1 单因素优选法

在生产和科学实验中,人们为了达到优质、高产、低消耗等目的,需要对有关因素(如配方、配比、工艺操作条件等)的最佳点进行选择,所有这些选择点的问题,都称为优选问题。

怎样才能达到"最优"呢? 举个最简单的例子,比如蒸馒头,要想蒸得好吃、不酸不黄,就要使碱适量。假如我们现在还没有掌握放碱量的规律,而要通过直接实践的方法去摸索这个规律,怎样才能用最少的试验次数就找到最理想的结果呢? 换句话说,用什么方法指导我们进行实验才能最快地找到最优方案呢?

这个方法就叫作优选法。

优选法就是根据生产和科研中的不同问题,利用数学原理,合理地安排试验点,减少试验次数,以求迅速地找到最佳点的一类科学方法。

优选法可以解决那些试验指标与因素间不能用数学形式表达,或虽有表达式但很复杂的问题。

如果用函数的观点看待蒸馒头的问题,馒头的好吃程度就像是放碱量的函数,而放碱量相当于自变量。这样的函数,一般叫作指标函数,而指标函数的自变量叫作因素。

如果在试验时,只考虑一个对目标影响最大的因素,其他因素尽量保持不变,则称为单因素问题。在应用时,只要因素抓得准,单因素试验也能解决许多问题。

当某一个主要试验因素确定以后,首先应估计包含最优点的试验范围。如果用 a 表示下限,b 表示上限,试验范围为$[a,b]$。若 x 表示试验点,考虑端点,则 $a \leqslant x \leqslant b$;如不考虑端点 a、b,则 $a < x < b$。在实际问题中,a 和 b 为具体数值。

假定 $f(x)$ 是定义在区间$[a,b]$上的函数,但 $f(x)$ 的表达式是并不知道的,只有从试验中才能得出在某一点 x_0 的数值 $f(x_0)$。应用单因素优选法,就是用尽量少的试验次数来确定 $f(x)$ 的最佳点。

3.1.1 均分法

均分法是单因素试验设计方法。它是在试验范围$[a,b]$内,根据精度要求和实际情况,均匀地安排试验点,在每一个试验点上进行试验,并相互比较,以求得最优点的方法。

若试验范围 $L = b - a$,试验点间隔为 N,则试验点个数为

$$n = \frac{L}{N} + 1 = \frac{b-a}{N} + 1 \tag{3.1}$$

这种方法的特点是对所试验的范围进行"普查",常常应用于对目标函数的性质没有掌握或很少掌握的情况。即假设目标函数是任意的情况,其试验精度取决于试验点数目的多少。

例 3.1 对采用新钢种的某零件进行磨削加工,砂轮转速范围为 420～720 r/min,拟通过试验找出能使光洁度最佳的砂轮转速值。

解 取 $N = 30$ r/min,则

$$n = \frac{b-a}{N} + 1 = \frac{720 - 420}{30} + 1 = 11$$

试验转速(单位:r/min)分别为:420,450,480,510,540,570,600,630,660,690,720。试验表明,当砂轮转速为 600 r/min 时,光洁度最佳。

3.1.2 平分法

平分法是单因素试验中一种最简单最方便的方法。如果在试验范围内,目标函数单调(连续或间断的),如图 3.1 和图 3.2 所示,要找出满足一定条件的最优点,则可以选用此法。

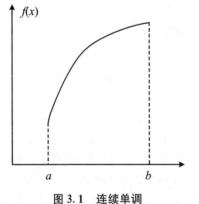
图 3.1 连续单调

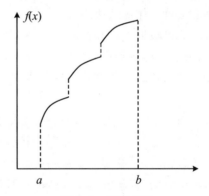
图 3.2 间断单调

总是在试验范围的中点安排试验,中点公式为

$$\text{中点} = \frac{a+b}{2} \tag{3.2}$$

根据试验结果,如下次试验在高处(取值大些),就把此试验点(中点)以下的一半范围划去;如下次试验在低处(取值小些),就把此试验点(中点)以上的一半范围划去,重复上面的试验,直到找到一个满意的试验点。

例 3.2 乳化油加碱量的优选。

高级纱上浆要加些乳化油脂,以增加柔软性,而油脂乳化需加碱加热。某纺织厂以前乳化油脂加烧碱 1%,需加热处理 4 小时,但知道多加碱可以缩短乳化时间,碱过多又会皂化,所以加碱量优选范围为 1%～4.4%。

解 第一次试验加碱量(试验点):2.7% = (1% + 4.4%)/2。

有皂化,说明碱加多了,于是划去 2.7%以上的范围。

第二次试验加碱量(试验点):1.85% = (1% + 2.7%)/2。

乳化良好,但乳化时间仍较长。

第三次试验,为了进一步减少乳化时间,不考虑少于 1.85%的加碱量,而取 2.28% = (1.85% + 2.7%)/2。

乳化仍然良好,乳化时间减少 1 小时,结果满意,试验停止。最终确定加碱量为 2.28%, 加热 3 小时。

3.1.3 黄金分割法(0.618 法)

0.618 法是单因素试验设计方法,又叫黄金分割法。这种方法是在试验范围$[a, b]$内的 0.618 和 0.382 点处的位置安排试验得到结果 $f(x_1), f(x_2)$,其中 $x_1 = (b - a) \times 0.618 + a, x_2 = (b - a) \times 0.382 + a$。首先安排两个试验点,再根据两点试验结果,留下好点,去掉不好点所在的一段范围,再在余下的范围内仍按此法寻找好点,去掉不好的点,如此继续做下去,直到找到最优点为止。

0.618 法要求试验结果目标函数 $f(x)$ 是单峰函数,如图 3.3 所示,即在试验范围内只有一个最优点 d,其效果 $f(d)$最好,比 d 大或小的点都差,且距最优点 d 越远试验效果越差。

这个要求在大多数实际问题中都能满足。

设 x_1 和 x_2 是因素范围$[a, b]$内的任意两个试点,d 点为问题的最优点,并把两个试点中效果较好的点称为好点,把效果较差的点称为差点。下面将证明:最优点与好点必在差点同侧,因而我们把因素范围被差点所分成的两部分中好点所在的那部分称为存优范围。

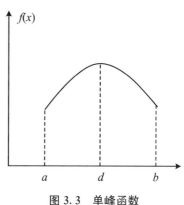

图 3.3 单峰函数

命题:最优点与好点必在差点同侧。

证明:显然最优点不会与差点重合。

如果最优点与好点重合,则结论显然正确。

如果最优点不与好点重合,则有如下两种情况:

(1) 如图 3.4 所示,好点与差点分列于最优点两侧。此时结论显然也是正确的。

(2) 如图 3.5 所示,好点与差点位于最优点同侧。此时,按照"单峰性",离最优点较近的试点必然是好点,因而最优点与好点仍在差点同侧。证毕。

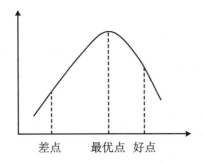
图3.4 好点与差点分列于最优点两侧

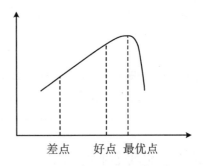
图3.5 好点与差点位于最优点同侧

这个命题给我们指示了一种通过试验逐步缩小存优范围、逐次逼近最优点的方法。

上面证明了命题:最优点与好点必在差点同侧。这给我们指示了缩小因素范围的方法:做了两次试验后,沿差点将因素范围一分为二,去掉不包含好点的一段,只留下存优范围。在这个存优范围中再做一次试验,并与上次的好点比较效果,确定新的好点与新的差点,再沿新的差点将因素范围一分为二,并去掉不包含较好点的那段,只留下新的存优范围。照此处理,存优范围可逐步缩小。

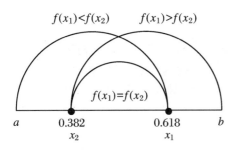
图3.6 x_1 与 x_2 关于 $[a,b]$ 中点对称,不同情况下好点所在区间

在进行试验之前,我们无法预先知道两次试验的效果哪一次好,哪一次差,因而两个试点(例如设为 x_1 与 x_2,$x_1 < x_2$)作为差点的可能性是相同的,即从这两个试点中的哪一个将整个因素范围一分为二并去掉不包含好点的那一段的可能性都一样大,因而,为了克服盲目性和侥幸心理,我们在安排试点时应该使两个试点关于因素范围的中点对称,即如图3.6所示,应使 $x_2 - a = b - x_1$。这是我们在试验过程中应遵循的一个原则——对称原则。

比较了两次试验的效果之后,可舍去一段区间,只留下存优范围。为了尽快找到最优点,我们当然不希望舍去的那一段太短。但是也不能指望一次就能舍去很长。例如,如果让 x_1 与 x_2 都尽量靠近,这样一次可以舍去整个因素范围 $[a,b]$ 的将近50%,但是按照对称原则做了第三次试验后就会发现,以后每次只能舍去很小的一部分了,结果反而不利于较快地逼近最优点。这个情况又提示我们考虑另一个原则:最好每次舍去的区间都能占舍去前全区间同样的比例数(我们不妨称此原则为"成比例地舍去"原则)。

按照上述两个原则,如图3.6所示,设第一次和第二次试验分别在 x_1 点和 x_2 点,$x_1 > x_2$,则在第一次比较效果的时候,不论 x_1 点与 x_2 点哪个点是好点,哪个点是差点,由对称性,舍去的区间长度都等于 $b - x_1$。不妨设 x_2 是好点,x_1 是差点,舍去的是 (x_1, b)。再设第三次试验安排在 x_3 点,则 x_3 点应在 $[a, x_1]$ 中与 x_2 对称的位置上,同时 x_3 点应在 x_2 点左侧,否则 x_3 点与 x_2 点比较效果后被舍去的将与上次舍去的是同样的长度,而不是同样的比例,违背"成比例地舍去"原则。由此可知,x_3 点与 x_2 点比较效果后,不论哪个点是好点,哪个点是差点,被舍去的区间长度都等于 $x_1 - x_2$。于是按照"成比例地舍去"原则(设 b

$-x_1 = x$),我们得到等式

$$\frac{x \leftarrow 即第一次舍去的长度}{b-a \leftarrow 即第一次总长度} = \frac{(b-x)-(a+x) \leftarrow 即第二次舍去的长度}{(b-a)-x \leftarrow 即第二次总长度(去掉第一段后剩余的长度)} \frac{x_1 - x_2}{}$$

它的左边是第一次舍去的比例数,右边是第二次舍去的比例数。对这个等式进行变形可得

$$x^2 - 3(b-a)x - (b-a)^2 = 0$$

整理可得

$$x = 0.382(b-a)$$

即

$$x_1 = 0.618(b-a)$$
$$x_2 = 0.382(b-a)$$

0.618 或(1 − 0.618) = 0.382 正是黄金分割常数。

以上的分析和计算使我们想到:把试验点安排在黄金分割点较为妥当。因而我们得到了单因素单峰指标函数的一种优选方法——黄金分割法。

0.618 法(黄金分割法)的做法为:第一个试验点 x_1 设在范围 (a,b) 的 0.618 位置上,第二个试验点 x_2 取成 x_1 的对称点,如图 3.7(a) 所示,即

$$x_1 = (大 - 小) \times 0.618 + 小 = (b-a) \times 0.618 + a \quad (3.3)$$
$$x_2 = (大 + 小) - 第一点 = (大 + 小) - x_1 = (b+a) - x_1 \quad (3.4)$$

式中"第一点"指两个试验点中已确定的第一个试验点的位置。或

$$x_2 = (大 - 小) \times 0.382 + 小 = (b-a) \times 0.382 + a \quad (3.5)$$

用 $f(x_1)$ 和 $f(x_2)$ 分别表示 x_1 和 x_2 上的试验结果,如果 $f(x_1)$ 比 $f(x_2)$ 好,x_1 是好点,于是把试验范围 (a,x_2) 划去,剩下 (x_2,b);如果 $f(x_1)$ 比 $f(x_2)$ 差,x_2 是好点,于是把试验范围 (x_1,b) 划去,剩下 (a,x_1),即始终划去差点那一端。下一步是在余下的范围内寻找好点。

对于 x_1 是好点的第一种情形,如图 3.7(b) 所示,划去 (a,x_2),保留 (x_2,b)。x_1 的对称点 x_3,在 x_3 安排第三次试验。

用对称公式计算有

$$x_3 = x_2 + b - x_1$$

对于 x_2 是好点的后一种情形,如图 3.7(c) 所示,划去 (x_1,b),保留 (a,x_1)。第三个试验点 x_3 应是好点 x_2 的对称点,则

$$x_3 = a + x_1 - x_2$$

(a) 黄金分割法第一、二试验点　　(b) x_1 是好点时的优选过程　　(c) x_2 是好点时的优选过程

图 3.7 黄金分割法优选过程

如果 $f(x_1)$ 和 $f(x_2)$ 一样,则应该具体分析,看最优点可能在哪边,再决定取舍。一般情况下,可以同时划掉 (a,x_2) 和 (x_1,b),仅留中间的 (x_2,x_1),把 x_2 看成新 a,x_1 看成新 b,然

后在范围(x_2,x_1)内0.618、0.382处重新安排两次试验。

无论何种情况,在新的范围内,又有两次试验可以比较。根据试验结果,再去掉一段或两段试验范围,在留下的范围中再找好点的对称点,安排新的试验。这个过程重复进行下去,直到找出满意的点,得出比较好的试验结果;或者留下的试验范围已很小,再做下去,试验差别不大时也可终止试验。

例 3.3 炼某种合金钢,需添加某种化学元素以增加强度,加入范围是 1000~2000 克,求最佳加入量。

解 第一步,先在试验范围长度的 0.618 处做第(1)个试验:
$$x_1 = a + (b-a) \times 0.618 = 1000 + (2000-1000) \times 0.618 = 1618(克)$$
第二步,第(2)个试验点由式(3.4)计算:
$$x_2 = 大 + 小 - 第一点 = 2000 + 1000 - 1618 = 1382(克)$$
第三步,比较(1)与(2)两点上所做试验的效果,假设第(1)点比较好,就去掉第(2)点,即去掉[1000,1382]那一段范围。留下[1382,2000],则
$$x_3 = 大 + 小 - 第一点 = 1383 + 2000 - 1618 = 1764(克)$$
第四步,比较在上次留下的好点,即第(1)处和第(3)处的试验结果,看哪个点好,然后就去掉效果差的那个试验点以外的那部分范围,留下包含好点在内的那部分范围作为新的试验范围,如此反复,直到得到较好的试验结果为止。

可以看出每次留下的试验范围是上一次长度的 0.618 倍,随着试验范围越来越小,试验越趋于最优点,直到达到所需精度即可。

3.1.4 分数法

分数法适用于试验要求预先给出试验总数(或者知道试验范围和精确度,这时试验总数就可以算出来)。在这种情况下,用分数法比 0.618 法方便,且同样适合单峰函数的方法。

首先介绍斐波那契数列:
$$1, 1, 2, 3, 5, 8, 13, 21, 34, 55, 89, 144, \cdots$$
用 $F_0, F_1, F_2, \cdots$ 依次表示上述数串,它们满足递推关系
$$F_n = F_{n-1} + F_{n-2} \quad (n \geq 2) \tag{3.6}$$
当 $F_0 = F_1 = 1$ 确定后,斐波那契数列就完全确定了。

现在分两种情况叙述分数法。

1. 所有可能的试验总数正好是某一个 F_{n-1}

这时前两个试验点放在试验范围的 F_{n-1}/F_n、F_{n-2}/F_n 的位置上,也就是先在第 F_{n-1}、F_{n-2} 点上做试验。

比较这两个试验的结果,如果第 F_{n-1} 点好,划去第 F_{n-2} 点以下的试验范围;如果第 F_{n-2} 点好,划去第 F_{n-1} 点以上的试验范围。

在留下的试验范围中,还剩下 $F_{n-1}-1$ 个试验点,重新编号,其中第 F_{n-2} 和 F_{n-3} 个分点,有一个是刚好留下的好点,另一个是下一步要做的新试验点,两点比较后同前面的做法一样,从坏点把试验范围切开,短的一段不要,留下包含好点的长的一段,这时新的试验范围就只有 $F_{n-2}-1$ 试验点。以后的试验,照上面的步骤重复进行,直到试验范围内没有应该做的好点为止。

容易看出,用分数法安排上面的试验,在 F_n-1 个可能的试验中,最多只需做 $n-1$ 个就能找到它们中最好的点。在试验过程中,如遇到一个已满足要求的好点,同样可以停下来,不再做后面的试验。利用这种关系,根据可能比较的试验数,马上就可以确定实际要做的试验数,或者是由于客观条件限制,能做的试验数。比如最多只能做 k 个,就把试验范围分成 F_{k+1} 等份,这样所有可能的试验点数就是 $F_{k+1}-1$ 个,按上述方法,只做 k 个试验,就可使结果得到最高的精密度。

例 3.4 卡那霉素生物测定培养温度试验。

卡那霉素发酵液测定,国内外都规定培养温度为 37±1 ℃,培养时间在 16 h 以上。某制药厂为缩短时间,决定进行试验,试验范围为 29~50 ℃,精确度要求 ±1 ℃,中间试验点共有 20 个,用分数法安排试验。

解 由题意可知,试验总次数为 20,正好等于 F_7-1。试验过程如图 3.8 所示。

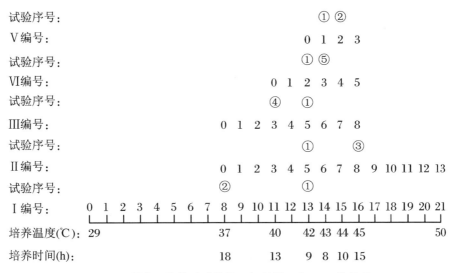

图 3.8 所有可能的试验总数正好是某一个 F_n-1 的情况

(1) 第①个试验点选在第 13 个分点 42 ℃;第②个试验点选在第 8 个分点 37 ℃。发现①点好,划去 8 分点以下的,再重新编号。

(2) ①和③比较,①好,划去 8 分点以上的,再重新编号。

(3) ①和④比较,①好,划去 3 分点以下的,再重新编号。

(4) ①和⑤比较,⑤好,划去 2 分点以下的,再重新编号。

(5) ⑤和⑥比较,⑤好,试验结束,定下 43±1 ℃,只需 8~10 h。

说明:$F_7=21$,因而只需做 7-1=6 次试验。

2. 所有可能的试验总数大于某一个 F_n-1 而小于 $F_{n+1}-1$

只需在试验范围之外虚设几个试验点,虚设的点可安排在试验范围的一端或两端,凑成 $F_{n+1}-1$ 个试验,就化成上一种情形。对于虚设点,并不真正做试验,直接判断其结果比其他点都坏,试验往下进行。很明显,这种虚设点,并不增加实际试验次数。

例 3.5 假设某混凝沉淀试验,所用的混凝剂为某阳离子型聚合物与硫酸铝,硫酸铝的投入量恒定为 10 mg/L,而某阳离子聚合物的可能投加量(单位:mg/L)分别为 0.10、0.15、0.20、0.25、0.30,试利用分数法来安排试验,确定最佳阳离子型聚合物的投加量。

解 根据题意可知,可能的试验总次数为 5。由斐波那契数列可知

$$F_5 - 1 = 8 - 1 = 7$$
$$F_4 - 1 = 5 - 1 = 4$$

故

$$F_4 - 1 = 4 < 5 < F_5 - 1 = 7$$

(1) 首先需要增加两个虚设点,使其可能的试验总次数为 7,虚设点可以安排在试验范围的一端或两端。假设安排在两端,即一端一个虚设点,如图 3.9 所示。

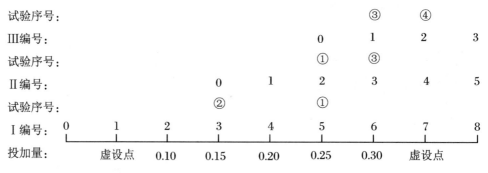

图 3.9 所有可能的试验总数大于某一个 F_n-1 而小于 $F_{n+1}-1$ 的情况

(2) 第①个试验点选在 5 分点 0.25 mg/L;第②个试验点在 3 分点 0.15 mg/L。假设①点好,划去 3 分点以下的,再重新编号。

(3) ①和③比较,假设③好,划去 2 分点以下的,再重新编号。

(4) 此时第④个试验点为虚设点,直接认定它的效果比③差,即③好。试验结束,定下该阳离子型聚合物的最佳投加量为 0.30 mg/L。

分数法与 0.618 法的区别只是用分数 F_{n-1}/F_n 和 F_{n-2}/F_n 代替 0.618 和 0.382 来确定试验点,以后的步骤相同。一旦用 F_{n-1}/F_n 确定了第一个试验点,则以后根据式(3.6)确定其余的试验点,也会得出完全一样的试验序列来。

3.1.5 抛物线法

不管是 0.618 法,还是分数法,都只是比较两个试验结果的好坏,而不考虑目标函数值。抛物线法是根据已得的三个试验数据,找到这三点的抛物线方程,然后求出该抛物线的极大

值,作为下次试验的根据,具体方法如下。

(1) 在三个试验点:x_1, x_2, x_3,且 $x_1 < x_2 < x_3$,分别得试验值 y_1, y_2, y_3,根据拉格朗日插值法可以得到一个二次函数。过程如下:

求抛物线函数 $y = a_0 + a_1 x + a_2 x^2$,它过已知三点,则满足

$$a_0 + a_1 x_1 + a_2 x_1^2 = y_1$$
$$a_0 + a_1 x_2 + a_2 x_2^2 = y_2$$
$$a_0 + a_1 x_3 + a_2 x_3^2 = y_3$$

求出 a_0, a_1, a_2,得一抛物线函数

$$y = \frac{(x-x_2)(x-x_3)}{(x_1-x_2)(x_1-x_3)} y_1 + \frac{(x-x_1)(x-x_3)}{(x_2-x_1)(x_2-x_3)} y_2 + \frac{(x-x_1)(x-x_2)}{(x_3-x_1)(x_3-x_2)} y_3 \quad (3.7)$$

(2) 设上述二次函数在 x_4 取得最大值,这时

$$x_4 = \frac{1}{2} \frac{y_1(x_2^2 - x_3^2) + y_2(x_3^2 - x_1^2) + y_3(x_1^2 - x_2^2)}{y_1(x_2 - x_3) + y_2(x_3 - x_1) + y_3(x_1 - x_2)} \quad (3.8)$$

(3) 在 $x = x_4$ 处做试验,得试验结果 y_4。如果假定 y_1, y_2, y_3, y_4 中的最大值是由 x_1' 给出的,除 x_1' 之外,在 x_1, x_2, x_3 和 x_4 中取较靠近 x_1' 的左右两点,将这三点记为 x_1', x_2', x_3',此处 $x_1' < x_2' < x_3'$,若在 x_1', x_2', x_3' 处的函数值分别为 y_1', y_2', y_3',则根据这三点又可得到一条抛物线方程,如此继续下去,直到函数的极大点(或它的充分邻近的一个点)被找到为止。

粗略地说,如果穷举法(在每个试验点上都做试验)需要做 n 次试验,对于同样的效果,黄金分割法只要 $\lg n$ 次就可以达到,抛物线法效果更好些,只要 $\lg(\lg n)^2$ 次,原因就在于黄金分割法没有较多地利用函数的性质,做了两次试验,比一比大小,就把它舍掉了,抛物线法则对试验结果进行了数量方面的分析。

抛物线法常常用在 0.618 法或分数法取得一些数据的情况,这时能收到更好的效果。此外,建议做完了 0.618 法或分数法的试验后,用最后三个数据按抛物线法求出 x_4,并计算这个抛物线在点 $x = x_4$ 处的数值,预先估计一下在点 x_4 处的试验结果,然后将这个数值与已经测试得到的最佳值作比较,以此作为是否在点 x_4 处再做一次试验的依据。

例 3.6 在测定某离心泵效率 η 与流量 Q 之间关系曲线的试验中,已经测得三组数据如表 3.1 所示,如何利用抛物线法尽快地找到最高效率点?

表 3.1 例 3.6 数据

流量 Q(L/s)	8	20	32
效率 η(%)	50	75	70

解 首先根据这三组数据,确定抛物线的极值点,即下一试验点的位置。为了表示方便,流量用 x 表示,效率用 y 表示,于是

$$\begin{aligned}
x_4 &= \frac{1}{2} \frac{y_1(x_2^2 - x_3^2) + y_2(x_3^2 - x_1^2) + y_3(x_1^2 - x_2^2)}{y_1(x_2 - x_3) + y_2(x_3 - x_1) + y_3(x_1 - x_2)} \\
&= \frac{0.5 \times [50 \times (20^2 - 32^2) + 75 \times (32^2 - 8^2) + 70 \times (8^2 - 20^2)]}{50 \times (20 - 32) + 75 \times (32 - 8) + 70 \times (8 - 20)} \\
&= 24
\end{aligned}$$

接下来的试验应在流量为 24 L/s 时进行。试验表明,在该处离心泵效率 $\eta = 78\%$,该效率已经非常理想了,试验一次成功。

3.1.6 分批试验法

在生产和科学实验中,为加速试验的进行,常常采用一批同时做几个试验的方法,即分批试验法。

1. 预给要求法

预给要求法是分批试验的一种方法。如能预先确定总的可能的试验个数(换句话说,知道了试验范围和要求的精密度),或事先限定试验的批数和每批的个数,就可以采用这种方法。

(1) 每批做偶数个试验。

先介绍各批数目都相同且每批做偶数个试验的方法,现以每批两个试验为例,说明方法的基本精神。

若只做一批试验,每批两个试验,把试验范围分为 3 等份,在每个分点上做试验,如下所示:

若做两批试验,每批两个试验,把试验范围分为 7 等份,在第 3、4 两点做第一批试验。如第 4 点好,再做 5、6 两点;如第 3 点好,则做 1、2 两点。

若做三批试验,每批两个试验,把试验范围分为 15 等份,在第 7、8 两点做第一批试验。如第 7 点好,则把第 8 点以上的范围划去;如第 8 点好,则把 7 点以下的划去,在余下的部分做第二批试验,如下所示:

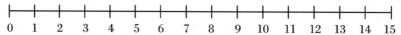

再如每批做四个试验的情况。

若只做一批试验,每批四个试验,则将试验范围分成 5 等份,在第 1、2、3、4 四点做第一批试验。

若做两批试验,每批四个试验,把试验范围分为 17 等份,在 5、6 及 11、12 四个分点上做第一批试验。无论哪个点好,都只剩下四个试验点,刚好安排第二批试验。

依此可以推出做更多批数试验的情形来。

每批做 6 个或更多个试验的情形原理相同。容易推出,若每批做 $2k$ 个试验,共作 n 批,则应将试验范围等分为 $L_n^{2k}=2(k+1)^n-1$ 份。

第一批试验点是:$L_{n-1}^{2k}, L_{n-1}^{2k}+1, 2L_{n-1}^{2k}+1, 2L_{n-1}^{2k}+2, \cdots, kL_{n-1}^{2k}+(k-1), kL_{n-1}^{2k}+k$。

试验结果的精确度是 L/L_n^{2k},$L=b-a$ 是试验的长度。

例 3.7 弹片老化处理。

某热工仪表厂用青铜制成的弹片是新型动圈仪表的关键零件之一,由于老化处理问题未解决,有时停工待料。为了解决这一问题,他们对温度进行优选,试验范围 220~320 ℃,每批做两个试验,只做了三批共 6 个试验,终于找到最适宜的温度 280 ℃,解决了生产难点。

```
试验点:         0   1   2   3   4   5   6   7   8   9   10  11  12  13  14  15
试验范围(℃): 220 227 234 240 247 253 260 266 273 279 286 292 299 306 313 320
试验批次:                                   Ⅰ   Ⅰ   Ⅲ   Ⅲ   Ⅱ   Ⅱ
```

Ⅰ:8 点好。

Ⅱ:11 点好。

Ⅲ:10 点好,选择 10 点处的温度。

(2) 每批做奇数个试验。

对于各批数目都相同且每批做奇数个试验的方法,现以每批做三个试验为例,说明方法的基本精神。

每批做三个试验时,做 n 批。则分成的等份数为

$$L_n^3 = \frac{1}{2}\left[(1+\sqrt{3})^{n+1}+(1-\sqrt{3})^{n+1}\right]$$

按四舍五入处理。如:

① 只做一批试验,把试验范围分为 4 等份,在 1、2、3 处做试验。

② 只做二批试验,把试验范围分为 10 等份,在 4、5、9 处做第一批试验,无论哪点好,下一批只做靠近好点的 3 个试验。

③ 只做三批试验,把试验范围分为 28 等份,在 10、14、24 三点做第一批试验,结果用上一步方法分析。

每批做五个试验时,做 n 批。则分成的等份数为

$$L_n^5 = \frac{1}{2\sqrt{21}}\left[(9+\sqrt{21})\left(\frac{3+\sqrt{21}}{2}\right)^n - (9-\sqrt{21})\left(\frac{3-\sqrt{21}}{2}\right)^n\right]$$

按四舍五入处理。

2. 均分分批试验法

假设每批数目都相同且每批做偶数($2k$)个试验。

第一步把试验范围划成 $2k+1$ 等份,这就有了 $2k$ 个分点,在各个分点上做第一批试验,比较结果,留下与好点相邻的两段,作为新试验范围。第二批试验,在第一批试验的好点

两侧各等距离放上 k 个点,以后各批都是第二批试验的重复。

现以每批四个试验即 $k=2$ 为例,第一批试验的安排是:

设 $\dfrac{2}{5}$ 是好点,第二批是:

以后是重复第二批的做法。

3. 比例分割分批试验法

假设每批数目都相同且每批做奇数 $(2k+1)$ 个试验。

第一步:把试验范围划分为 $2k+2$ 段,相邻两段长度为 a 和 $b(a>b)$,这里有两种排法,一种自左至右先排短段,后排长段;另一种是先长后短。在 $2k+1$ 个分点上做第一批试验,比较结果,在好试验点左右留下一长一短(也有两种情况,长在左短在右,或是短在左长在右)两段,试验范围变成 $a+b$。

第二步:把长段 a 分成 $2k+2$ 段,相邻两段长度为 a_1、$b_1(a_1>b_1)$,且 $a_1=b$,即第一步中短的一段在第二步变成长段。在长段的 $2k+1$ 个分点处安排第二批试验,并将这 $2k+1$ 试验结果及上一步的好试验点进行比较,无论哪个试验点好,留下的仍是好试验点左右的一长一短两段,如此不断地做下去,就能找到最佳点。

图 3.10 表示了 $k=2$ 的情形,每批做 5 个试验。

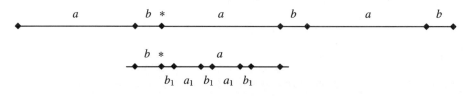

图 3.10　比例分割法图例

设试验范围长度为 L,短长段的比例为 λ,则

$$\frac{b}{a}=\frac{b_1}{a_1}=\frac{a}{L}=\lambda \tag{3.9}$$

每二批试验是将试验范围(长段 a)划分成 $k+1$ 个长短段,即

$$(a_1+b_1)(k+1)=a \tag{3.10}$$

将 $a_1=b$ 及式(3.9)代入式(3.10),可得

$$(L\lambda^2+L\lambda^3)(k+1)=L\lambda \tag{3.11}$$

整理可得

$$\lambda=\frac{1}{2}\left[\sqrt{\frac{k+5}{k+1}}-1\right] \tag{3.12}$$

由式(3.12)可以看出,每批试验次数不同时,短长段的比例 λ 是不相同的。

当试验范围为 $(0,1)$ 时,则

$$a = L\lambda = \lambda \tag{3.13}$$

例如,当 $k=1$ 时,即每批做 3 个试验:

$$\lambda = \frac{1}{2}\left(\sqrt{\frac{k+5}{k+1}} - 1\right) = \frac{1}{2}(\sqrt{3} - 1) = 0.366$$

若试验范围为 $(0,1)$,则 $a = 0.366$, $b = 0.134$,于是第一批试验点为 0.134、0.500、0.634 或 0.366、0.500、0.866;第二批试验点由 $a_1 = b = 0.134$,$b_1 = 0.134 \times 0.366 = 0.049$ 推出。

又如,当 $k=2$ 时,即每批做 5 个试验:

$$\lambda = \frac{1}{2}\left(\sqrt{\frac{k+5}{k+1}} - 1\right) = \frac{1}{2}\left(\sqrt{\frac{7}{3}} - 1\right) = 0.264$$

若试验范围为 $(0,1)$,则 $a = 0.264$, $b = 0.069$,于是第一批试验点为 0.069、0.333、0.402、0.666、0.735 或 0.264、0.333、0.597、0.666、0.930;第二批试验点由 $a_1 = b = 0.069$,$b_1 = 0.069 \times 0.264 = 0.018$ 推出。

当 $k=0$ 时,即每批做 1 个试验:

$$\lambda = \frac{1}{2}\left(\sqrt{\frac{k+5}{k+1}} - 1\right) = \frac{1}{2}(\sqrt{5} - 1) = 0.618$$

这就是黄金分割法,所以比例分割法是黄金分割法的推广。

3.2 析因试验设计法

以两因素的析因试验为例,其安排方式如表 3.2 所示。析因试验的数据处理通常采用的是方差分析方法。

表 3.2 触媒选用量(%)

催化剂用量	温 度		
	A_1 (80 ℃)	A_2 (100 ℃)	A_3 (120 ℃)
B_1(4%)	40	60	70
B_2(5%)	60	85	80
B_3(6%)	70	90	70
B_4(7%)	85	80	55

析因试验设计方法的特点是,各因素的所有水平都有机会相互组合,能全面地显示和反映各因素对试验指标的影响,每个因素的重复次数增多,提高了试验的精度。当因素的水平数增多时,试验的工作量迅速增大,因此,这种试验设计的方法适用于因素与水平数较少的设计。

表 3.3 是一个典型的析因试验设计。这是一个人工合成材料试验,它的考查指标是测试的强度值。有两个因素:合成温度 A 和催化剂用量 B。合成温度有 4 个水平,催化剂用量

有 3 个水平,若进行全组合试验,要进行 12 次试验;若要重复 3 次,要进行 36 次试验。这说明析因试验设计方法,其工作量很大。判定合成温度 A 和催化剂用量 B 的显著性,用方差分析方法。

表 3.3 合成材料的强度(MPa)

重复测定	催化剂用量	合成温度			
		A_1(80 ℃)	A_2(90 ℃)	A_3(100 ℃)	A_4(110 ℃)
第 1 次	B_1(0.5%)	29	31	34	31
	B_2(1.0%)	32	33	33	30
	B_3(1.5%)	34	34	32	32
第 2 次	B_1(0.5%)	31	32	34	34
	B_2(1.0%)	32	33	33	33
	B_3(1.5%)	34	36	35	32
第 3 次	B_1(0.5%)	30	33	34	35
	B_2(1.0%)	32	35	31	33
	B_3(1.5%)	34	34	32	32

3.3　分割试验设计法

在分割试验设计中,不是将全部因素随机组合,而是将其中某一因素 A 先随机化安排,在此前提下,再将另一因素 B 随机化安排,组合成各种试验设计条件。在分割试验设计中,因素 A 和因素 B 在试验中的地位是不等同的,因素 A 称为 1 次因素,因素 B 称为 2 次因素。

下面以 2 因素试验为例,说明分割试验设计方法。因素 A 为 3 水平,因素 B 为 2 水平,进行三次重复试验,全组合试验设计与分割试验设计方法如表 3.4、表 3.5 所示。在全组合试验设计中因素 A 要变化 6 次,而在分割试验设计中因素 A 只变化 3 次。如果试验中改变因素 A 难以实现,或者耗费较大,采用分割试验设计比采用全组合试验设计显然更具有优越性。

表 3.4 全组合试验设计

	区　组		
	第 1 次	第 2 次	第 3 次
试验顺序	A_2B_1	A_1B_2	A_3B_1
	A_1B_2	A_3B_1	A_2B_2
	A_3B_1	A_3B_2	A_1B_2
	A_1B_1	A_2B_1	A_2B_2
	A_3B_2	A_1B_1	A_3B_2
	A_2B_2	A_2B_1	A_1B_1

表 3.5 分割试验设计

	区 组		
	第1次	第2次	第3次
试验顺序	⟨ B₁ A₂ B₂	⟨ B₂ A₁ B₁	⟨ B₁ A₃ B₂
	⟨ B₁ A₃ B₂	⟨ B₂ A₃ B₁	⟨ B₁ A₁ B₂
	⟨ B₁ A₁ B₂	⟨ B₁ A₂ B₂	⟨ B₂ A₂ B₁

试验设计可以是一段分割试验设计,如表 3.5 所示;也可以是两段分割试验设计,如图 3.11 所示。1 次因素与 2 次因素可以是单因素,也可以是组合因素,如图 3.12 所示。分割试验设计是一种系统分组试验法。

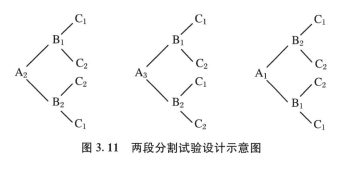

图 3.11 两段分割试验设计示意图

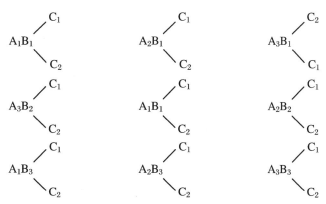

图 3.12 组合因素分割试验设计示意图

分割试验设计的优点是能够节省费用。从表 3.4 和表 3.5 所示的 2 因素试验来看,在全组合试验设计中,因素 A 要重复试验 6 次,而在分割试验设计中因素 A 只重复试验 3 次,这样，因素 A 将减少一半原材料的消耗和试验经费。分割试验设计的缺点是试验的数据不是相互独立的，因素 B 的试验效果有赖于因素 A 所处的水平。

3.4 正交试验设计法

对于单影响因素的试验，可以采用第 3.1 节介绍的各种方法。而在科学研究、生产运行、产品开发等实践中，考察的因素往往很多，而且每个因素的水平数也很多，这时，上述方法就无能为力了。而正交试验正是解决多因素试验问题的有效方法。

在前面介绍的多因素方差分析中，对各个因素的每一种水平组合，都要进行试验，即进行全面试验。既然全面试验的试验次数太多，那么，能不能只选一部分组合来做试验呢？能不能使试验次数尽可能少而仍然能得到所需要的结果呢？正交试验设计就是一种已在实际中广泛使用，是安排多因素试验、寻求最优水平组合，并且被证明是十分有效的不需要全面试验的高效率试验设计方法。

3.4.1 正交表的概念

正交试验设计是利用规格化的正交表恰当地设计出试验方案和有效地分析试验结果，提出最优配方和工艺条件，并进而设计出可能更优秀的试验方案的一种科学方法。

设 A 是 $n \times k$ 矩阵，它的第 j 列元素由数字 $1, 2, 3, \cdots, m_j$ 所构成（或者为方便起见，也可用别的符号来代替这些数字），如果矩阵 A 的任意两列都搭配均衡，则称 A 是一个正交表。

例如一个 8×7 的矩阵：

$$A = \begin{bmatrix} 1 & 1 & 1 & 1 & 1 & 1 & 1 \\ 1 & 1 & 1 & 2 & 2 & 2 & 2 \\ 1 & 2 & 2 & 1 & 1 & 2 & 2 \\ 1 & 2 & 2 & 2 & 2 & 1 & 1 \\ 2 & 1 & 2 & 1 & 2 & 1 & 2 \\ 2 & 1 & 2 & 2 & 1 & 2 & 1 \\ 2 & 2 & 1 & 1 & 2 & 2 & 1 \\ 2 & 2 & 1 & 2 & 1 & 1 & 2 \end{bmatrix}$$

其中任意两列所构成的都是完全有序对，都包含四个数字对，即
$$(1,1)、(1,2)、(2,1)、(2,2)$$
每对数字都出现两次。因此矩阵 A 是一个正交表。

由正交表的定义可直接推出正交表的以下两个性质：

① 每一列中各水平出现的次数相同。例如，第 i 列水平出现的次数为
$$r = n/m_i \quad (i = 1, 2, \cdots, k) \tag{3.14}$$

② 任意两列所构成的水平对中，每个水平对重复出现的次数相同，例如第 i 列与第 j

列,重复搭配的次数为

$$\lambda = n/m_i m_j \quad (i,j = 1,2,\cdots,k, i \neq j) \tag{3.15}$$

式中 m_i, m_j 分别为第 i 列、第 j 列元素水平数。

3.4.2 正交表的种类

在多因素的正交试验中,常把正交表写成表格的形式,并在其右下方写上行号(试验号),在其上方写上列号(因素号)。此外,还常把这样的正交表简记为

$$L_n(m_1 \times m_2 \times \cdots \times m_k)$$

式中 L 为正交表的代号,n 表示这张正交表共有 n 行(安排 n 次试验),而 $m_1 \times m_2 \times \cdots \times m_k$ 则表示此表有 k 列(最多安排 k 个因素),并且第 j 列的因素有 m_j 个水平。

在正交表 $L_n(m_1 \times m_2 \times \cdots \times m_k)$ 中,若 $m_1 = m_2 = \cdots = m_k = m$,则称为 m 水平正交表,或称为水平数相同的正交表,并简记为

例如,$m = 2$,称 $L_n(2^k)$ 为 2 水平正交表;$m = 3$,称 $L_n(3^k)$ 为 3 水平正交表。对于水平数相同的正交表,若满足

$$n = 1 + \sum_{j=1}^{k}(m_j - 1) \tag{3.16}$$

则称该正交表为饱和正交表,相应的试验称为饱和正交试验,即正交表的列数已达最大值。

例如,$L_4(2^3)$ 正交表:

$$n = 1 + \sum_{j=1}^{3}(2-1) = 4 \tag{3.17}$$

在饱和正交表 $L_n(m^k)$ 中,n、m、k 之间有如下关系:

$$k = \frac{n-1}{m-1} \tag{3.18}$$

例如,$L_4(2^3)$ 正交表,$n = 4$,$m = 2$,则 $k = 3$。

常见的水平数相同的正交表有:

2 水平正交表:$L_4(2^3)$、$L_8(2^7)$、$L_{12}(2^{11})$、$L_{16}(2^{15})$、$L_{32}(2^{31})$、$L_{64}(2^{63})$、$L_{128}(2^{127})$ 等;

3 水平正交表:$L_9(3^4)$、$L_{27}(3^{13})$、$L_{81}(3^{40})$、$L_{243}(3^{121})$;

4 水平正交表:$L_{16}(4^5)$、$L_{64}(4^{21})$;

5 水平正交表:$L_{25}(5^6)$、$L_{125}(5^{31})$;

7 水平正交表:$L_{49}(7^8)$。

正交试验设计中使用的最简单的正交表是 $L_4(2^3)$,其格式如表 3.6 所示。共要做四次试验,最多安排三个 2 水平的因素进行试验。

表 3.6 $L_4(2^3)$

试验号	列 号		
	1	2	3
1	1	1	1
2	1	2	2
3	2	1	2
4	2	2	1

正交表 $L_n(m_1 \times m_2 \times \cdots \times m_k)$ 中,如果有两列水平数不相等的话,则称为水平数不相同的正交表,或混合型正交表。其中最常用的是两种水平的正交表,记为

$$L_n(m_1^{k_1} \times m_2^{k_2})$$

表 3.7 就是一张 $L_8(4 \times 2^4)$ 混合型正交表,其含义如下:

表 3.7 $L_8(4 \times 2^4)$

试验号	列 号				
	1	2	3	4	5
1	1	1	1	1	1
2	1	2	2	2	2
3	2	1	1	2	2
4	2	2	2	1	1
5	3	1	2	1	2
6	3	2	1	2	1
7	4	1	2	2	1
8	4	2	1	1	2

常见的混合型正交表有: $L_8(4^1 \times 2^4)$、$L_{16}(4 \times 2^{12})$、$L_{16}(4^2 \times 2^9)$、$L_{16}(4^3 \times 2^6)$、$L_{27}(9 \times 3^9)$ 等。

最后,应当指出,构造正交表是一个比较复杂的问题,并非任意给定参数 $n,k,m_1,m_2,\cdots,m_k$,就一定能构造出一张正交表 $L_n(m_1 \times m_2 \times \cdots \times m_k)$。事实上,有些正交表的构造问题,到目前为止还是未解决的数学问题。因此,我们在进行正交试验设计时,一般是查现成的正交表。附录中列出了常用的正交表。

3.4.3 正交试验的基本步骤

正交试验设计总的来说包括两部分:一是试验设计;二是数据处理。基本步骤可简单归

纳如下：

1. 明确试验目的，确定评价指标

任何一个试验都是为了解决某一个问题，或为了得到某些结论而进行的，所以任何一个正交试验都应该有一个明确的目的，这是正交试验设计的基础。

试验指标是表示试验结果特性的值，如产品的产量、产品的纯度等。可以用它来衡量或考核试验效果。

2. 挑选因素，确定水平

影响试验指标的因素很多，但由于试验条件所限，不可能全面考察，所以应对实际问题进行具体分析，并根据试验目的，选出主要因素，略去次要因素，以减少要考察的因素数。如果对问题了解不够，则可以适当多取一些因素。凡是对试验结果可能有较大影响的因素一个也不要漏掉。一般来说，正交表是安排多因素试验的得力工具，不怕因素多，有时增加一两个因素，并不增加试验次数。故一般倾向于多考察些因素，除了事先能肯定作用很小的因素和交互作用不安排外，凡是可能起作用或情况不明或意见有分歧的因素都值得考察。另外，必要时将区组因素加以考虑，可以提高试验的精度。

确定因素的水平数时，一般尽可能使因素的水平数相等，以方便试验数据处理。

对质量因素，应选入的水平通常是早就定下来的，如要比较的品种有 3 种，该因素（即品种）的水平数只能取 3；对数量因素，选取水平数的灵活性就大了，如温度、反应时间等，通常取 2 或 3 水平，只是在有特殊要求的场合，才考虑取 4 以上的水平。数量因素的水平幅度取得过窄，结果可能得不到任何有用的信息；过宽，结果会出现危险或试验无法进行下去。最好结合专业知识或通过预试验，对数量因素的水平变动范围有一个初步了解，只要认为在技术上是可行的，一开始就应尽可能取得宽一些。随着试验反复进行和技术情报的积累，再把水平的幅度逐渐缩小。

以上两点主要靠专业知识和实践经验来确定，是正交试验设计能够顺利完成的关键。

最后列出因素水平表。

3. 选正交表，进行表头设计

根据因素和水平数来选择合适的正交表。选取原则：

① 先看水平数。若各因素全是 2 水平，就选用 $L(2^*)$ 表；若各因素全是 3 水平，就选用 $L(3^*)$ 表。若各因素的水平数不相同，就选择适用的混合水平表。

② 再看正交表列数是否能容下所有因素（包括交互作用）。一般一个因素占一列，交互作用占的列数与水平数有关。要看所选的正交表是否足够大，能否容纳得下所考察的因素和交互作用。为了对试验结果进行方差分析或回归分析，还必须至少留一个空白列，作为"误差"列。

③ 要看试验精度的要求。若要求精度高，则宜取实验次数多的正交表。

④ 若试验费用很昂贵，或试验的经费很有限，或人力和时间都比较紧张，则不宜选实验次数太多的正交表。

⑤ 按原来考察的因素、水平和交互作用去选择正交表,若无正好适用的正交表可选,简便且可行的办法是适当修改原定的水平数。

⑥ 对某因素或某交互作用的影响是否确实存在没有把握的情况下,选择正交表时常为该选大表还是选小表而犹豫。若条件许可,应尽量选用大表,让影响存在的可能性较大的因素和交互作用各占适当的列。某因素或某交互作用的影响是否真的存在,留到方差分析进行显著性检验时再做结论。这样既可以减少试验的工作量,又不至于漏掉重要的信息。

另外,也可由试验次数应满足的条件来选择正交表,即自由度选表原则:

$$f'_T \leqslant f_T = n - 1 \tag{3.19}$$

式中 f'_T 为所考察因素及交互作用的自由度;f_T 为所选正交表的总自由度,n 为所选正交表的行数(试验次数),即正交表总自由度等于正交表的行数减1。

即要考察的试验因素和交互作用的自由度总和小于或等于所选取的正交表的总自由度。当需要估计试验误差,进行方差分析时,则各因素及交互作用的自由度之和要小于所选正交表的总自由度。若进行直观分析,则各因素及交互作用的自由度之和可以等于所选正交表的总自由度。

另外,若各因素及交互作用的自由度之和等于所选正交表的总自由度,也可采用有重复正交试验来估计试验误差。

对于正交表来说,确定所考察因素及交互作用的自由度有两条原则:

① 正交表每列的自由度:

$$f_列 = 此列水平数 - 1$$

因素 A 的自由度:

$$f_A = 因素 A 的水平数 - 1$$

由于一个因素在正交表中占一列,即因素和列是等同的,从而每个因素的自由度等于该列的自由度。

② 因素 A、B 间交互作用的自由度:$f_{A\times B} = f_A \times f_B$。

因而可以确定,两个 2 水平因素的交互作用列只有一列。这是由于 2 水平正交表的每列的自由度为 $2-1=1$,而两列的交互作用的自由度等于两列自由度的乘积,即 $1\times 1=1$,交互作用列也是 2 水平的,故交互作用列只有一个。对于两个 3 水平的因素,每个因素的自由度为 2,交互作用的自由度就是 $2\times 2=4$,交互作用列也是 3 水平的,所以交互作用列就在占两列;同理,两个 n 水平的因素,由于每个因素的自由度为 $n-1$,两个因素的交互作用的自由度就是 $(n-1)(n-1)$,交互作用列也是 n 水平的,故交互作用列就要占 $n-1$ 列。

由式(3.19)可知,当需要进行方差分析时,所选正交表的行数(试验次数)n 必须满足

$$n > f'_T + 1 = \sum f_{因素} + \sum f_{交互作用} + 1 \tag{3.20}$$

这样正交表至少有一空白列,用于估计试验误差。

若进行直观分析,不需要估计试验误差时,所选正交表的行数(试验次数)n 必须满足

$$n \geqslant f'_T + 1 = \sum f_{因素} + \sum f_{交互作用} + 1 \tag{3.21}$$

如 4 因素 3 水平,不考虑交互作用的正交试验至少应安排的试验次数为

$$n \geqslant f'_T + 1 = \sum f_{因素} + \sum f_{交互作用} + 1 = (3-1)\times 4 + 0 + 1 = 9$$

在满足上述条件的前提下,选择较小的表。例如,对于4因素3水平的试验,满足要求的表有 $L_9(3^4)$、$L_{27}(3^{13})$ 等,一般可以选择 $L_9(3^4)$,但是如果要求精度高,并且试验条件允许,可以选择较大的表。

选择好正交表后,将要考察的各因素及交互作用安排到正交表的适当的列上,称为表头设计。

表头设计原则:

① 若考察交互作用,则先安排含有交互作用的因素,按交互作用列表的规定进行表头设计(防止含有交互作用的因素发生混杂);然后再安排不含交互作用的因素,可以在剩余列上任意安排。

如在 $L_8(2^7)$ 正交表上安排三个因素 A、B、C,并考虑存在 A×B、A×C、B×C 的交互作用。由 $L_8(2^7)$ 二列间交互作用列表(表3.8)知,若因素 A、B 分别安排在第1、2列,则 A×B 只能安排在第3列;若再将因素 C 安排在第4列,则 A×C、B×C 只能分别安排在第5、6列,第7列为空白列,不作安排。

即表头设计如表3.9所示。

表3.8 $L_8(2^7)$ 二列间交互作用列表

列号	列号						
	1	2	3	4	5	6	7
(1)	(1)	3	2	5	4	7	6
(2)		(2)	1	6	7	4	5
(3)			(3)	7	6	5	4
(4)				(4)	1	2	3
(5)					(5)	3	2
(6)						(6)	1
(7)							(7)

表3.9 表头设计

因素	A	B	A×B	C	A×C	B×C
列号	1	2	3	4	5	6	7

交互作用列表中列出了相应正交表任意两列的交互作用所在的列,当两个因素放在某两列后,则它们的交互作用必须放在该两列的交互作用列中。现以 $L_8(2^7)$ 二列间交互作用列表(表3.8)为例,说明该表的查法。

表中所有数字都是列号。其中,最上面的一行和括号内的数字分别是2因素所在的列号,其余的数字均为交互作用列号。若查第1列和第2列的交互作用,就从(1)横着自左向右看,从2竖着自上向下看,它们的交叉点为3,则第3列就是第1列和第2列的交互作用列。同理可查得第2列和第4列的交互作用列为第6列。因而用 $L_8(2^7)$ 安排试验时,如果因素 A 放在第1列,因素 B 放在第2列,则 A×B 就必须放在第3列。从该表中还可看出,第1列和第2列的交互作用列是第3列,第5列和第6列的交互作用列也是第3列,第4列和第7列的交互作用列还是第3列。这说明不同列的交互作用列有可能在同一列。

②若不考察交互作用,则各因素可顺序入列或随机安排在各列上。对试验之初不考虑交互作用而选用较大的正交表,空列较多时,最好仍与有交互作用时一样,按规定进行表头设计(即两因素交互作用应认为大致都有存在的可能性,应避免把它安排进与主要因素相同的列)。只不过将有交互作用的列先视为空列。

在进行表头设计时应尽量避免出现混杂现象,即正交表的一列尽量只放一个因素或一个交互作用。若在一列上有两个因素或两个交互作用或一个因素一个交互作用则称为混杂,混杂应该避免,否则数据分析要产生问题。书后附录中各个正交表的表头设计就是考虑尽量避免出现混杂来安排的。

在实际应用中,要完全避免混杂是很困难的,关键是要设计最佳表头,尽量减少混杂。原则上讲,即使有的交互作用影响事先估计不太大,但最好还是不要把它们和单独因素混在一起,而是将所有"不必考虑"的交互作用都凑在与单独因素不同的列上,以免与单独因素效应相混杂。

例 3.8 考察 A、B、C、D 四个 2 水平因素,同时考察交互作用 A×B,A×C,试进行表头设计。

解 由于每个因素都是 2 水平,因而选用 2 水平正交表 $L(2^*)$ 表。又因素与交互作用的自由度之和为

$$f'_T = \sum f_{\text{因素}} + \sum f_{\text{交互作用}} = (2-1) \times 4 + (2-1) \times (2-1) \times 2 = 6$$

故所选正交表的行数应满足:$n \geq 6+1 = 7$,所以选正交表 $L_8(2^7)$。

由于考察交互作用 A×B,A×C,因而先安排含有交互作用的因素 A、B,可分别放在正交表 $L_8(2^7)$ 的第 1、2 两列,再根据 $L_8(2^7)$ 的交互作用列表,查得第 1、2 列的交互列为第 3 列,即 A×B 放置在第 3 列。然后将 C 因素安排在第 4 列,由 $L_8(2^7)$ 的交互作用列表,可查得第 1、4 列的交互列为第 5 列,即 A×C 放置在第 5 列。剩下 D 因素可任意放在第 6 或第 7 列,本例放在第 7 列(这样可以将所有"不必考虑"的交互作用都凑在与单独因素不同的列上,以免与单独因素效应相混杂)。

表头设计如表 3.10 所示。

表 3.10 例 3.8 表头设计

因素	A	B	A×B	C	A×C	空白列	D
列号	1	2	3	4	5	6	7

本例也可直接查书后附录 $L_8(2^7)$ 4 因素表头设计进行安排,结果同表 3.10。

例 3.9 考察 A、B、C、D 四个 2 水平因素,同时考察交互作用 B×C,B×D,试进行表头设计。

解 由附录 $L_8(2^7)$ 4 因素表头设计,可直接得到表头设计如表 3.11 所示。

表 3.11 例 3.9 表头设计

因素	A	B	空白列	C	B×D	B×C	D
列号	1	2	3	4	5	6	7

或按如下过程安排:由于考察交互作用 B×C,B×D,因而先安排含有交互作用的因素 B、C,可分别放在正交表 $L_8(2^7)$ 的第1、2两列,再根据 $L_8(2^7)$ 的交互作用列表,查得第1、2列的交互列为第3列,即 B×C 放置在第3列。然后将 D 因素安排在第4列,由 $L_8(2^7)$ 的交互作用列表,可查得第1、4列的交互列为第5列,即 B×D 放置在第5列。剩下 A 因素可任意放在第6或第7列,本例放在第7列。表头设计如表3.12所示。

表 3.12 例 3.9 表头设计

因素	B	C	B×C	D	B×D	空白列	A
列号	1	2	3	4	5	6	7

从例3.8和例3.9可知,针对某一具体问题,其表头设计可以有多种,关键是要尽量避免出现混杂现象。

例 3.10 考察 A、B、C、D 四个3水平因素,不考察交互作用,试进行表头设计。

解 由于每个因素都是3水平,因而选用3水平正交表 $L(3^*)$ 表。又因素与交互作用的自由度之和为

$$f'_T = \sum f_{因素} + \sum f_{交互作用} = (3-1) \times 4 + 0 = 8$$

故所选正交表的行数应满足:$n \geqslant 8+1=9$。可以选择的正交表有 $L_9(3^4)$ 和 $L_{27}(3^{13})$,如果不估计试验误差,进行直观分析,可选择正交表 $L_9(3^4)$。由于不考察交互作用,因而四个因素可任意放在正交表 $L_9(3^4)$ 的四列,本例因素依次入列。

表头设计如表3.13所示。

表 3.13 例 3.10 表头设计

因素	A	B	C	D
列号	1	2	3	4

由于没有空白列,因而不能估计误差。

如果需要估计试验误差,又不做重复试验,则应选正交表 $L_{27}(3^{13})$。由附录 $L_{27}(3^{13})$ 4因素表头设计,安排如表3.14所示。

表 3.14 例 3.10 表头设计

因素	A	B			C					D			
列号	1	2	3	4	5	6	7	8	9	10	11	12	13

在选用正交表 $L_{27}(3^{13})$ 时,由于不考察交互作用,因而因素可以放在13列的任意四列中。但由于选择的正交表较大,空列较多,因而最好仍与有交互作用时一样,按规定进行表头设计(即两因素交互作用应认为大致都有存在的可能性,应避免把它安排进与主要因素相同的列)。只不过将有交互作用的列先视为空列。

例 3.11 考察 A、B、C、D 四个2水平因素,同时考察交互作用 A×B,C×D,试进行表头设计。

解 由例3.8及例3.9可知,可以选用正交表 $L_8(2^7)$。但 $L_8(2^7)$ 无法安排这四个因素

与两个交互作用,因为不管四个因素放在哪四列上,两个交互作用或一个因素与一个交互作用总会共用一列,从而产生混杂,如表 3.15 所示。

表 3.15 用 $L_8(2^7)$ 安排时出现混杂的表头设计

因素	A	B	A×B C×D	C		D	
列号	1	2	3	4	5	6	7

因此选用正交表 $L_{16}(2^{15})$,查附录 $L_{16}(2^{15})$ 4 因素表头设计,安排如表 3.16 所示。

表 3.16 例 3.11 表头设计

因素	A	B	A×B	C				D				C×D			
列号	1	2	3	4	5	6	7	8	9	10	11	12	13	14	15

例 3.12 考察 A、B、C、D 四个 2 水平因素,并且特别希望分析 A 与 B、C、D 的交互作用,而其他的交互作用很小,试进行表头设计。

解 由于每个因素都是 2 水平,因而选用 2 水平正交表 $L(2^*)$ 表。又因素与交互作用的自由度之和为

$$f'_T = \sum f_{因素} + \sum f_{交互作用} = (2-1) \times 4 + (2-1) \times 3 = 7$$

故所选正交表的行数应满足:$n \geq 7+1=8$。如果不估计误差,可以选用正交表 $L_8(2^7)$。根据 $L_8(2^7)$ 交互作用列表,表头设计如表 3.17 所示。

表 3.17 例 3.12 表头设计

因素	A	B C×D	A×B	C B×D	A×C	D B×C	A×D
列号	1	2	3	4	5	6	7

在此设计中有一些混杂,B 和 C×D 混,C 和 B×D 混,D 和 B×C 混,但由于 C×D、B×D、B×C 已知很小,故不影响结果的分析(由于不考虑,因而在实际表头设计中不要写出)。

例 3.13 考察 A、B、C、D、E 五个 3 水平因素,同时考察交互作用 A×B,试进行表头设计。

解 由于每个因素都是 3 水平,因而选用 3 水平正交表 $L(3^*)$ 表。又因素与交互作用的自由度之和为

$$f'_T = \sum f_{因素} + \sum f_{交互作用} = (3-1) \times 5 + (3-1) \times (3-1) = 14$$

故所选正交表的行数应满足:$n \geq 14+1=15$,所以选正交表 $L_{27}(3^{13})$。由于考察交互作用 A×B,因而先安排含有交互作用的因素 A、B,可分别放在正交表 $L_{27}(3^{13})$ 的第 1、2 两列,再根据 $L_{27}(3^{13})$ 的交互作用列表,查得第 1、2 列的交互列为第 3、4 列,即 A×B 放置在第 3、4 列。剩下 C、D、E 三个因素可任意放在剩余列中,本例依次放在第 5、6、7 三列,表头设计如表 3.18 所示。

表 3.18 例 3.13 表头设计

因素	A	B	(A×B)$_1$	(A×B)$_2$	C	D	E						
列号	1	2	3	4	5	6	7	8	9	10	11	12	13

4. 明确试验方案，进行试验，得到结果

完成了表头设计之后，只要把正交表中各列上的数字 1、2、3 分别看成该列所填因素在各个试验中的水平数，这样正交表的每一行就对应着一个试验方案，即各因素的水平组合。最后试验结果以试验指标形式给出。

5. 对试验结果进行统计分析

对正交试验结果的分析，通常采用两种方法：一种是直观分析法；另一种是方差分析法。通过试验结果分析可以得到因素主次顺序、因素显著性及最佳方案等有用信息。

6. 进行验证试验，作进一步分析

最佳方案是通过统计分析得出的，还需要进行试验验证，以保证最优方案与实际一致，否则还需要进行新的正交试验。

3.4.4 正交试验设计应用案例

例 3.14 某水泥厂为了提高水泥的 28 d 抗压强度，需要通过试验选择最好的生产方案，经研究，有三个因素影响水泥的强度，这三个因素分别为生料中的矿化剂用量、烧成温度、保温时间，每个因素都考虑三个水平，不考虑因素间的交互作用。因素水平表如表 3.19 所示，试用正交表进行试验设计。

表 3.19 因素水平表

水平	A 矿化剂用量(%)	B 烧成温度(℃)	C 保温时间(min)
1	6	1400	20
2	4	1450	30
3	2	1350	40

解 本例考察的试验指标是水泥的 28 d 抗压强度。由于每个因素都是 3 水平，因而选用 3 水平正交表 $L(3^*)$ 表。又因素与交互作用的自由度之和为

$$f'_T = \sum f_{因素} + \sum f_{交互作用} = (3-1) \times 3 + 0 = 6$$

故所选正交表的行数应满足：$n \geq 6+1 = 7$。因而可以选择正交表 $L_9(3^4)$，由于不考察交互作用，因而三个因素可放在任意三列中，本例依次入列。表头设计如表 3.20 所示。

表 3.20　例 3.14 表头设计

因素	A	B	C	
列号	1	2	3	4

把 $L_9(3^4)$ 正交表中安排因素的各列(不包含欲考察的交互作用列)中的每个数字依次换成该因素的实际水平,就得到一个正交试验方案,如表 3.21 所示。

表 3.21　例 3.14 试验方案

试验号	A 矿化剂用量(%) 1	B 烧成温度(℃) 2	C 保温时间(min) 3	4	试验方案	考察指标 28 d 抗压强度
1	1(6)	1(1400)	1(20)	1	$A_1B_1C_1$	
2	1	2(1450)	2(30)	2	$A_1B_2C_2$	
3	1	3(1350)	3(40)	3	$A_1B_3C_3$	
4	2(4)	1	2	3	$A_2B_1C_2$	
5	2	2	3	1	$A_2B_2C_3$	
6	2	3	1	2	$A_2B_3C_1$	
7	3(2)	1	3	2	$A_3B_1C_3$	
8	3	2	1	3	$A_3B_2C_1$	
9	3	3	2	1	$A_3B_3C_2$	

例如,对于第 4 号试验,试验方案为 $A_2B_1C_2$,它表示矿化剂用量为 4%,烧成温度为 1400 ℃,保温时间为 30 min。

在进行试验时,应注意以下几点:

① 分区组。对于一批试验,如果要使用几台不同的机器,或要使用几种原料来进行,为了防止机器或原料的不同而带来误差,从而干扰试验的分析,可在开始做实验之前,用正交表中未排因素和交互作用的一个空白列来安排机器或原料。可以提高试验的精度。

与此类似,若试验指标的检验需要几个人(或几台机器)来做,为了消除不同人(或仪器)检验的水平不同给试验分析带来干扰,也可采用在正交表中用一空白列来安排的办法。这样一种做法叫作分区组法。

② 因素水平表排列顺序的随机化。如果每个因素的水平序号从小到大时,因素水平的数值总是按由小到大或由大到小的顺序排列,那么按正交表做试验时,所有的 1 水平要碰在一起,而这种极端的情况有时是不希望出现的,有时也没有实际意义。因此在排列因素水平表时,最好不要简单地按因素数值由小到大或由大到小的顺序排列。从理论上讲,最好能使用一种叫作随机化的方法。所谓随机化就是采用抽签或查随机数值表的办法,来决定排列的先后顺序。如本例中因素的水平序号从小到大时,因素水平的数值并不是按由小到大或由大到小的顺序排列。

③ 必须严格按照规定的方案完成每一号试验,因为每一号试验都从不同角度提供有用信息,即使其中有某号试验事先根据专业知识可以肯定其试验结果不理想,但仍然需要认真完成该号试验。

④ 试验进行的次序没有必要完全按照正交表上试验号码的顺序,即先做 1 号试验、再做 2 号试验……可按抽签方法随机决定试验进行的顺序,事实上,试验顺序可能对试验结果有影响(例如,试验中由于先后实验操作熟练的程度不同带来的误差干扰,以及外界条件所引起的系统误差),把试验顺序打"乱",有利于消除这一影响。

⑤ 在确定每一个试验的试验条件时,只需考虑所确定的几个因素和分区组该如何取值,而不要(其实也无法)考虑交互作用列和误差列怎么办的问题。交互作用列和误差列的取值问题由实验本身的客观规律来确定,它们对指标影响的大小在方差分析时给出。

⑥ 做试验时,试验条件的控制力求做到十分严格,尤其是在水平的数值差别不大时。例如在本例中,因素 B 的 $B_1 = 3$ h,$B_2 = 2$ h,$B_3 = 4$ h,在以 $B_2 = 2$ h 为条件的某一个试验中,就必须严格认真地让 $B_2 = 2$ h,若因为粗心造成 $B_2 = 2.5$ h 或者 $B_2 = 3$ h,那就将使整个试验失去正交试验设计的特点,使后续的结果分析丧失了很必要的前提条件,因而得不到正确的结论。

3.5 均匀试验设计法

均匀设计是中国数学家方开泰和王元于 1978 年首先提出来的,它是一种只考虑试验点在试验范围内均匀散布的一种试验设计方法。与正交试验设计类似,均匀设计也是通过一套精心设计的均匀表来安排试验的。由于均匀设计只考虑试验点的"均匀散布",而不考虑"整齐可比",因而可以大大减少试验次数,这是它与正交设计的最大不同之处。例如,在因素数为 5,各因素水平数为 31 的试验中,若采用正交设计来安排试验,则至少要作 $31^2 = 961$ 次试验,这将令人望而生畏,难以实施,但是若采用均匀设计,则只需做 31 次试验。可见,均匀设计在试验因素变化范围较大,需要取较多水平时,可以极大地减少试验次数。

经过 20 多年的发展和推广,均匀设计法已广泛应用于化工、医药、生物、食品、军事工程、电子、社会经济等诸多领域,并取得了显著的经济和社会效益。

3.5.1 均匀设计表

1. 等水平均匀设计表

均匀设计表,简称均匀表,是均匀设计的基础,与正交表类似,每一个均匀设计表都有一个代号,等水平均匀设计表可用 $U_n(r^l)$ 或 $U_n^*(r^l)$ 表示,其中,U 为均匀表代号;n 为均匀表横行数(需要做的试验次数);r 为因素水平数,与 n 相等;l 为均匀表纵列数。代号 U 右上角加"*"和不加"*"代表两种不同的均匀设计表,通常加"*"的均匀设计表有更好的均匀性,应优先选用。表 3.22~表 3.25 分别为均匀表 $U_7(7^4)$ 与 $U_7^*(7^4)$ 及其使用,可以看出,$U_7(7^4)$ 和 $U_7^*(7^4)$ 都有 7 行 4 列,每个因素都有 7 个水平,但在选用时应首选 $U_7^*(7^4)$。附录中给出了常用的均匀设计表。

每个均匀设计表都附有一个使用表,根据使用表可将因素安排在适当的列中。例如,表3.23是$U_7(7^4)$的使用表,由该表可知,两个因素时,应选用1、3两列来安排试验;当有三个因素时,应选用1、2、3三列……最后一列D表示均匀度的偏差,偏差值越小,表示均匀分散性越好。如果有两个因素,若选用$U_7(7^4)$的1、3列,其偏差$D=0.2389$,若选用$U_7^*(7^4)$的1、3列,其偏差$D=0.1582$,后者较小,可见当U_n和U_n^*表都能满足试验设计时,应优先选用U_n^*表。

表3.22 $U_7(7^4)$

试验号	列 号			
	1	2	3	4
1	1	2	3	6
2	2	4	6	5
3	3	6	2	4
4	4	1	5	3
5	5	3	1	2
6	6	5	4	1
7	7	7	7	7

表3.23 $U_7(7^4)$的使用表

因素数	列 号				D
2	1	3			0.2398
3	1	2	3		0.3721
4	1	2	3	4	0.4760

表3.24 $U_7^*(7^4)$

试验号	列 号			
	1	2	3	4
1	1	3	5	7
2	2	6	2	6
3	3	1	7	5
4	4	4	4	4
5	5	7	1	3
6	6	2	6	2
7	7	5	3	1

表3.25 $U_7^*(7^4)$的使用表

因素数	列 号			D
2	1	3		0.1582
3	2	3	4	0.2132

由表3.22和表3.24所示的均匀表可以看出,等水平均匀表具有以下特点。

① 每列不同数字都只出现一次,也就是说,每个因素在每个水平仅做一次试验。
② 任意两个因素的试验点在平面的格子点上,每行每列有且仅有一个试验点。图 3.13 是均匀表 $U_6^*(6^4)$(见表 3.26)的第 1 列和第 3 列各水平组合在平面格子点上的分布图,可见,每行每列只有一个试验点。

表 3.26 $U_6^*(6^4)$

试验号	列 号			
	1	2	3	4
1	1	2	3	6
2	2	4	6	5
3	3	6	2	4
4	4	1	5	3
5	5	3	1	2
6	6	5	4	1

特点①和②反映了试验安排的"均衡性",即对各因素的每个水平是一视同仁的。
③ 均匀设计表任两列组成的试验方案一般不等价。例如用 $U_6^*(6^4)$ 的 1、3 列和 1、4 列分别画格子图,得图 3.13 和图 3.14。我们看到,在图 3.13 中,试验点散布得比较均匀,而图 3.14 中的点散布得并不均匀。根据 $U_6^*(6^4)$ 的使用表(表 3.27),当因素为 2 时,应将它们排在 1、3 列,而不是 1、4 列,可见图 3.13 和图 3.14 也说明了根据使用表安排的试验,均匀性更好,均匀设计表的这一性质和正交表是不同的。

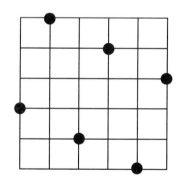

图 3.13 $U_6^*(6^4)$ 1、3 列试验点分布

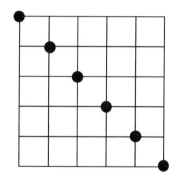

图 3.14 $U_6^*(6^4)$ 1、4 列试验点分布

表 3.27 $U_6^*(6^4)$ 的使用表

因素数	列 号				D
2	1	3			0.1875
3	1	2	3		0.2656
4	1	2	3	4	0.2990

④ 等水平均匀表的试验次数与水平数是一致的,所以当因素的水平数增加时,试验数按水平数的增加量在增加,即试验次数的增加具有"连续性",例如,当水平数从 6 水平增加到 7 水平时,试验数 n 也从 6 增加到 7。而对于正交设计,当水平数增加时,试验数按水平

数的平方的比例在增加,即试验次数的增加有"跳跃性",例如,当水平数从 6 到 7 时,最少试验数从 36 增加到 49。所以,在正交试验中增加水平数,将使试验工作量有较大的增加,但对应的均匀设计的试验量却增加得较少,这个特点使均匀设计有更大的灵活性。

2. 混合水平均匀设计表

均匀设计表适用于因素水平数较多的试验,但在具体的试验中,往往很难保证不同因素的水平数相等,这样直接利用等水平的均匀表来安排试验就有一定的困难,下面介绍采用拟水平法将等水平均匀表转化成混合水平均匀表的方法。

如果某试验中,有 A、B、C 三个因素,其中因素 A、B 有 3 水平,因素 C 有 2 水平,分别记作 A_1、A_2、A_3、B_1、B_2、B_3 和 C_1、C_2。显然,这个试验可以用混合正交表 $L_{18}(2^1 \times 3^7)$ 来安排,需要做 18 次试验,这等价于全面试验;若用正交试验的拟水平法,则可选用正交表 $L_9(3^4)$。直接运用均匀设计是有困难的,这就要运用拟水平法。

若选用均匀设计表 $U_6^*(6^4)$,根据使用表,将 A 和 B 放在前两列,C 放在第 3 列,并将前两列的水平进行合并:$\{1,2\} \to 1, \{3,4\} \to 2, \{5,6\} \to 3$。同时,将第 3 列的水平合并为 2 水平:$\{1,2,3\} \to 1, \{4,5,6\} \to 2$,于是得表 3.28 所示的设计表。这是一个混合水平的设计表 $U_6(3^2 \times 2^1)$。这个表有很好的均衡性,例如,A 列和 C 列,B 列和 C 列的 2 因素设计正好组成它们的全面试验方案,A 列和 B 列的 2 因素设计中没有重复试验。

表 3.28 拟水平设计 $U_6(3^2 \times 2^1)$

试验号	列 号		
	1	2	3
1	(1)1	(2)1	(3)1
2	(2)1	(4)2	(6)2
3	(3)2	(6)3	(2)1
4	(4)2	(1)1	(5)2
5	(5)3	(3)2	(1)1
6	(6)3	(5)3	(4)2

注:表中括号内的数字表示原始均匀表的水平编号,下同。

又例如要安排一个 2 因素(A、B)5 水平和 1 因素(C)2 水平的试验,这项试验若用正交设计,可用 L_{50} 表,但试验次数太多;若用均匀设计来安排,可用混合水平均匀表 $U_{10}(5^2 \times 2^1)$,只需要进行 10 次试验。$U_{10}(5^2 \times 2^1)$ 可由 $U_{10}^*(10^8)$ 生成,由于表 $U_{10}^*(10^8)$ 有 8 列,希望从中选择 3 列,要求由该 3 列生成的混合水平表 $U_{10}(5^2 \times 2^1)$ 有好的均衡性,于是选用 1、2、5 这 3 列,对 1,2 列采用水平合并:$\{1,2\} \to 1, \{3,4\} \to 2, \cdots, \{9,10\} \to 5$。对第 5 列采用水平合并:$\{1,2,3,4,5\} \to 1, \{6,7,8,9,10\} \to 2$,于是得到表 3.29 的方案,它有较好的均衡性。

若参照使用表,选用 $U_{10}^*(5^2 \times 2^1)$ 的 1、5、6 这 3 列,用同样的拟水平法,便可得到表 3.30 所示的 $U_{10}(5^2 \times 2^1)$ 表,这个方案中,A、C 两列的组合水平中,有两个(2,2),但没有(2,1),有两个(4,1),但没有(4,2),因此该表均衡性不好。

表 3.29　拟水平设计 $U_{10}(5^2 \times 2^1)$

试验号	A	B	C
1	(1)1	(2)1	(5)1
2	(2)1	(4)2	(10)2
3	(3)2	(6)3	(4)1
4	(4)2	(8)4	(9)2
5	(5)3	(10)5	(3)1
6	(6)3	(1)1	(8)2
7	(7)4	(3)2	(2)1
8	(8)4	(5)3	(7)2
9	(9)5	(7)4	(1)1
10	(10)5	(9)5	(6)2

可见,对同一个等水平均匀表进行拟水平设计,可以得到不同的混合均匀表,这些表的均衡性也不相同,而且参照使用表得到的混合均匀表不一定都有较好的均衡性。本书附录中给出了一批用拟水平法生成的混合水平均匀设计表,可以直接参考选用。

表 3.30　拟水平设计 $U_{10}(5^2 \times 2^1)$

试验号	A	B	C
1	(1)1	(5)3	(7)2
2	(2)1	(10)5	(3)1
3	(3)2	(4)2	(10)2
4	(4)2	(9)5	(6)2
5	(5)3	(3)2	(2)1
6	(6)3	(8)4	(9)2
7	(7)4	(2)1	(5)1
8	(8)4	(7)4	(1)1
9	(9)5	(1)1	(8)2
10	(10)5	(6)3	(4)1

在混合水平均匀表的任一列上,不同水平出现次数是相同的,但出现次数≥1,所以试验次数与各因素的水平数一般不一致,这与等水平的均匀表不同。

3.5.2　均匀试验设计基本步骤

用均匀设计表来安排试验与正交试验设计的步骤相似,但也有一些不同之处。一般步骤如下。

(1) 明确试验目的,确定试验指标。如果试验要考察多个指标,还要将各指标进行综合分析。

(2) 选因素。根据实际经验和专业知识,挑选出对试验指标影响较大的因素。

(3) 确定因素的水平。结合试验条件和以往的实践经验,先确定各因素的取值范围,然后在这个范围内取适当的水平。由于 U_n 奇数表的最后一行，各因素的最大水平号相遇，如果各因素的水平序号与水平实际数值的大小顺序一致，则会出现所有因素的高水平或低水平相遇的情形，如果是化学反应，则可能出现因反应太剧烈而无法控制的现象，或者反应太慢，得不到试验结果。为了避免这些情况，可以随机排列因素的水平序号，另外使用 U_n^* 均匀表也可以避免上述情况。

（4）选择均匀设计表。这是均匀设计很关键的一步，一般根据试验的因素数和水平数来选择，并首选 U_n^* 表。由于均匀设计试验结果多采用多元回归分析法，在选表时还应注意均匀表的试验次数与回归分析的关系。

（5）进行表头设计。根据试验的因素数和该均匀表对应的使用表，将各因素安排在均匀表相应的列中，如果是混合水平的均匀表，则可省去表头设计这一步。需要指出的是，均匀表中的空列，既不能安排交互作用，也不能用来估计试验误差，所以在分析试验结果时不用列出。

（6）明确试验方案，进行试验。试验方案的确定与正交试验设计类似。

（7）试验结果统计分析。由于均匀表没有整齐可比性，试验结果不能用方差分析法，可采用直观分析法和回归分析法。

① 直观分析法：如果试验只是为了寻找一个可行的试验方案或确定适宜的试验范围，就可以采用此法，直接对所得到的几个试验结果进行比较，从中挑出试验指标最好的试验点。由于均匀设计的试验点分布均匀，用上述方法找到的试验点一般距离最佳试验点处不会很远，因此该法是一种非常有效的方法。

② 回归分析法：均匀设计的回归分析一般为多元回归分析，计算量很大，一般需借助相关的计算机软件进行分析计算。

3.5.3 均匀试验设计应用案例

例 3.15 在淀粉接枝丙烯制备高吸水性树脂的试验中，为了提高树脂吸盐水的能力，考察了丙烯酸用量（x_1）、引发剂用量（x_2）、丙烯酸中和度（x_3）和甲醛用量（x_4）4 个因素，每个因素取 9 个水平，如表 3.31 所示。

表 3.31 因素水平表

水平	丙烯酸用量 x_1(mL)	引发剂用量 x_2(%)	丙烯酸中和度 x_3(mL)	甲醛用量 x_4(mL)
1	12.0	0.3	48.0	0.20
2	14.5	0.4	53.5	0.35
3	17.0	0.5	59.0	0.50
4	19.5	0.6	64.5	0.65
5	22.0	0.7	70.0	0.80
6	24.5	0.8	75.5	0.95
7	27.0	0.9	81.0	1.10
8	29.5	1.0	86.5	1.25
9	32.0	1.1	92.0	1.40

解 根据因素和水平,可以选取均匀设计表 $U_9^*(9^4)$ 或 $U_9(9^5)$。由它们的使用表可以发现,均匀表 $U_9^*(9^4)$ 最多只能安排 3 个因素,所以选用 $U_9(9^5)$ 表来安排试验。根据 $U_9(9^5)$ 的使用表,将 A、B、C、D 分别放在 $U_9(9^5)$ 表的 1、2、3、5 列,其试验方案列于表 3.32。

表 3.32 试验方案和试验结果

序号	丙烯酸用量 x_1(mL)	引发剂用量 x_2(%)	丙烯酸中和度 x_3(mL)	甲醛用量 x_4(mL)	吸盐水倍率 y
1	1(12.0)	2(0.4)	4(64.5)	8(1.25)	34
2	2(14.5)	4(0.6)	8(86.5)	7(1.10)	42
3	3(17.0)	6(0.8)	3(59.0)	6(0.95)	40
4	4(19.5)	8(1.0)	7(81.0)	5(0.80)	45
5	5(22.0)	1(0.3)	2(53.5)	4(0.65)	55
6	6(24.5)	3(0.5)	6(75.5)	3(0.50)	59
7	7(27.0)	5(0.7)	1(48.0)	2(0.35)	60
8	8(29.5)	7(0.9)	5(70.0)	1(0.20)	61
9	9(32.0)	9(1.1)	9(92.0)	9(1.40)	63

注:表中括号内的数字表示因素水平值,它们与括号外的水平编号相对应。

采用直观分析法,由表 3.32 可以看出 9 号试验所得产品的吸盐水能力最强,可以将 9 号试验对应的条件作为较优的工艺条件。

3.6 单纯形调优试验设计法

所谓单纯形调优方法就是一种科学安排试验的方法。它开始在一个单纯形的顶点上做试验,然后比较试验结果。丢掉最坏试验结果的试验点,取其对称点作为新试验点。而新试验点与前面经比较后留下的试点又构成新的单纯形。再比较,又丢掉坏点并构成新单纯形,如此等等。

先介绍一种正规单纯形(图 3.15)。平面上的正规单纯形是一个正三角形,单纯形的三个顶点中任两个顶点之间距离是一样的。空间中正规单纯形是一个正四面体,每一面是一个正三角形,单纯形顶点共有四个,任意两个顶点间距离是一样的。一般 n 维空间(用来表

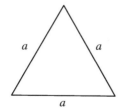

图 3.15 正规单纯形

示 n 个因素)中正规 n 维单纯形由 $n+1$ 个顶点组成,其任两顶点的距离也都是相等的,而且去掉任一顶点,留下的 n 个顶点又构成 $n-1$ 维的正规单纯形。

3.6.1 基本单纯形法

1. 双因素基本单纯形法

我们考虑优选的目标(例如产量)主要涉及两个因素(例如温度和压力)。试验可以从任选一个起点开始,让第一因素和第二因素分别取值为 a_1 和 a_2(在实际中,总是从一个生产中较好的点开始),如图 3.16 所示,这个起点记作⓪。

$$⓪ = (a_1, a_2)$$

下面再按另两个条件①与②做试验,这①与②与起点⓪要求组成一个正三角形,其边长为 a(有时亦称步长),则①、②分别取值如下:

$$① = (a_1 + p, a_2 + q)$$
$$② = (a_1 + q, a_2 + p)$$

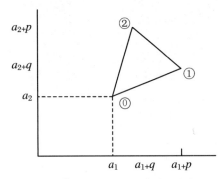

图 3.16 双因素基本单纯形

其中

$$p = \frac{\sqrt{3}+1}{2\sqrt{2}}a = 0.97a, \quad q = \frac{\sqrt{3}-1}{2\sqrt{2}}a = 0.26a$$

像 0.618 法要记住一个数 0.618 一样,这里只要记住一对数 p, q 即可。例如初始点 $a_1 = 2, a_2 = 3$,即

$$⓪ = (2, 3)$$

取步长 $a = 0.2$。则因为

$$p = 0.97 \times 0.2 = 0.19, \quad q = 0.26 \times 0.2 = 0.05$$

点①、②分别算出为

$$① = (2.19, 3.05)$$
$$② = (2.05, 3.19)$$

下面就在这三个点⓪、①、②上进行试验,并对结果加以比较,为此须用规则 1。

规则 1 去掉最坏点,用其对称点作新试点。

例如⓪、①、②中①最坏,则去掉①,用其对称点③作为下一步的新试点。这对称点即将三角形沿留下的两点翻一个筋斗而得,其计算公式如下:

$$[\text{新试点}] = [\text{留下点之和}] - [\text{去掉的点}]^*$$

例如③ = ⓪ + ② - ①,也即

$$③ = (a_1 + p + a_1 + q - a_1, a_2 + q + a_2 + p - a_2) = (a_1 + p + q, a_2 + p + q)$$

这个新试点③与前面三角形中留下的两点又组成一个正三角形,同样加以比较,如果新三角形中最坏点不是③而是其他点则继续使用规则 1。例如新三角形最坏点是②,如图 3.17 所示,则新试点④按公式有

④ = ① + ③ − ② = $(a_1 + 2p, a_2 + 2q)$

但如果最坏点是③,那么取其对称点就会返回到与⓪重合,得不到新试点。这时改用规则2。

规则2 去掉次坏点,用其对称点作新试点,对称点计算公式同前面一样。经过规则1和规则2反复使用后如果有一个点老是保留下来,这时须使用规则3。

规则3 重复、停止和缩短步长。

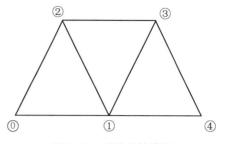

图3.17 试验点的选取

一般一个点经过三次单纯形后仍未淘汰掉,那么它可能是一个很好的点,也可能是一个假象(即偶然好一次,或者是结果判错)。这时就需要进行重复试验,如果结果不好,那么就把它淘汰掉;如果仍是它好,若试验结果已经很满意就可停止试验,反之就用它为起点把原步长 a 缩小(例如缩小一半),再用上面确定试验点的办法并交替使用规则1、2、3直至找到满意结果为止。

2. 多因素基本单纯形法

我们考虑 $n(n \geqslant 3)$ 个因素情况。首先从某一个起点⓪开始,
$$⓪ = (a_1, a_2, a_3, \cdots, a_n)$$
括号中 $a_1, a_2, a_3, \cdots, a_n$ 分别表示第 $1, 2, \cdots, n$ 个因素的取值。由⓪点开始构成一个 n 维正规单纯形,它有 $n+1$ 个顶点,单纯形任两顶点的距离都等于 a。这 $n+1$ 个顶点取值如下:

$$
\begin{aligned}
⓪ &= (a_1, a_2, a_3, \cdots, a_n) \\
① &= (a_1 + p, a_2 + q, a_3 + q, \cdots, a_n + q) \\
② &= (a_1 + q, a_2 + p, a_3 + q, \cdots, a_n + q) \\
&\cdots\cdots \\
(n-1) &= (a_1 + q, a_2 + q, a_3 + q, \cdots, a_{n-1} + p, a_n + q) \\
(n) &= (a_1 + q, a_2 + q, a_3 + q, \cdots, a_{n-1} + q, a_n + p)
\end{aligned}
\tag{3.22}
$$

其中
$$p = \frac{\sqrt{n+1} + n - 1}{n\sqrt{2}} a, \quad q = \frac{\sqrt{n+1} - 1}{n\sqrt{2}} a$$

上面顶点公式很好记,即第 i 个顶点的第 i 个因素取值比起点增加 p,其他因素值只增加 q。

算出 $n+1$ 个顶点后,就在这些顶点上做试验,并将结果加以比较。比较后同样可使用双因素中类似的规则1、2、3,只是做一些修正。首先新试点公式可用下述更一般公式:

$$[新试点] = \frac{2 \times [留下的 n 个试点之和]}{n} - [去掉的点] \tag{3.23}$$

例如按式(3.22)中第一个式子算出的第一个单纯形中打算去掉的试点是①,则新试点 $(n+1)$ 就按下式得到:

$$(n+1) = \frac{2 \times [\text{\textcircled{0}} + \text{\textcircled{2}} + \text{\textcircled{3}} + \cdots + (n)]}{n} - \text{\textcircled{1}}$$
$$= \left(a_1 + \frac{2(n-1)}{n}q - p, a_2 + \frac{2p}{n} + \frac{(n-4)q}{n}, \cdots, a_n + \frac{2p}{n} + \frac{(n-4)q}{n}\right)$$

一般先使用去掉最坏点的规则1，不行，再使用去掉次坏点的规则2，当使用多次规则1、2后有一个点总去不掉就使用重复、停止和缩小步长的规则3。在 n 个因素情况下，一个点需要经过 $n+1$ 个单纯形，而仍未淘汰掉时才使用规则3，其他和双因素都类似。

3. p、q 的计算

在 n 维空间中任意两点 X 和 Y：
$$X = (x_1, x_2, \cdots, x_n)$$
$$Y = (y_1, y_2, \cdots, y_n)$$

它们之间的距离若为 a，应满足
$$(x_1 - y_1)^2 + (x_2 - y_2)^2 + \cdots + (x_n - y_n)^2 = a^2 \tag{3.24}$$

根据 n 维正规单纯形中任何两顶点的距离都应等于 a 的性质，由式(3.22)定义的正规单纯形亦应如此。例如：
$$\text{\textcircled{0}} = (a_1, a_2, \cdots, a_n)$$
$$\text{\textcircled{1}} = (a_1 + p, a_2 + q, \cdots, a_n + q)$$

顶点 ⓪ 和 ① 之间的距离为 a，则有
$$(a_1 + p - a_1)^2 + (a_2 + q - a_2)^2 + \cdots + (a_n + q - a_n)^2 = a^2$$

化简后有
$$p^2 + (n-1)q^2 = a^2 \tag{3.25}$$

再看顶点 ① 与 ② 之间应有
$$(a_1 + p - a_1 - q)^2 + (a_2 + q - a_2 - p)^2 + (a_3 + q - a_3 - q)^2 + \cdots$$
$$+ (a_n + q - a_n - q)^2 = a^2$$

化简后有
$$2(p - q)^2 = a^2 \tag{3.26}$$

读者很容易验证其他顶点间距离公式简化后不是式(3.25)就是式(3.26)，因此问题归结为求解
$$\begin{cases} p^2 + (n-1)q^2 = a^2 & (1) \\ 2(p-q)^2 = a^2 & (2) \end{cases}$$

由式(2)取正根有
$$p = q + \frac{a}{\sqrt{2}} \tag{3.27}$$

代入式(1)得
$$\left(q + \frac{a}{\sqrt{2}}\right)^2 q + (n-1)q^2 = a^2$$

或

$$nq^2 + \frac{2a}{\sqrt{2}}q - \frac{a^2}{2} = 0$$

求得

$$q = \frac{-1 \pm \sqrt{n+1}}{n\sqrt{2}}a$$

取正根

$$q = \frac{-1 + \sqrt{n+1}}{n\sqrt{2}}a$$

代入式(3.27)就有

$$p = \frac{\sqrt{n+1} - 1 + n}{n\sqrt{2}}a$$

当 $n = 2$ 时,有

$$p = \frac{\sqrt{3}+1}{2\sqrt{2}}a, \quad q = \frac{\sqrt{3}-1}{2\sqrt{2}}a \tag{3.28}$$

n、q、p 取值对应表见表 3.33。

表 3.33　n、q、p 取值对应表

n	p	q	n	p	q
2	$0.966a$	$0.259a$	9	$0.878a$	$0.171a$
3	$0.943a$	$0.236a$	10	$0.872a$	$0.165a$
4	$0.926a$	$0.219a$	11	$0.865a$	$0.158a$
5	$0.911a$	$0.204a$	12	$0.861a$	$0.154a$
6	$0.901a$	$0.194a$	13	$0.855a$	$0.148a$
7	$0.892a$	$0.185a$	14	$0.854a$	$0.147a$
8	$0.883a$	$0.176a$	15	$0.848a$	$0.141a$

4. 直角单纯形法

前面介绍的单纯形是正规的,任意两点间的距离一样,实际上,这个要求可以不要。尤其是由于各个因素所取的量纲不一样,例如一个因素是温度(℃),另一个因素是时间(s)。即使量纲一样所取的单位也可以不一样。我们考虑双因素模型,开始不从正三角形出发,而是从一个直角三角形出发,其顶点取值如下(图 3.18):

⓪ $= (a_1, a_2)$
① $= (a_1 + p_1, a_2)$
② $= (a_1, a_2 + p_2)$

同样比较三个顶点响应值的结果,若⓪最坏,则新点③就用对称公式:

③ $=$ ① $+$ ② $-$ ⓪ $= (a_1 + p_1, a_2 + p_2)$

在得到③点后,再用①、②、③三点试验,比较其结果,若②最坏,则取其对称点④做新试验点:

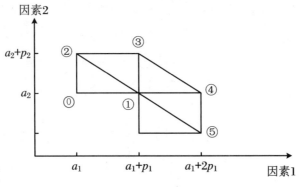

图 3.18 直角单纯形

$$④ = ③ + ① - ② = (a_1 + 2p_1, a_2)$$

①、③、④构成一个新单纯形,比较其结果,若④最坏,则用规则2去掉次坏点,若次坏点为③,则新点

$$⑤ = ① + ④ - ③ = (a_1 + 2p_1, a_2 - p_2)$$

如此等等,有时还会使用规则3,直至结果满意为止。

一般在任意 n 个因素时,

$$⓪ = (a_1, a_2, a_3, \cdots, a_n)$$
$$① = (a_1 + p_1, a_2, a_3, \cdots, a_n)$$
$$② = (a_1, a_2 + p_2, a_3, \cdots, a_n)$$
$$\cdots\cdots$$
$$(n) = (a_1, a_2, \cdots, a_{n-1} + p_{n-1}, a_n)$$
$$(n+1) = (a_1, a_2, \cdots, a_n + p_n)$$

3.6.2 改进单纯形法

为了解决优化结果精度和优化速度的矛盾,可以采用可变步长推移单纯形,此即改进单纯形法,既能加快优化速度,又能获得较好的优化精度。改进单纯形法是1965年J. A. Nelder等提出来的,它是在基本单纯形法的基础上引入了反射、扩大、收缩与整体收缩规则,变固定步长为可变步长,较好地解决了优化速度与优化精度之间的矛盾,是各种单纯形优化法中应用最广泛的一种单纯形优化方法。

在单纯形的推移过程中,新试验点在空间的位置坐标按以下方法计算:

$$[新试验点的坐标] = (1 + a) \times \frac{[留下各点的坐标]}{n} - a \times [去掉点的坐标] \quad (3.29)$$

讨论:$a = 1$,此时式(3.29)变为基本单纯形中新点的计算公式,此时新试验点为去掉点的等距离反射点,这时改进单纯形又变成了基本单纯形。

$a > 1$,按基本单纯形法($a = 1$)计算出新点后,对新试验点做试验得出新试验点的响应值。如果新点的响应值好,说明我们搜索方向正确,可以进一步沿 AD 搜索。因此取 $a > 1$,

称为扩大。如果扩大点 E 不如反射点 D 好，则"扩大"失败，仍采用 D，由反射点与留下点构成的单纯形 BCD 继续优化。

$-1<a<0$，按($a=1$)计算出来的反射点 D 的响应值最坏，此时采用 $-1<a<0$（称为内收缩）计算新试验点，此时形成新的单纯形 BN_AC。

$0<a<1$，按基本单纯形法($a=1$)计算除反射点 D 响应值最坏。但比去掉点 A 响应值好。此时采用 $0<a<1$，称为收缩，新试点仍按式(3.29)计算，此时形成新的单纯形 BCN_D，如图 3.19 所示。

如果去掉点与其反射点连线 AD 方向上所有点的响应值都比去掉点 A 坏，则不能沿此方向搜索。这时应以单纯形中最好点为初点，到其他各点的一半为新点，构成新的单纯形 $BA'C'$ 进行优化。此时步长减半，称为"整体收缩"，如图 3.20 所示。

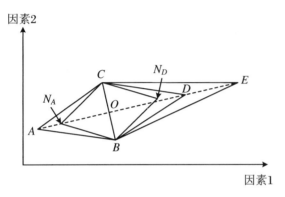

图 3.19　改进单纯形

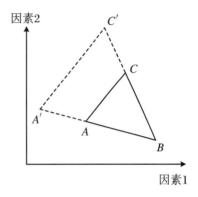

图 3.20　单纯形的整体收缩

3.6.3　加权形心法

基本单纯形和改进单纯形都是采用去掉点的反射方向为新试验点的搜索方向，这就意味着，去掉点的反射方向作为近似的优化方向，就是梯度变化最大的方向。实际上，这个方向是一个近似的梯度最大方向，这样的搜索结果可能导致搜索次数的增加和搜索结果精度的降低。为了解决这个问题，提出了加权形心法，加权形心法利用加权形心代替单纯的反射形心，使新点的搜索方向更接近实际的最优方向。

如图 3.21 所示，使 A、B、C 三个顶点组成的一个二因素的优化过程的一个单纯形，并知 A 点的响应最坏，C 的响应最好。如果搜索优化过程中函数不出现异常，那么搜索最优点的方向明显应当更靠近 AC 的方向，而不是靠近 AB 的方向。因此可以通过加权的办法来使搜索的方向由原来的 AE（反射方向）变为 AE' 方向（加权方向），此时用加权形心点 O_A 代替反射形心点 O：

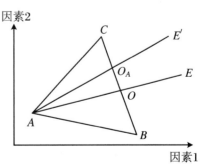

图 3.21　二因素单纯形

$$\text{加权形心点}[O_\omega] = \frac{\sum_{i=1}^{3}[R(p_i) - R(\omega)] \times p_i}{\sum_{i=1}^{3}[R(p_i) - R(\omega)]} \tag{3.30}$$

其中，p_i 为第 i 点的坐标，$R(p_i)$ 为 i 点的响应值，$R(\omega)$ 为最坏点的响应值。

同样，对于 n 因素的加权形心点计算如下：

$$[O_\omega] = \frac{\sum_{i=1(i \neq \omega)}^{n+1}[R(p_i) - R(\omega)] \times p_i}{\sum_{i=1(i \neq \omega)}^{n+1}[R(p_i) - R(\omega)]} \tag{3.31}$$

然后将 $[O_\omega]$ 代替改进单纯形法中的形心点 $[O]$，即成为加权形心法。

3.6.4 单纯形优化的参数选择

在试验中，我们只研究优化条件，用基本单纯形法时，首先必须确定研究的因素。由于单纯形法不受因素的限制，考察的因素可以相对多些。因素确定后，据分析仪器和试验要求，规定因素变化的上下限，据上下限的范围确定步长的大小。步长（因素水平间隔）较大，优化速度加快，精度较差；步长太小，试验次数增多，优化速度变慢。

1. 初始单纯形的构成

根据前面介绍的方法是根据初始点和步长来计算初始单纯形的各个顶点的，各因素的步长是相同的。实际过程中，各因素步长和单位并不相同，利用这种方法会变得很麻烦，在实际应用中问题较多，为此，介绍两个构成初始单纯形的方法。

（1）Long 系数表法。

D. E. Long 提出一种用系数表构成初始单纯形各顶点的方法，可以解决试验设计中初始单纯形的构成问题，使用时把表 3.34 中的对应值乘上该因素的步长后，再加到初始点坐标上。

表 3.34　Long 系数表

顶点	A	B	C	D	E	F	G	H	I	J
1	0	0	0	0	0	0	0	0	0	0
2	1.00	0	0	0	0	0	0	0	0	0
3	0.50	0.866	0	0	0	0	0	0	0	0
4	0.50	0.289	0.817	0	0	0	0	0	0	0
5	0.50	0.289	0.204	0.791	0	0	0	0	0	0
6	0.50	0.289	0.158	0.158	0.775	0	0	0	0	0
7	0.50	0.289	0.204	0.158	0.129	0.764	0	0	0	0
8	0.50	0.289	0.204	0.158	0.129	0.109	0.756	0	0	0
9	0.50	0.289	0.204	0.158	0.129	0.109	0.094	0.750	0	0
10	0.50	0.289	0.204	0.158	0.129	0.109	0.094	0.083	0.745	0
10	0.50	0.289	0.204	0.158	0.129	0.109	0.094	0.083	0.075	0.742

例如,有一个二因素的设计过程,其初始点为(10.0, 2.0);步长为1.0和0.5,据Long系数表来计算其余两个顶点的坐标。

顶点1:(10.0, 2.0);

顶点2:(10.0+1.00×1.0, 2.0+0×0.5)=(11.0, 2.0);

顶点3:(10.0+0.5×1.0, 2.0+0.866×0.5)=(10.5, 2.433)。

(2) 均匀设计表法。

利用Long系数表法所构成的初始单纯形各顶点在空间的分布是不均匀的,因此进行的是不均匀优化,均匀设计表改变了这个缺点,使各顶点在空间均匀分布,这样进行的优化就是整体的均匀优化。据所选因素的因素数,确定一个比较合适的均匀表,使用时把表中的对应数值乘以响应因素的步长,加到初始点坐标上即可。

例如,我们有一个四因素的优化过程,因此可以选用四因素均匀设计表(表3.35)。设初点为(1.0, 1.0, 1.0, 1.0),步长为0.5, 1.0, 1.5, 2.0。要求计算初始单纯形的各顶点。

表3.35 四因素均匀设计表 $U_5(5^4)$

次数(顶点)	A	B	C	D
1	1	2	3	4
2	2	4	1	3
3	3	1	4	2
4	4	3	2	1
5	5	5	5	5

顶点1:(1.0+1×0.5, 1.0+2×1.0, 1.0+3×0.5, 1.0+4×2.0)=(1.5, 3.0, 5.5, 9.0);

顶点2:(1.0+2×0.5, 1.0+4×1.0, 1.0+1×0.5, 1.0+3×2.0)=(2.0, 5.0, 2.5, 7.0);

顶点3:(1.0+3×0.5, 1.0+1×1.0, 1.0+4×0.5, 1.0+2×2.0)=(2.5, 2.0, 7.0, 5.0);

顶点4:(1.0+4×0.5, 1.0+3×1.0, 1.0+2×0.5, 1.0+1×2.0)=(3.0, 4.0, 4.0, 3.0);

顶点5:(1.0+5×0.5, 1.0+5×1.0, 1.0+5×0.5, 1.0+5×2.0)=(3.5, 6.0, 8.5, 11.0)。

2. 单纯形的收敛

单纯形收敛的检验办法:在 n 个因素的单纯形中,如果有一个点经 $n+1$ 次单纯形仍没有被淘汰,一般可以在此点收敛。这种检验方法未考虑到试验误差的存在,按数理统计或实际工作要求单纯形收敛准则应为 $|[R(B)-R(\omega)]/R(B)|<\varepsilon$,式中 $R(B)$ 和 $R(\omega)$ 分别代表最好点 B 与最坏点 ω 的响应值,ε 为试验误差或预给定的允许误差。

3.6.5 单纯形方法应用范例

例 3.16 用火焰 AAS 测定粮食作物中的 Ni。粮食中的 Ni 含量只有 $0.x \times 10^{-6}$，选择合适的测量条件是很重要的，下面用单纯形法对测量条件进行优化，并比较用 Long 系数法和均匀设计法布点的优劣效果。试验是在日立 180-80 型原子吸收分光度计上用 Ni 含量为 $2\ \mu g/mL$ 的稀溶液中进行的。表 3.36 列出了火焰法测量 Ni 的初始条件、步长和界限。

表 3.36 各因素的初始水平、步长和界限

因素	下界	初始水平	步长	上界
空气压力(大气压)	1.00	1.15	0.10	1.60
乙炔压力(大气压)	0.10	0.25	0.05	0.40
燃器高度(mm)	6.00	10.00	1.00	15.00
灯电流(mA)	6.00	10.00	1.00	12.00

解 先采用 Long 系数法确定初始单纯形，一般方法确定新试验点，如表 3.37 所示。

表 3.37 四因素单纯形法测定粮食中 Ni 的试验

实验号(顶点)	保留顶点	空气压力(大气压)	乙炔压力(大气压)	燃器高度(mm)	灯电流(mA)	吸光度	吸光系数($\times 10^{-2}$)	最坏点	标准差($\times 10^{-2}$)	注
1		1.15	0.25	10.00	10.00	0.102	2.12		0.16	
2		1.25	0.25	10.00	10.00	0.103	1.97		0.15	
3		1.20	0.29	10.00	10.00	0.101	2.02		0.15	
4		1.20	0.26	10.82	10.00	0.094	1.88		0.21	
5		1.20	0.26	10.20	10.80	0.095	1.90	4	0.08	
6	1,2,3,5	1.20	0.27	9.28	10.40	0.111	2.22	5	0.18	
7	1,2,3,6	1.20	0.27	9.44	9.40	0.110	2.21	2	0.18	
8	1,3,6,7	1.13	0.29	9.36	9.90	0.108	2.26	3	0.1	扩大
9	1,3,6,7	1.09	0.29	9.20	9.98	0.110	2.44	3	0.12	扩大
10	1,6,7,9	1.12	0.25	8.96	9.84	0.109	2.42	1	0.12	反射
11	6,7,9,10	1.16	0.29	8.44	9.76	0.112	2.34	7	0.16	反射
12	6,9,10,11	1.09	0.28	8.50	10.50	0.110	2.45	6	0.15	反射
13	6,9,10,12	1.03	0.29	8.27	9.61	0.113	2.38		0.13	反射

顶点 1：$(1.15, 0.25, 10, 10)$；

顶点 2：$(1.15+1.00\times 0.1, 0.25+0\times 0.05, 10+0\times 1.0, 10+0\times 1.0) = (1.25, 0.25, 10, 10)$；

顶点 3：$(1.15+0.50\times 0.1, 0.25+0.866\times 0.05, 10+0\times 1.0, 10+0\times 1.0) = (1.20, 0.29, 10, 10)$；

顶点 4：$(1.15+0.50\times 0.1, 0.25+0.289\times 0.05, 10+0.817\times 1.0, 10+0\times 1.0) = (1.20, 0.26, 10.82, 10)$；

顶点 5：$(1.15+0.50\times 0.1, 0.25+0.289\times 0.05, 10+0.204\times 1.0, 10+0.791\times 1.0) =$

(1.20,0.26,10.20,10.79)。

$$[\text{新坐标点}] = 2 \times [n \text{ 个留下点的坐标和}]/n - [\text{去掉点坐标}]$$

则顶点 6：

因素 1：$2 \times (1.15 + 1.25 + 1.20 + 1.20)/4 - 1.20 = 1.20$；

因素 2：$2 \times (0.25 + 0.25 + 0.29 + 0.26)/4 - 0.26 = 0.27$；

因素 3：$2 \times (10 + 10 + 10 + 10.20)/4 - 10.82 = 9.28$；

因素 4：$2 \times (10 + 10 + 10 + 10.79)/4 - 10 = 10.40$。

下面利用均匀设计表建立初始单纯形，四个因素应有 5 个顶点，应选用 $U_5(5^4)$ 均匀设计表，表 3.38 列了用 $U_5(5^4)$ 表设计的初始单纯形的各顶点，表 3.39 为初始单纯形的试验结果和推进情况。

表 3.38 用 $U_5(5^4)$ 表设计的初始单纯形的各顶点

顶点	因 素			
	1. 空气压力（大气压）	2. 乙炔压力（大气压）	3. 燃器高度（mm）	4. 灯电流（mA）
1	(1)1.15	(2)0.25	(3)10.0	(4)10.0
2	(2)1.25	(4)0.35	(1)8.0	(3)9.0
3	(3)1.35	(1)0.20	(4)11.0	(2)8.0
4	(4)1.45	(3)0.30	(2)9.0	(1)7.0
5	(5)1.55	(5)0.40	(5)12.0	(5)11.0

表 3.39 用均匀设计构成初始单纯形的结果及其推进

实验号（顶点）	保留顶点	空气压力（大气压）	乙炔压力（大气压）	燃器高度（mm）	灯电流（mA）	吸光度	吸光系数（×10⁻²）	最坏点	标准差（×10⁻²）	注
1		1.15	0.25	10.00	10.00	0.106	2.21		0.19	
2		1.25	0.35	8.00	9.00	0.109	2.06		0.16	
3		1.35	0.20	11.00	8.00	0.099	1.84		0.1	
4		1.45	0.30	9.00	7.00	0.118	2.18		0.16	
5		1.55	0.40	12.00	11.00	0.098	1.75	5	0.13	
6	1,2,3,4	1.05	0.15	7.00	6.00	0.112	2.49	3	0.19	扩大
7	1,2,3,4	1.92	0.92	5.70	4.80					出界
8	1,3,4,6	1.10	0.32	6.00	8.00	0.065	1.44	7	0.18	整体
9	向 6 点收缩	1.17	0.21	10.00	7.20	0.113	2.36	2	0.19	收缩
10	1,4,6,8	1.16	0.10	10.00	6.10	0.101	2.10	9	0.03	反射
11	1,4,6,9	1.18	0.17	9.50	6.80	0.110	2.31	4	0.26	收缩

根据均匀设计表构成的初始单纯表的顶点分布在整个试验范围内，因此单纯形只推进一次就找到了最优条件。用 Long 系数表构成的初始单纯形，需推 4 次，即第 9 次试验才能找到最优条件。由此可见，用均匀设计表构成初始单纯形，在寻找最优条件方面具有一定的优点。用上述两种方法得到的优化条件不尽相同，其原因是因素之间存在多种组合方式实现目标的最优化。

3.7 响应面优化试验设计法

3.7.1 响应面优化法的概念

许多试验设计与优化方法,特别是在做回归分析的过程中,都未能给出直观的图形,因而也不能凭直觉观察其最优化点,虽然能找出最优值,但难以直观地判别优化区域。响应面分析是将体系的响应值作为一个或多个因素的函数,运用图形技术将这种函数关系显示出来,以供我们凭借观察来选择试验设计中的最优化条件。

响应面优化法是利用合理的试验设计方法进行试验,根据试验结果,对因素与响应值采用多元二次回归方程拟合,分析方程确定最佳工艺参数,并可以通过对比最佳工艺条件下模拟响应值和实际响应值判定准确性,使用统计学方法有效解决多变量问题。该方法是一种统计学方法,通过构建一个连续的、多元的、实时的数学模型来描述各个因素与响应值之间的函数关系。

响应面分析法中一阶模型利用低阶多项式来描述响应面的一部分,因此该模型适合用于描述一个平坦的表面,或者起伏不显著没有明显斜率变化的表面,通常使用最小二乘法拟合试验数据。因为一阶模型被假定在足够接近小范围变化的 x 的数值组成的区域内,不适用于分析最大值、最小值和脊线。二阶模型可以灵活地以各种形式极为接近地表达出响应面,因此,响应面上存在曲率时,二阶模型是表达响应面曲率部分最适宜的模型,设变量 y 与 $x_1, x_2, \cdots, x_p$ 之间的关系为

$$E_y = f(x_1, x_2, \cdots, x_p) \tag{3.32}$$

如果能求出未知式(3.32)的具体表达方式,则可以明确 y 与 $x_1, x_2, \cdots, x_p$ 之间的关系。在二阶模型的建立过程中,使用数学公式上的麦克劳林展开式

$$f(x) \approx f(0) + \frac{f'(0)}{1!}x + \frac{f''(0)}{2!}x^2 + \cdots \tag{3.33}$$

式(3.33)一般满足收敛,因此式(3.32)可以表达为

$$E_y = f(x_1, \cdots, x_p) \approx a + bx_1 + \cdots + cx_p + \cdots + dx_1^2 + \cdots + ex_p^2 + fx_1x_2 + \cdots + gx_{p-1}x_p$$

得到试验点 $(x_{11}, \cdots, x_{p1}, y_1), \cdots, (x_{1n}, \cdots, x_{pn}, y_n)$,估计出式中的系数 $a, b, \cdots$,经过检验,如果方程可用,则模型建立成功,可以利用建立的回归方程估计试验的极值点、定值点等,找到最优的试验条件。

最常用的二阶响应面分析方法是中心组合试验设计(CCD)和 Box-Benhnken 试验设计(BBD)(如图 3.22 所示),二者在试验点的选择上差异很大。

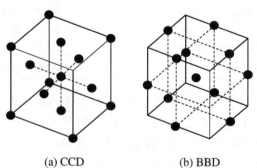

图 3.22 二阶响应面分析方法

3.7.2 响应面优化法的步骤

要构造响应面并进行分析以确定最优条件或寻找最优区域,首先必须通过试验获取大量的测量数据,并建立一个合适的数学模型(建模),然后再用此数学模型作图。响应面优化的基本步骤包括:

(1) 确定优化目标:通常包括生产成本、产品质量、产率等关键性能指标。

(2) 确定影响目标的变量:包括配方、工艺参数、原材料属性等可控因素,以及环境、气候等不可控因素。

(3) 设计实验方案:根据确定的影响因素,制订实验方案,包括实验条件、实验设计、实验方法。

(4) 采样与实验:根据实验方案进行采样和实验操作,记录每个实验条件下各指标的实验结果。

(5) 确定响应面模型:根据实验结果,选择合适的响应面模型(如二次多项式、高阶多项式、神经网络等)进行建模。

(6) 模型拟合与优化:通过最小二乘法等拟合方法,将实验数据与响应面模型进行拟合,并根据模型的性能指标对模型进行优化。

(7) 优化设计:根据建立的响应面模型,确定影响目标的关键因素,并优化其取值范围。

(8) 分析结果:通过优化设计,对响应面模型进行分析,得出最优解并验证其可行性和有效性。

3.7.3 响应面优化法的应用

在响应面分析中,首先要得到回归方程 $E_y = f(x_1, x_2, \cdots, x_p)$,然后通过对自变量的合理取值,求得最优的值 $E_y = f(x_1, x_2, \cdots, x_p)$,这就是响应面分析的目的。

例 3.17 有一个大麦氮磷肥配比试验,施氮肥量为每亩*尿素 0,3,6,9,12,15,18(单位:kg) 7 个水平,施磷肥量为每亩过磷酸钙 0,7,14,21,28,35,42(单位:kg) 7 个水平,共 49 个处理组合,试验结果列于表 3.40 中,试做产量对于氮、磷施肥量的响应面分析。

表 3.40 大麦氮磷肥配比试验结果

磷肥	氮肥						
	0	3	6	9	12	15	18
0	86.9	162.5	216.4	274.7	274.3	301.4	270.3
7	110.4	204.4	276.7	342.8	343.4	368.4	335.1
14	134.3	238.9	295.9	363.3	361.7	345.4	351.5
21	162.5	275.1	325.3	336.3	381.0	362.4	382.2
28	158.2	237.9	320.5	353.7	369.5	388.2	355.3
35	144.3	204.5	286.9	322.5	345.9	344.6	353.5
42	88.7	192.5	219.9	278.0	319.1	290.5	281.2

* 亩为传统土地面积单位,约合 666.7 m^2。

解 对于表 3.40 的数据可以采用二元二次多项式拟合，那么产量可表示为

$$y_{ij} = b_0 + b_1 N_i + b_2 P_j + b_3 N_i P_j + b_4 N_i^2 + b_5 P_j^2 + \varepsilon_{ij}$$

其中 N_i、P_j、ε_{ij} 分别表示 N、P 施用量和误差，按此模型的方差分析见表 3.41。

表 3.41 二元二次多项式回归分析的方差分析（全模型）

变异来源	DF	SS	MS	F	备 注
回归	5	332061.25	66412.25	352.08	$F_{0.05}(5.43) = 2.44$；$F_{0.01}(5.43) = 3.49$
b_1	1	219217.93	219217.93	1162.16**	$F_{0.05}(1.43) = 4.07$；$F_{0.01}(1.43) = 7.27$
b_2	1	754.29	754.29	4.00	
b_3	1	69.31	69.31	0.37	
b_4	1	61688.63	61688.63	327.04**	
b_5	1	50331.10	50331.10	266.83**	
误差	43	8111.07	188.63		
总变异	48	340172.32			

从表 3.41 结果看，b_2 和 b_3 这两个偏回归系数不显著，应该将模型缩减，逐步去掉不显著的回归系数，结果见表 3.42。得到的模型为

$$y_{ij} = b_0 + b_1 N_i + b_2 P_j + b_4 N_i^2 + b_5 P_j^2 + \varepsilon_{ij}$$

使用该模型分析的结果为表 3.43，从表中可以看出 b_1、b_4、b_5 达到极显著水平，b_2 接近达到显著性，只有 b_3 达不到显著水平。

表 3.42 二元二次多项式回归的方差分析（缩减模型）

变异来源	DF	SS	MS	F	备 注
回归平方和	4	331991.95	82997.99	446.42**	$F_{0.05}(5.44) = 2.58$；$F_{0.01}(5.44) = 3.78$
b_1	1	219217.93	219217.93	1179.11**	$F_{0.05}(1.44) = 4.06$；$F_{0.01}(1.44) = 7.24$
b_2	1	754.29	754.29	4.06**	
b_4	1	61688.63	61688.63	331.81**	
b_5	1	50331.10	50331.10	270.72**	
误差	44	8180.37	185.92		
总变异	48	340172.32			

该模型的回归变异占总变异的 98%，因此可以较好地说明 N、P 施用量对产量的影响。二元二次多项式回归系数及其显著性检验见表 3.43。

表 3.43 二元二次多项式回归的回归系数及其显著性检验（缩减模型）

参数	回归系数估计值	标准误差	t
b_0	76.70	6.06	12.66**
b_1	31.63	1.17	27.02**
b_2	8.21	0.50	16.37**
b_4	-1.14	0.06	-18.22**
b_5	-0.19	0.01	-16.45**

分别对回归方程求对 N 和 P 的偏导数，并令偏导数等于 0，可求得极值：

$$\frac{\partial \hat{y}}{\partial x} = 31.63 - 2.28N = 0; \quad N = 13.87 \text{ kg}$$

$$\frac{\partial \hat{y}}{\partial p} = 8.21 - 0.38P = 0; \quad P = 21.61 \text{ kg}$$

因而由回归方程估计的尿素施用量为 13.87 kg、过磷酸钙施用量为 21.61 kg 时产量最高。响应面分析中通过回归方程进行预测时一般不能超过自变量的取值范围,例如氮肥的取值范围为每亩 0~18 kg,而磷肥的取值范围为每亩 0~42 kg。

图 3.23 是大麦产量对于氮、磷肥的响应面。响应面优化法一般需要采用专门的软件制成响应面图,在已经发表的有关响应面优化试验的论文中,Design-Export 是使用最广泛的软件,本书篇幅有限,对软件不加以介绍。响应面优化法涉及试验设计、数据收集、模型拟合、图形解释和优化等多个环节,可以有效地解决多因素、多指标的优化问题,但使用响应面优化法的前提是设计的试验点应包括最佳的试验条件,如果试验点的选取不当,使用响应面优化法是不能得到很好的优化结果的。因而,在使用响应面优化法之前,应当确立合理的试验的各因素与水平。

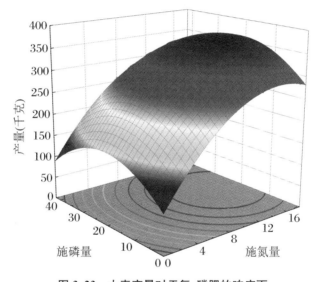

图 3.23 大麦产量对于氮、磷肥的响应面

3.8 试验设计方法的综合应用

试验设计主要运用在预先试验、条件优化试验及特定条件进行的试验。

1. 预先试验的试验设计

对试验条件进行初步考察,了解各因素对试验指标的影响程度,为后续深入细致的研究提供依据。

预先试验设计应尽量多选择因素、扩大试验范围、多选择水平。

常用方法：均匀试验设计（可考察因素多、水平多），正交试验设计（一般不考察交互作用），多因素逐项试验设计（单因素试验法、均分法）。

2．条件优化试验设计

条件优化试验设计方法一般采用正交试验设计法、均匀试验设计法以及单纯形调优法。对于正交试验设计法，因为所选取的水平相对较少，所以通常需要先进行预先试验，以确定合理的试验范围。

3．试验设计方法的灵活应用

交互作用的考察要慎重，一方面不应对所有的交互作用都进行考察，另一方面，对不明确的交互作用可以预先用较少的试验进行预先判断，也可以将交互作用列空下来看作误差，根据试验结果进行判断。分割试验设计法在实际需要中应注意加以采用。

4．试验设计方法选取原则

（1）需要考察交互作用时，采用多因素组合试验法；
（2）试验周期长，而产品检验周期短时，采用序贯试验法；
（3）试验周期短，而产品检验周期长时，采用同时试验法；
（4）费用大的试验采用分割试验法、序贯试验法等。

第 4 章 试验结果的分析方法

4.1 正交试验结果的直观分析法

对正交试验结果的分析,通常采用两种方法:一种是直观分析法,另一种是方差分析法(又称统计分析法)。

根据考察试验结果的指标数量多少,正交试验设计又可分为单指标试验设计(考察指标只有一个)和多指标试验设计(考察指标数≥2)。

4.1.1 单指标正交试验设计及其结果的直观分析

例 4.1 柠檬酸硬脂酸单甘酯是一种新型的仪器乳化剂,它是柠檬酸与硬脂酸单甘酯在一定的真空度下,通过酯化反应制得,现对其合成工艺进行优化,以提高乳化剂的乳化能力。乳化能力测定方法:将产物加入油水混合物中,经充分地混合、静置分层后,将乳状液层所占的何种百分比作为乳化能力。根据探索性试验,确定的因素与水平如表 4.1 所示。假定因素间无交互作用。

表 4.1 因素水平表

水平	A 温度(℃)	B 酯化时间(h)	C 催化剂种类
1	130	3	甲
2	120	2	乙
3	110	4	丙

为了避免人为因素导致的系统误差,因素的各水平哪一个定为 1 水平、2 水平、3 水平,本例中没有简单地完全按因素水平数值由小到大或由大到小的顺序排列,而是按"随机化"的方法处理,采用了抽签的方法,最后将酯化时间 3 h 定为 B_1,2 h 定为 B_2,4 h 定为 B_3,其他两因素亦一样进行处理。

解 本题中试验的目的是提高产品的乳化能力,试验的指标为单指标乳化能力,因素和水平是已知的,所以可以从正交表的选取开始进行试验设计和直观分析。

① 选正交表。

本例是一个 3 水平的试验,因此要选用 $L_n(3^m)$ 型正交表。因为有 3 个因素,且不考虑因素间的交互作用,所以要选一张 $m \geqslant 3$ 的表,而 $L_9(3^4)$ 是满足条件 $m \geqslant 3$ 最小的 $L_n(3^m)$ 型正交表,故选用正交表 $L_9(3^4)$ 来安排试验。

② 表头设计。

由于不考虑因素间的交互作用,因而将 3 个因素可放在任意 3 列上,本例没有依次放入,而是分别放在 1、3、4 列上,表头设计如表 4.2 所示。

表 4.2 表头设计

因素	A	空白列	B	C
列号	1	2	3	4

不放置因素或交互作用的列称为空白列(简称空列),空白列在正交设计的方差分析中也称为误差列,一般最好至少留一个空白列。

③ 明确试验方案。

根据表头设计,将因素放入正交表 $L_9(3^4)$ 相应列,水平对号入座,列出试验方案如表 4.3 所示。

表 4.3 试验方案

试验号	A 温度(℃)	空白列	B 酯化时间(h)	C 催化剂种类	试验方案	乳化能力
	1	2	3	4		
1	1(130)	1	1(3)	1(甲)	$A_1B_1C_1$	
2	1	2	2(2)	2(乙)	$A_1B_2C_2$	
3	1	3	3(4)	3(丙)	$A_1B_3C_3$	
4	2(120)	1	2	3	$A_2B_2C_3$	
5	2	2	3	1	$A_2B_3C_1$	
6	2	3	1	2	$A_2B_1C_2$	
7	3(110)	1	3	2	$A_3B_3C_2$	
8	3	2	1	3	$A_3B_1C_3$	
9	3	3	2	1	$A_3B_2C_1$	

④ 按规定的方案做试验,得出试验结果。

按正交表的各试验号中规定的水平组合进行试验,本例总共要做 9 个试验,将试验结果(指标)填写在表的最后一列中,如表 4.4 所示。

⑤ 计算极差,确定因素的主次顺序。

首先解释表 4.4 中引入的三个符号。

K_i:表示任一列上水平号为 i(本例中 $i=1,2,3$)时所对应的试验结果之和。例如,在表 4.4 中,在 B 因素所在的第 3 列上,第 1、6、8 号试验中 B 取 B_1 水平,所以 K_1 为第 1、6、8 号试验结果之和,即 $K_1=0.56+0.82+0.64=2.02$;第 2、4、9 号试验中 B 取 B_2 水平,所以 K_2 为第 2、4、9 号试验结果之和,即 $K_2=0.74+0.87+0.66=2.27$;第 3、5、7 号试验中 B 取 B_3 水平,所以 K_3 为第 3、5、7 号试验结果之和,即 $K_3=0.57+0.85+0.67=2.09$;同理可以计算出其他列中的 K_i,结果如表 4.4 所示。

第 4 章 试验结果的分析方法

表 4.4 试验方案及试验结果分析

试验号	A 温度(℃) 1	空白列 2	B 酯化时间(h) 3	C 催化剂种类 4	乳化能力
1	1(130)	1	1(3)	1(甲)	0.56
2	1	2	2(2)	2(乙)	0.74
3	1	3	3(4)	3(丙)	0.57
4	2(120)	1	2	3	0.87
5	2	2	3	1	0.85
6	2	3	1	2	0.82
7	3(110)	1	3	2	0.67
8	3	2	1	3	0.64
9	3	3	2	1	0.66
K_1	1.87	2.10	2.02	2.07	
K_2	2.54	2.23	2.27	2.23	
K_3	1.97	2.05	2.09	2.08	
k_1	0.623	0.700	0.673	0.690	
k_2	0.847	0.743	0.757	0.743	
k_3	0.657	0.683	0.697	0.693	
极差	0.67	0.18	0.25	0.16	
因素主→次			A B C		
优方案			$A_2 B_2 C_2$		

$k_i: k_i = K_i/s$,其中 s 为任一列上各水平出现的次数,所以 k_i 表示任一列上因素取水平 i 时所得试验结果的算术平均值。例如,在本例中 $s = 3$,在 A 因素所在的第 1 列中,$k_1 = 1.87/3 = 0.623$,$k_2 = 2.54/3 = 0.847$,$k_3 = 1.97/3 = 0.657$。同理可以计算出其他列中的 k_i,结果如表 4.4 所示。

R:称为极差,在任何一列上 $R = \max\{K_1, K_2, K_3\} - \min\{K_1, K_2, K_3\}$,或 $R = \max\{k_1, k_2, k_3\} - \min\{k_1, k_2, k_3\}$。例如,在第 1 列上,最大的 K_i 为 $K_2(=2.54)$,最小的 K_i 为 $K_1(=1.87)$,所以 $R = 2.54 - 1.87 = 0.67$,或 $R = 0.847 - 0.623 = 0.224$。一般试验水平数少且试验水平数相同时,可用 $R = \max\{K_1, K_2, K_3\} - \min\{K_1, K_2, K_3\}$ 作为极差。

一般来说,各列的极差是不相等的,这说明各因素的水平改变对试验结果的影响是不相同的,极差越大,表示该列因素的数值在试验范围内的变化会导致试验指标在数值上有更大的变化,所以极差最大的那一列,就是因素的水平对试验结果影响最大的因素,也就是最主要因素。在本例中,由于 $R_A > R_B > R_C$,所以各因素从主到次的顺序为:A(温度),B(酯化时间),C(催化剂种类)。

有时空白列的极差比其他所有因素的极差还要大,可能有以下几种原因:

第一个原因是试验的误差的影响。空白列的水平均值随着水平数大小的改变而变化,在没有交互作用时,一般反映了试验误差的影响。如果没有任何试验误差,也没有交互作用,空白列的各个水平均值一般应相等。当某因素对试验结果的影响非常小,而试验误差又很大时,有可能使空白列的极差大于某因素的极差,但这种可能性非常小。

第二个原因是空白列表面上没有安排因素,但实际上存在着一些"因素",这些"因素"是实际存在的因素交互作用。如果原先未考虑的因素交互作用的实际影响比较大,就有可能使该列的极差大于某因素的极差。

第三个原因是漏掉了对试验结果有重要影响的因素,而在做试验的时候,各试验方案中该因素未能很好地固定在某一水平,而是发生了变化,这也可能使该列的极差大于某因素的极差。

所以,在进行结果分析时,尤其是对所做的试验没有足够的认知时,最好将空白列的极差一并计算出来,从中也可以得到一些有用的信息。

⑥ 优方案的确定。

优方案是指在所做的试验范围内,各因素较优的水平组合。各优水平的确定与试验指标有关,若指标越大越好,则应选取使指标大的水平,即各列 K_i(或 k_i)中最大的那个值对应的水平;反之,若指标越小越好,则应选取使指标小的那个水平。

在本例中,试验指标是乳化能力,指标越大越好,所以应挑选每个因素的 K_1, K_2, K_3(或 k_1, k_2, k_3)中最大的值对应的那个水平。因为

A 因素列:$K_2 > K_3 > K_1$

B 因素列:$K_2 > K_3 > K_1$

C 因素列:$K_2 > K_3 > K_1$

所以优方案为 $A_2B_2C_2$,即反应温度为 120 ℃,酯化时间为 2 h,乙种催化剂。

另外,实际确定优方案时,还应区分因素的主次,对于主要因素,一定要按有利于指标的要求选取最好的水平,而对于不重要的因素,由于其水平改变对试验结果的影响较小,则可以根据有利于降低消耗、提高效率等目的来考虑别的水平。例如,本例 C 因素的重要性排在末尾,因此,假设丙种催化剂比乙种催化剂更价廉、易得,则可以将优方案中的 C_2 换为 C_3,于是优方案就变为 $A_2B_2C_3$,这正好是正交表中的第 4 号试验,它是已做过的 9 个试验中乳化能力最好的试验方案,也是比较好的方案。

本例中,通过简单的"看一看",可得出第 4 号试验方案是 9 次试验中最好的。而通过简单的"算一算",即直观分析(或极差分析),得到的优方案是 $A_2B_2C_2$,该方案并不包含在正交表中已做过的 9 个试验方案中,这正体现了正交试验设计的优越性(预见性)。

⑦ 进行验证试验,作进一步的分析。

上述优方案是通过直观分析得到的,但它实际上是不是真正的优方案还需要作进一步的验证。首先,将优方案 $A_2B_2C_2$ 与正交表中最好的第 4 号试验 $A_2B_2C_3$ 作对比试验,若方案 $A_2B_2C_2$ 比第 4 号试验的试验结果更好,通常就可以认为 $A_2B_2C_2$ 是真正的优方案,否则第 4 号试验 $A_2B_2C_3$ 就是所需的优方案。若出现后一种情况,一般来说原因可能有三个方面:(1) 可能是试验误差过大造成;(2) 可能是另有影响因素没有考虑进去或是没有考虑交互作用;(3) 可能是因素的水平选择不当。遇到这种情况应分析原因,再做试验,直到得出计算分析最优条件,才能说明考察指标是最优的。

上述优方案是在给定的因素和水平的条件下得到的,若不限定给定的水平,有可能得到更好的试验方案,所以当所选的因素和水平不恰当时,该优方案也有可能达不到试验的目

的,不是真正意义上的优方案,这时就应该对所选的因素和水平进行适当的调整,以找到新的更优方案。我们可以将因素水平作为横坐标,以它的试验指标的平均值 k_i 为纵坐标,画出因素与指标的关系图——趋势图。

在画趋势图时要注意,对于数量因素(如本例中的温度和时间),横坐标上的点不能按水平号顺序排列,而应按水平的实际大小顺序排列,并将各坐标点连成折线图,这样就能从图中很容易地看出指标随因素数值增大时的变化趋势;如果是属性因素(如本例中的催化剂种类),由于不是连续变化的数值,则可不考虑横坐标顺序,也不用将坐标点连成折线。

图 4.1 是例 4.1 的趋势图,从图中也可以看出,当反应温度为 $A_2 = 120\ ℃$,酯化时间为 $B_2 = 2\ h$,乙种催化剂(C_2)时产品的乳化能力最好,即优方案 $A_2B_2C_2$。从趋势图还可以看出:酯化时间并不是越长越好,当酯化时间少于 3 h 时,产品的乳化能力有随反应时间减少而提高的趋势,所以适当减少酯化时间也许会找到更优的方案。因此,根据趋势图可以对一些重要因素的水平作适当调整,选取更优的水平,再安排一批新的试验。新的正交试验可以只考虑一些主要因素,次要因素则可固定在某个较好的水平上,另外还应考虑漏掉的交互作用或重要因素,所以新一轮正交试验的因素数和水平将会更合理,也会得到更优的试验方案。

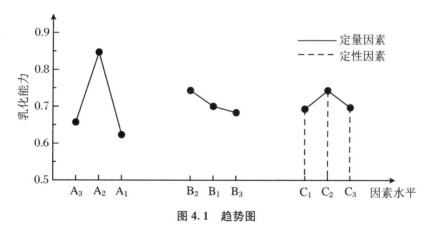

图 4.1　趋势图

例 4.2　某工厂一零件的镗孔工序质量不稳定,经常出现内径偏差较大的质量问题。为了提高镗孔工序的加工质量,改进工艺操作规程,现欲通过对工序进行正交试验,确定各影响因素的主次顺序,以探求较好的工艺条件。

解　① 明确试验目的,确定试验考察指标。

试验目的:通过试验,寻求较好的工艺条件,改善零件镗孔质量。

试验考察指标:内径偏差量(越小越好)。

② 挑因素,选水平,制订因素水平表。

挑因素:根据生产实践和专业知识,分析影响镗孔质量的因素有四个——刀具数量 A、切削速度 B、走刀量 C、刀具种类 D。

选水平:根据以往的生产经验,确定每个因素均取三个水平,因素水平表如表 4.5 所示。

表 4.5　因素水平表

水平	A 刀具数量(把)	B 切削速度(r/min)	C 走刀量(mm/r)	D 刀具种类
1	2	30	0.6	常规刀
2	3	38	0.7	Ⅰ型刀
3	4	56	0.47	Ⅱ型刀

③ 选正交表。

本例为 4 因素 3 水平试验,可选用正交表 $L_9(3^4)$。

④ 表头设计。

本试验把各因素依次入列,表头设计如表 4.6 所示。

表 4.6　表头设计

因素	A	B	C	D
列号	1	2	3	4

⑤ 确定试验方案,做试验,填数据,即各因素按顺序入列,水平对号入座,列出试验条件。

本例将水平表中的因素和水平填到选用的 $L_9(3^4)$ 正交表中。试验方案如表 4.7 所示。

表 4.7　试验方案及试验结果分析

试验号	A 刀具数量(把) 1	B 切削速度(r/min) 2	C 走刀量(mm/r) 3	D 刀具种类 4	偏差量 (mm)
1	1(2)	1(30)	1(0.6)	1(常规)	0.390
2	1	2(38)	2(0.7)	2(Ⅰ型)	0.145
3	1	3(56)	3(0.47)	3(Ⅱ型)	0.310
4	2(3)	1	2	3	0.285
5	2	2	3	1	0.335
6	2	3	1	2	0.350
7	3(4)	1	3	2	0.285
8	3	2	1	3	0.050
9	3	3	2	1	0.315
K_1	0.845	0.960	0.790	1.040	
K_2	0.970	0.530	0.745	0.780	
K_3	0.650	0.975	0.930	0.645	
k_1	0.282	0.320	0.263	0.347	
k_2	0.323	0.176	0.248	0.260	
k_3	0.217	0.325	0.310	0.215	
极差	0.106	0.149	0.062	0.132	
因素主→次			B D A C		
优方案			$B_2 D_3 A_3 C_2$		

⑥ 按规定的方案做试验，得出试验结果。本例将试验数据（偏差量）填入该表的右侧栏，如表 4.7 所示。

⑦ 计算极差，确定因素的主次顺序。

本例因素的主次顺序为：B D A C。

⑧ 优方案的确定。

为直观起见，画出因素与指标的趋势图，如图 4.2 所示。

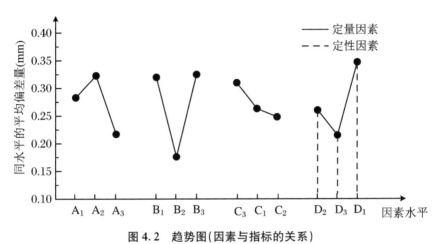

图 4.2　趋势图（因素与指标的关系）

直接分析结果：从表 4.7 的偏差量结果中直接分析可知 8 号方案偏差量最小，为 0.050 mm，是这 9 次试验中最好的。即最优水平组合是 $B_2D_3A_3C_1$。

极差分析结果：从表 4.7 的计算结果和图 4.2 的趋势可以看出，偏差量越小越好，所以选取的最优水平组合是 $B_2D_3A_3C_2$。

最终选取最优水平组合：结合因素影响的主次关系，对于次要因素，可以考虑实际生产条件（如生产率、成本、劳动条件等）来选取适当水平，而得到符合生产实际的最优或较优生产条件。对于本例，走刀量不影响生产成本等，故最优生产条件为 $A_3B_2C_2D_3$。

⑨ 进行验证试验，作进一步的分析（试验略）。

由图 4.2 的趋势可以看出：a) 刀具数量越多，偏差量越小。还应进一步试验刀具数量更多的情况（因素 A 影响最大）；b) 走刀量越大越好，还应进一步试验走刀量更大的情况（但走刀量因素影响小，再考虑生产效率等可不再试验）；c) 将已做过的试验中最好条件 $B_2D_3A_3C_1$ 与极差分析所得到的最优条件同时验证（需要可进行验证）。

对于本例，可只考虑验证 $B_2D_3A_3C_2$ 试验。

或考虑增加刀具数据，其他因素固定在最优水平上，即仅对 A 进行单因素寻优试验。

在验证的基础上可以安排第二批、第三批试验（可根据趋势图安排）。当找到最佳生产条件并进行小批量试生产直到纳入技术文件后，才算完成一项正交试验设计的全过程。

4.1.2　多指标正交试验设计及其结果的直观分析

在实际生产和科学试验中，整个试验结果的好坏往往不是一个指标能全面评判的，所以多指标的试验设计是一类很常见的方法。因为在多指标试验中,不同指标的重要程度常常是不一致的,各因素对不同指标的影响程度也不完全相同,所以多指标试验的结果分析复杂一些。下面介绍两种解决多指标正交试验的分析方法:综合平衡法和综合评分法。

1. 综合平衡法

综合平衡法是先对每个指标分别进行单指标的直观分析,得到每个指标的影响因素主次顺序和最佳水平组合,然后根据理论知识和实际经验,对各指标的分析结果进行综合比较和分析,得出最优方案。下面通过一个例子来说明这种方法。

例 4.3 柱塞组合件收口强度稳定性试验。

油泵的柱塞组合件是经过机械加工、组合收口、去应力、加工 ΦD 等工序制成的。要求的质量指标是拉脱力 $F \geqslant 1000$ N,轴向游隙 $\delta \leqslant 0.02$ mm,转角 $\alpha \geqslant 20°$。试验前产品拉脱力波动大,且因拉脱力与转角两指标往往矛盾,不易保证质量。本试验就是为了改进工艺条件,提高产品质量。

① 明确试验目的,确定考察指标。

试验目的:改进工艺条件,提高产品质量。

考察指标有三个:① 拉脱力 F,$F \geqslant 1000$ N;② 轴向游隙 δ,$\delta \leqslant 0.02$ mm;③ 转角 α,$\alpha \geqslant 20°$。

② 挑因素,选水平,制订因素水平表。

据研究,柱塞头的外径 ΦD、高度 L、倒角 $k\beta$、收口压力 P 等四个因素对指标可能有影响,所以考察这四个因素,每个因素比较三种不同的条件(即取三个水平),据此列出因素水平表(见表 4.8)。

表 4.8 因素水平表

水平	A 外径 $\Phi D - 0.05$(mm)	B 高度 $L - 0.05$(mm)	C 倒角 $k\beta$	D 收口压力 P(MPa)
1	15.1	11.6	$1.0 \times 50°$	1.5
2	15.3	11.8	$1.5 \times 30°$	1.7
3	14.8	11.7	$1.0 \times 30°$	2.0

注:试验条件是固定滚轮机构,滚压时间 t 在保证 α、δ 的前提下由试验决定。

③ 选正交表。

本例为 4 因素 3 水平试验,可选用正交表 $L_9(3^4)$。

④ 表头设计。

本试验把各因素依次入列,表头设计如表 4.9 所示。

表 4.9 表头设计

因素	A	B	C	D
列号	1	2	3	4

⑤ 确定试验方案,做试验,填数据,即因素按顺序入列,水平对号入座,列出试验条件。

本例将水平表中的因素和水平填到选用的 $L_9(3^4)$ 正交表中。试验方案如表4.10所示。

表4.10 试验方案及试验结果分析

试验号		A ΦD 1	B L 2	C $k\beta$ 3	D P 4	拉脱力 $F'_i = \frac{7}{10} \times (\bar{F}_i - 900)$	轴向游隙 $\delta'_i = 7000 \times (\bar{\delta}_i - 0.01)$	转角 $\alpha'_i = 7 \times (\bar{\alpha}_i - 20)$
1		1(15.1)	1(11.6)	1(1.0×50°)	1(1.5)	−30	20	25.5
2		1	2(11.8)	2(1.5×30°)	2(1.7)	36	48	−10
3		1	3(11.7)	3(1.0×30°)	3(2.0)	6	27	17.5
4		2(15.3)	1	2	3	−15.5	6	21.5
5		2	2	3	1	51	128	−10.0
6		2	3	1	2	−1	25	26.5
7		3(14.8)	1	3	2	−68	28	18.5
8		3	2	1	3	91	52	0.5
9		3	3	2	1	19	56	−4.5
拉脱力 F'	K_1	12	−113.5	60	40			
	K_2	34.5	178	39.5	−33			
	K_3	42	24	−11	81.5			
	k_1	4	−37.8	20	13.3			
	k_2	11.5	59.3	13.17	−11			
	k_3	14	8	−3.66	27.16			
	极差 R	10	97.1	23.66	38.16			
	因素主→次			B D C A				
	优方案			$B_2 D_3 C_1 A_3$（拉脱力越大越好）				
轴向游隙 δ'	K_1	95	54	97	204			
	K_2	159	228	110	101			
	K_3	136	108	183	85			
	k_1	31.66	18	32.3	68			
	k_2	53	76	36.6	33.6			
	k_3	45.3	36	61	28.3			
	极差 R	21.34	58	28.7	39.7			
	因素主→次			B D C A				
	优方案			$B_1 D_3 C_1 A_1$（轴向游隙越小越好）				
转角 α'	K_1	42	65.5	52.5	11			
	K_2	38	−10.5	16	44			
	K_3	14.5	39.5	26	39.5			
	k_1	14	21.83	17.5	3.6			
	k_2	12.6	−3.5	5.3	14.6			
	k_3	4.82	13.16	8.7	13.10			
	极差 R	9.18	25.33	12.2	11			
	因素主→次			B C D A				
	优方案			$B_1 C_1 D_2 A_1$（转角越大越好）				

注：(1) F'_i、δ'_i、α'_i 均为7个数据的平均值；
(2) 表格中的数据处理：如 $F'_i = \frac{7}{10} \times (\bar{F}_i - 900)$ 是为了简化计算，但不影响计算结果。

⑥ 按规定的方案做试验,得出试验结果。

每个试验条件做 7 次,每次试验都分别对三个指标进行测定并取其平均值,数据填入表 4.10 中。

⑦ 计算极差,确定因素的主次顺序。

本例因素的主次顺序为

	主 →	次
拉脱力 F:	B D C A	
轴向游隙 δ:	B D C A	
转角 α:	B C D A	

对于转角 α 来说,C 和 D 两因素的极差 R 相差不大,所以综合考虑,四个因素对三个指标的主次顺序为:B D C A。

⑧ 优方案的确定。

为直观起见,画出因素与指标的趋势图,如图 4.3 所示。

a) 初选最优生产条件。

按极差与指标趋势图确定各因素的最优水平组合。

对拉脱力 F 来说:$B_2 D_3 C_1 A_3$。

对轴向游隙 δ 来说:$B_1 D_3 C_1 A_1$。

对转角 α 来说:$B_1 C_1 D_2 A_1$。

b) 综合平衡选取最优生产条件。

因素 B:对三个指标来说,B 均是主要因素,一般情况下应按多数倾向选取 B_1,但因拉脱力 F 是主要指标,故选取 B_2。

因素 D:对 δ 指标来说,D 是较主要因素,且以 D_3 为优;对 α 指标是较次要因素,且 D_3 与 D_2 差不多,故选取 D_3。

因素 C:对三个指标来说,最优水平皆为 C_1,故选取 C_1。

因素 A:对三个指标来说,皆为次要因素,按多数倾向选取 A_1。

通过综合分析平衡后,柱塞组合件最优生产条件为 $B_2 D_3 C_1 A_1$。

⑨ 验证试验。

对选取的最优生产条件 $B_2 D_3 C_1 A_1$ 进行试验,可以达到试验指标的要求。

可见,综合平衡法要对每一个指标都单独进行分析,所以计算分析的工作量大,但是同时也可以从试验结果中获得较多的信息。多指标的综合平衡有时是比较困难的,仅仅依据数学的分析往往得不到正确的结果,所以还要结合专业知识和经验,得到符合实际的优方案。

2. 综合评分法

综合评分法是根据各个指标的重要程度,对得出的试验结果进行分析,给每一个试验评出一个分数,作为这个试验的总指标,然后根据这个总指标(分数),利用单指标试验结果的直观分析法作进一步的分析,确定较好的试验方案。即将多指标转化为单指标,从而得到多指标试验的结论。显然,这个方法的关键是如何评分。综合评分法主要有排队综合评分法、加权综合评分法等。

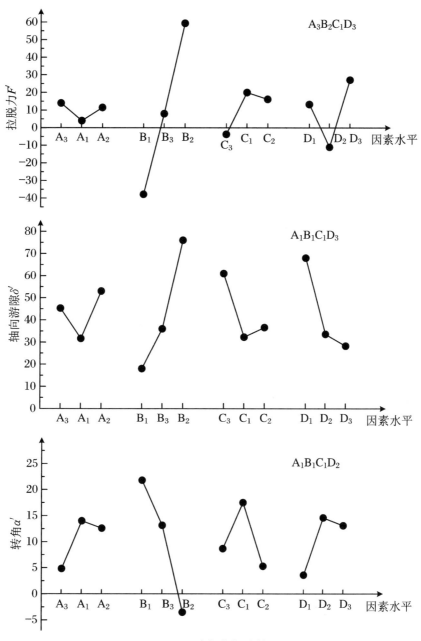

图 4.3　因素与指标趋势图

（1）排队综合评分法。

所谓排队评分，就是当几个指标在整体效果中同等重要，因而应当同等看待时，则可根据试验结果的全面情况，综合几个指标，按照效果的好坏，从优到劣排队，然后按规则进行评分（如 100 分制、5 分制、10 分制等）。

例 4.4　提高型砂质量的试验。

型砂的质量好坏直接影响铸件质量的提高，为了提高型砂的透气性、湿强度和保证型砂含水量,欲通过正交试验,探求保证和提高型砂质量的规律。

试验目的:寻找型砂配比,提高型砂质量。

考察指标:① 透气性(要求 30~100 cm^4/g·min);② 湿强度(要求≥1 kg/cm^2);③ 含水量(要求在5%左右)。

选取的因素水平表如表4.11所示。

表4.11 因素水平表

水平	A 红煤粉(kg)	B 红砂(kg)	C 黄砂(kg)
1	8	20	60
2	7	40	40
3	10	60	20

本例为3因素3水平,选取 $L_9(3^4)$ 正交表做试验,单项指标的试验结果填入表4.12中。

表4.12 试验方案及试验结果分析

试验号	试验方案				试验结果			
	A 红煤粉	B 红砂	C 黄砂		透气性 (cm^4/g·min)	湿强度 (kg/cm^2)	含水量 (%)	综合评分 (分)
	1	2	3	4				
1	1(8)	1(20)	1	1(60)	88	0.84	7.2	50
2	1	2(40)	2	2(40)	99	1.16	5.3	100
3	1	3(60)	3	3(20)	80	1.12	5.3	90
4	2(7)	1	2	3	77	0.99	4.4	70
5	2	2	3	1	61	1.16	5.3	80
6	2	3	1	2	75	1.11	5.3	85
7	3(10)	1	3	2	65	1.01	6.0	60
8	3	2	1	3	70	0.88	6.0	55
9	3	3	2	1	67	1.09	5.6	70
K_1	240	180		200				
K_2	235	235		245				
K_3	185	245		215				
k_1	80	60		66.7				
k_2	78.3	78.3		81.7				
k_3	61.7	81.6		71.7				
极差 R	18.3	21.6		15				
因素主→次		B A C						
优方案		$B_2 A_2 C_2$						

现综合三项指标,按照效果好坏,排出顺序,采用百分制评分法对9个试验结果评定如下:第一名是2号试验,评为100分;第二名是3号试验,评为90分;第三名是6号试验,评为85分;第四名是5号试验,评为80分;第4、9号试验效果差不多,并列为第五名,评为70

分;第七名是第 7 号试验,评为 60 分;第八名是第 8 号试验,评为 55 分;第九名是 1 号试验,评为 50 分。于是得到表 4.12 中右边"综合评分"一栏的分数。

画同水平综合评分与各因素的水平关系图,如图 4.4 所示。

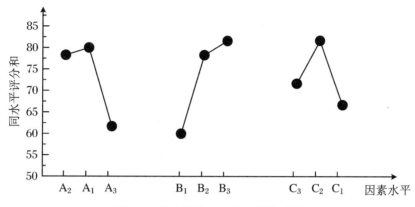

图 4.4 综合评分与因素水平关系图

从表 4.12 及关系图 4.4 可得出下列结论:

① 三个因素的主次顺序是(主→次):B A C。

② 从直接分析来看,9 个试验中,第 2 号试验得分最高,水平组合为 $B_2A_1C_2$。

③ 极差分析好的结果是 $B_3A_1C_2$,这个条件在 9 次试验中未做过,应安排此条件的补充试验。根据试验结果,若 $B_3A_1C_2$ 比 $B_2A_1C_2$ 好,则选用 $B_3A_1C_2$;若 $B_3A_1C_2$ 不如 $B_2A_1C_2$ 好,则说明这个试验的现象比较复杂。这时生产上可先采用 $B_2A_1C_2$,同时,另安排试验,寻找更好的条件。

④ 三个因素中,B 因素是主要因素,从图 4.4 中可以看出,如果红砂的含量继续增加,有可能找到比 $B_2A_1C_2$(或 $B_3A_1C_2$)更好的组合,同时也应看到,红砂量增加了,经济效果可能受到影响,应做具体估算,从整个产品质量的提高来衡量这种经济性。

排队综合评分法是应用比较广的一种方法,它不仅用于多指标试验,也可用于某些定性的单指标试验。如机器产品的外观、颜色、轻工产品的色、香、味等特性,只能通过手摸、眼看、鼻嗅、耳听和口尝来评定等。这些定性指标的定量化,往往也可利用该处理。

(2) 加权综合评分法。

加权综合评分值 Y_i 的计算公式:

$$Y_i = b_{i1}Y_{i1} + b_{i2}Y_{i2} + \cdots + b_{ij}Y_{ij}$$

式中:b_{ij} 为权因子系数,表示各项指标在综合加权评分中应占的权重;Y_{ij} 为考察指标;i 为第 i 号试验;j 为第 j 考察指标。

如果考察指标的要求趋势相同,则符号取相同;趋势不同,则取负号。例如,三个指标都是越小越好,另有第四个指标越大越好,若前三者取正,则第四项应取负号,即 $-b_{i4}Y_{i4}$。

这种方法的关键在于确定 b_{ij},为尽量做到合理,应依据专业知识、生产经验、集体分析各指标间重要程度而定。

例 4.5 某厂生产一种化工产品,需要检验两个指标——核酸纯度和回收率,这两个指标都是越大越好。有影响的因素有 4 个,各有 3 个水平,具体情况如表 4.13 所示。试通过试验分析找出较优方案,使产品的核酸含量和回收率都有所提高。

表 4.13 因素水平表

因素 水平	A 时间(h)	B 加料中核酸含量	C pH	D 加水量
1	25	7.5	5.0	1:6
2	5	9.0	6.0	1:4
3	1	6.0	9.0	1:2

解 这是 4 因素 3 水平的试验,选用正交表 $L_9(3^4)$,试验方案及试验结果如表 4.14 所示。

表 4.14 试验方案及试验结果分析

试验号	试 验 方 案				各指标的试验结果		综合评分
	A 时间(h)	B 加料中核酸含量	C pH	D 加水量	纯度	回收率	
	1	2	3	4			
1	1	1	1	1	17.5	30.0	100.0
2	1	2	2	2	12.0	41.2	89.2
3	1	3	3	3	6.0	60.0	84.0
4	2	1	2	3	8.0	24.2	56.2
5	2	2	3	1	4.5	51.0	69.0
6	2	3	1	2	4.0	58.4	74.4
7	3	1	3	2	8.5	31.0	65.0
8	3	2	1	3	7.0	20.5	48.5
9	3	3	2	1	4.5	73.5	91.5
K_1	273.2	221.2	222.9	260.5			
K_2	199.6	206.7	236.9	228.6			
K_3	205.0	249.9	218.0	188.7			
k_1	91.1	73.7	74.3	86.8			
k_2	66.5	68.9	49.0	76.2	$T = 677.8$		
k_3	68.3	83.3	72.7	62.9			
极差 R	24.5	14.4	6.3	23.9			
因素主→次		A D B C					
优方案		$A_1 D_1 B_3 C_1$					

根据实践经验,本实验中纯度的重要性比回收率的重要性大,如果从化成数量来看,实际分析可认为纯度是回收率的 4 倍。也就是说,论重要性若将回收率看成 1,纯度就是 4,这个 4 和 1 就是两个指标的权。由于两个指标均是越大越好,因而符号均取正。按这个权给出每个试验的总分为

$$总分 = 4 \times 纯度 + 1 \times 回收率$$

根据这个计算公式,计算出每个试验的分数,结果列于表 4.14 的最右边,再根据这个分

数,用直观分析法按指标方法作进一步分析,分析过程如表 4.14 所示。直接分析结果:从表 4.14 综合评分结果中直接分析可知 1 号方案综合评分最大,为 100.0 分,是这 9 次试验中最好的。即最优水平组合是 $A_1D_1B_1C_1$。

极差分析结果:从表 4.14 的计算结果可以看出,分数越大越好,所以选取的最优水平组合是 $A_1D_1B_3C_1$。这是 9 个试验中没有的,可以按这个方案再试验一次,看能不能得出比 1 号试验更好的结果,从而确定出真正最优的试验方案。

可见,综合评分法是将多指标的问题,通过适当的评分方法,转换成了单指标的问题,使结果的分析计算变得简单方便。但是,结果分析的可靠性,主要取决于评分的合理性,如果评分标准、评分方法不合适,指标的权重不恰当,所得到的结论就不能反映全面情况,所以如何确定合理的评分标准和各指标的权数,是综合评分的关键,它的解决有赖于专业知识、经验和实际要求,单纯从数学上是无法解决的。

在实际应用中,如果遇到多指标的问题,究竟是采用综合平衡法,还是综合评分法,要视具体情况而定,有时可以将两者结合起来,以便比较和参考。

4.1.3 有交互作用的正交试验设计及其结果的直观分析

前面讨论的正交试验设计及结果分析仅考虑了每个因素的单独作用,但是在许多试验中不仅要考虑各个因素对试验指标起作用,而且因素之间还会联合搭配起来对指标产生作用,即需要考虑交互作用。

现举例说明有交互作用的试验方案设计与分析。

例 4.6 消除铸造 $Cr_{17}Ni_2$ 叶片脆性试验。

① 明确试验目的,确定考察指标。

试验目的:寻找生产工艺参数,消除铸造 $Cr_{17}Ni_2$ 叶片脆性。

试验指标:延伸率。

② 挑因素,选水平,制订因素水平表。

本例中固定因素为浇铸速度 3~5 s,模壳预热 1080 ℃,保温 1 h,需研究的因素及其相应的水平,如表 4.15 所示。

表 4.15 因素水平表

水平	A 含碳量(%)	B 含镍量(%)	C 含铜量(%)	D 出炉温度(℃)	E 冷却方式
1	0.12	2.5	0	1620	不造型冷却
2	0.07	4.0	3.5	1560	造型冷却

该试验除考察以上五个因素外,还要求研究交互作用 A×B、A×C、B×E 和 D×E 对指标的影响。

③ 选正交表。

由于这是 2 水平试验,因而除五个因素需占 5 个列外,四个交互作用都各占用一列,这样共占正交表 9 个列,因此选用 $L_{16}(2^{15})$ 正交表。

④ 表头设计。

交互作用所占的列是一定的,不能任意排。交互作用所占列的位置,可查 $L_{16}(2^{15})$ 相应的交互作用列表(见附录)。表头设计如表 4.16 所示。

表 4.16 表头设计

因素	A	B	A×B	C	A×C		D×E	D				B×E			E
列号	1	2	3	4	5	6	7	8	9	10	11	12	13	14	15

这里需要指出的是,交互作用不是具体的因素,而是因素间的联合搭配作用,当然也就没有水平。因此,交互作用所占的列,在试验方案中是不起作用(即不起试验参数作用参加试验,但对指标有影响)的。在分析试验结果时,可以把它看成一个单独因素,同样计算它的极差(对于两水平因素),以便反映交互作用的大小。

⑤ 确定试验方案,按规定的方案做试验,得出试验结果。

根据因素水平表及表头设计,在选用的 $L_{16}(2^{15})$ 正交表上,因素顺序上列,水平对号入座,确定试验方案。

按照表 4.17 的试验方案进行试验,并将结果填入表中。

表 4.17 试验方案及结果

试验号	A	B	A×B	C	A×C		D×E	D				B×E			E	试验结果 延伸率(%)
	1	2	3	4	5	6	7	8	9	10	11	12	13	14	15	
1	1	1	1	1	1	1	1	1	1	1	1	1	1	1	1	9.2
2	1	1	1	1	1	1	1	2	2	2	2	2	2	2	2	4.8
3	1	1	1	2	2	2	2	1	1	1	1	2	2	2	2	2.0
4	1	1	1	2	2	2	2	2	2	2	2	1	1	1	1	3.8
5	1	2	2	1	1	2	2	1	1	2	2	1	1	2	2	3.8
6	1	2	2	1	1	2	2	2	2	1	1	2	2	1	1	3.6
7	1	2	2	2	2	1	1	1	1	2	2	2	2	1	1	8.6
8	1	2	2	2	2	1	1	2	2	1	1	1	1	2	2	9.6
9	2	1	2	1	2	1	2	1	2	1	2	1	2	1	2	9.4
10	2	1	2	1	2	1	2	2	1	2	1	2	1	2	1	12.0
11	2	1	2	2	1	2	1	1	2	1	2	2	1	2	1	8.6
12	2	1	2	2	1	2	1	2	1	2	1	1	2	1	2	9.8
13	2	2	1	1	2	2	1	1	2	2	1	1	2	2	1	9.2
14	2	2	1	1	2	2	1	2	1	1	2	2	1	1	2	9.6
15	2	2	1	2	1	1	2	1	2	2	1	2	1	1	2	3.0
16	2	2	1	2	1	1	2	2	1	1	2	1	2	2	1	2.4
K_1	45.4	59.6	44.0	61.6	45.2	59.0	69.4	53.8	57.4	54.4	58.4	57.2	59.6	57.0	57.4	
K_2	64.0	49.8	65.4	47.8	64.2	50.4	40.0	55.6	52.0	55.0	51.0	52.2	49.8	52.4	52.0	
极差 R	18.6	9.8	21.4	13.8	19.0	8.6	29.4	1.8	5.4	0.6	7.4	5.0	9.8	4.6	5.4	
因素主→次			D×E	A×B	A×C		A		C			B×E		E	D	

⑥ 计算极差,确定因素的主次顺序。

计算 K_1、K_2 及 R 值,填入表 4.17 中。此时,把交互作用 A×B 等看成一个单独因素,同样计算它们的 R 值。应当说明,计算 R 时,由于本试验水平数少且水平数相同,故用水平指标总和代替其平均值进行计算。

以 R 的大小排列因素对指标的影响主次顺序为

$$D\times E \quad A\times B \quad A\times C \quad A \quad C \quad B\times E \quad E \quad D$$

由此可见,交互作用 D×E、A×B、A×C 对指标的影响起主要作用,故为选取好的水平组合的主要依据,而因素 A、B、C、D、E 本身对指标的影响作用却都不大,可作参考因素。虽然 A、B、C、D、E 自身的水平可以任取,但 D×E、A×B、A×C 以怎样水平相互搭配是不能任意的。

⑦ 优方案的确定。

那么 D×E、A×B、A×C 如何搭配呢?通常都采用两因素搭配表的方法,来计算各种水平搭配下的数据和,再从中选取最有利的搭配。两因素各种搭配下,对应数据之和所列的表称为搭配表。

表 4.18 为 D、E 的搭配表。将 D 和 E 都取 1 水平的试验数据(表 4.17 中的第 1、7、11、13 号试验数据)相加得 35.6,填入表 4.18 对应的 D_1E_1 栏内;对 D_1E_2、D_2E_1、D_2E_2 三种水平搭配的数据之和,用同样方法求得后填入表内。由于试验指标值越大越好,从搭配表中可以看出,D_1E_1 水平搭配的数据均值最大,因此选取 D_1E_1。

表 4.18　D、E 的搭配表

	E_1	E_2
D_1	9.2+8.6+8.6+9.2=35.6	2.0+3.8+9.4+3.0=18.2
D_2	3.8+3.6+12.0+2.4=21.8	4.8+9.6+9.8+9.6=33.8

表 4.19 为 A、B 的搭配表。由表中可见 A_2B_1 数据均值最大,应选 A_2B_1 的水平搭配。

表 4.19　A、B 的搭配表

	B_1	B_2
A_1	9.2+4.8+2.0+3.8=19.8	3.8+3.6+8.6+9.6=25.6
A_2	9.8+9.4+12.0+8.6=39.8	9.2+9.6+3.0+2.4=24.2

同理可作出 A、C 的搭配表(表 4.20),由表知 A×C 应选 A_1C_2 或 A_2C_1。但因为在 A×B 中 A 已取 A_2,所以这里应决定选 A_2C_1 的水平搭配。

表 4.20　A、C 的搭配表

	C_1	C_2
A_1	9.2+4.8+3.8+3.6=21.4	2.0+3.8+8.6+9.6=24.0
A_2	9.4+12.0+9.2+9.6=40.2	8.6+9.8+3.0+2.4=23.8

对于 E 因素来说,以 D×E 为主,即应选取 E_1。

由上述各搭配水平的分析,便可以得到各因素的最优组合方案 $A_2B_1C_1D_1E_1$。即含碳量

0.07%,含镍量2.5%,含铜量0%,出炉温度1620℃,冷却方式为不造型冷却的生产条件。

⑧ 验证试验。

按照这一生产条件进行验证试验的结果表明,叶片弯曲90°时仍不会产生裂纹,基本上解决了这种合金的脆性问题。

在实际试验中,并不是所有的交互作用都要予以考虑,而是要运用专业知识决定主要的交互作用来重点考察,允许次要的交互作用同因素间混杂,这样仍然不会影响找到一个合理的最佳方案,但却可以选用较小的正交表,使试验次数尽量减少。

综上所述,正交试验设计及试验结果的直观分析中,在计算分析试验数据,选取优化组合方案时的一般步骤可归纳如下:

① 直接分析:由试验数据直接找出最优方案;
② 计算分析:计算每列各水平下的 K_i、k_i 及 $R(i=1,2,\cdots,m)$;
③ 画出因素与指标关系的趋势图;
④ 按极差大小排出各因素主次顺序;
⑤ 初选最优水平组合方案,由趋势图确定最优方案,并予以展望更好的条件;
⑥ 终选最优水平组合方案;
⑦ 验证试验(第二批试验)。

应该指出,某列极差不大时,并不一定说明该列因素不重要,而只表明就所选水平范围反映不出该因素重要。因此,可以肯定极差大的因素是主要因素,但却不能轻易肯定极差小的因素不重要,必要时可进一步试验判定。

另外,空列没有排因素,按理该列极差应为零,但由于试验中,不可避免地存在误差,因此空列极差往往不为零,其值反映了误差大小。一般情况下,空列极差应比较小。如果某列极差和空列的极差相近,说明该列因素不重要。但是,当空列极差特别大时,则可能有尚未考虑到的重要交互作用,即所排因素间的相互作用有很大影响,应做进一步具体分析和考察。

4.1.4 混合水平的正交试验设计及其结果的直观分析

前面介绍的正交试验设计中,各因素的水平数都是相同的,但是在实际的问题中,由于具体情况不同,有时各因素的水平数不是完全相同的,这就是混合水平的多因素试验设计问题。这里我们介绍两种解决这类问题的方法:① 直接用混合水平的正交表法;② 拟水平法,即把水平不相同的问题化成水平数相同的问题来处理。下面分别介绍这两种方法的正交试验设计及其结果的直观分析。

1. 直接利用混合水平的正交表

在前面介绍正交表知识时,我们对混合水平的正交表作了简单的介绍。混合水平的正交表就是各因素的水平数不完全相等的正交表,这种正交表有很多如 $L_8(4^1\times 2^4)$,它表示表中有1列是4水平的,有4列是2水平的,如表4.21所示。

第4章 试验结果的分析方法

表4.21 $L_8(4^1 \times 2^4)$ 混合水平正交表

试验号	1	2	3	4	5
1	1	1	1	1	1
2	1	2	2	2	2
3	2	1	2	2	2
4	2	2	1	1	1
5	3	1	1	1	2
6	3	2	2	2	1
7	4	1	2	2	1
8	4	2	1	1	2

通过对表4.21的观察可知:
① 任一列各水平出现的次数相同;
② 任两列同一横行的有序数对出现的次数相同;
③ 每两列不同水平的搭配的个数是不完全相同的。

由此可以看出,用这张表安排混合水平的试验时,每个因素的各水平之间的搭配是均衡的。

例4.7 某人造板厂进行胶压板制造工艺的试验,以提高胶压板的性能,因素及水平如表4.22所示,胶压板的性能指标采用综合评分的方法,分数越高越好,忽略因素间的交互作用。

表4.22 因素及水平表

水平	A 压力(atm)	B 温度(℃)	C 时间(min)
1	8	95	9
2	10	90	12
3	11		
4	12		

解 本问题有3个因素,一个因素有4个水平,另外两个因素都为2个水平,可以选用混合水平正交表 $L_8(4^1 \times 2^4)$。A因素有4个水平,应安排在第1列,B和C都为2个水平,可以放在后4列中的任何两列上,本例将B、C依次放在第2、3列上,第4、5列为空列。本例的试验方案、试验结果如表4.23所示。

由于C因素是对试验结果影响较小的次要因素,它取不同的水平对试验结果的影响很小,如果从经济的角度考虑可取9 min,所以优方案也可以为 $A_4B_2C_1$,即压力12 atm、温度90 ℃、时间9 min。

上述的分析计算与前述方法基本相同,但是由于各因素的水平数不完全相同,在计算 k_1、k_2、k_3、k_4 时与等水平的正交试验设计不完全相同。例如,A因素有4个水平,每个水平出现2次,所以在计算 k_{1A}、k_{2A}、k_{3A}、k_{4A} 时,应当是相应的 K_{1A}、K_{2A}、K_{3A}、K_{4A} 分别除以2得到的;而对于B、C两因素,它们都只有2个水平,每个水平出现4次,所以 k_1、k_2 应当由对应的 K_1、K_2 除以4得到。

表 4.23　正交试验安排及试验结果表

试验号	A	B	C	空列	空列	得分
	1	2	3	4	5	
1	1(8)	1(95)	1(9)	1	1	2
2	1	2(90)	2(12)	2	2	6
3	2(10)	1	2	2	2	4
4	2	2	1	1	1	5
5	3(11)	1	1	1	2	6
6	3	2	2	2	1	8
7	4(12)	1	2	2	1	9
8	4	2	1	1	2	10
K_1	8	21	24	23	24	
K_2	9	29	26	27	26	
K_3	14					
K_4	19					
k_1	4.0	5.2	6.0	5.8	6.0	
k_2	4.5	7.2	6.5	6.8	6.5	
k_3	7.0					
k_4	9.5					
极差 R	5.5	2.0	0.5	1.0	0.5	
因素→主次			A B C			
最优水平组合			$A_4 B_2 C_2$ 或 $A_4 B_2 C_1$			

还应注意,在计算极差时,应该根据 k_i（i 表示水平号）来计算,即 $R = \max(k_i) - \min(k_i)$,不能根据 K_i 计算极差。这是因为,对于 A 因素,K_1、K_2、K_3、K_4 分别是 4 个指标之和,所以只有根据平均值 k_i 求出的极差才有可比性。

本例中没有考虑因素间的交互作用,但混合水平正交表也是可以安排交互作用的,只不过表头设计比较麻烦,一般可以直接参考对应的表头设计表。

2. 拟水平法

拟水平法是将混合水平的问题转化成等水平问题来处理的一种方法,下面举例说明。

例 4.8　某制药厂为提高某种药品的合成率,决定对缩合工序进行优化,因素水平表如表 4.24 所示,忽略因素间的交互作用。

表 4.24　因素水平表

水平	A 温度(℃)	B 甲醇钠量(mL)	C 醛状态	D 缩合剂量(mL)
1	35	3	固	0.9
2	25	5	液	1.2
3	45	4	液	1.5

分析：这是一个 4 因素的试验，其中 3 个因素是 3 水平，1 个因素是 2 水平，可以套用混合水平正交表 $L_{18}(2^1\times 3^7)$，需要做 18 次试验。假如 C 因素也有 3 个水平，则本例就变成了 4 因素 3 水平的问题，如果忽略因素间的交互作用，就可以选用等水平正交表 $L_9(3^4)$，只需要做 9 次试验。但是实际上 C 因素只能取 2 个水平，不能不切实际地安排出第 3 个水平。这时可以根据实际经验，将 C 因素较好的一个水平重复一次，使 C 因素变成 3 水平的因素。在本例中，如果 C 因素的第 2 水平比第 1 水平好，就可将第 2 水平重复一次作为第 3 水平（如表 4.24 所示），由于这个第 3 水平是虚拟的，故称为拟水平。

解 C 因素虚拟出一个水平后，就可以选用正交表 $L_9(3^4)$ 来安排试验，试验方案及试验结果分析见表 4.25。

表 4.25 试验方案及试验结果分析

试验号	A 温度(℃)	B 甲醇钠量(mL)	C 醛状态	D 缩合剂量(mL)	合成率	合成率 −70
	1	2	3	4		
1	1(35)	1(3)	1(固)(1)	1(0.9)	69.2	−0.8
2	1	2(5)	2(液)(2)	2(1.2)	71.8	1.8
3	1	3(4)	3(液)(2)	3(1.5)	78.0	8.0
4	2(25)	1	2(液)(2)	3	74.1	4.1
5	2	2	3(液)(2)	1	77.6	7.6
6	2	3	1(固)(1)	2	66.5	−3.5
7	3(45)	1	3(液)(2)	2	69.2	−0.8
8	3	2	1(固)(1)	3	69.7	−0.3
9	3	3	2(液)(2)	1	78.8	8.8
K_1	9.0	2.5	−4.6	15.6		
K_2	8.2	9.1	29.5	−2.5		
K_3	7.7	13.3		11.8		
k_1	3.0	0.8	−1.5	5.2		
k_2	2.7	3.0	4.9	−0.8		
k_3	2.6	4.4		3.9		
极差	0.4	3.6	6.4	6.0		
因素主→次			C D B A			
优方案			$C_2 D_1 B_3 A_1$			

在试验结果的分析中应注意，C 因素的第 3 水平实际上与第 2 水平是相等的，所以应重新安排正交表第 3 列中的 C 因素的水平，将 3 水平改成 2 水平(结果如表 4.25 所示)，于是 C 因素所在的第 3 列只有 1、2 两个水平，其中 2 水平出现 6 次。所以求和时只有 K_1、K_2，求平均值时 $k_1=K_1/3$，$k_2=K_2/6$。其他列的 k_i 均为相应的 K_i 除以 3 得到。

在计算极差时，应该根据 k_i(i 表示水平号) 来计算，即 $R=\max(k_i)-\min(k_i)$，不能根据 K_i 计算极差。这是因为，对于 C 因素，K_1 是 3 个指标之和，K_2 是 6 个指标之和，而对于 A、B、D 三因素，K_1、K_2、K_3 分别是 3 个指标之和，所以只有根据平均值 k_i 求出的极差才有可比性。

在确定优方案时,由于合成率是越高越好,A、B、D因素的优水平可以根据 K_1、K_2、K_3 或 k_1、k_2、k_3 的大小顺序取较大的 K_i 或 k_i 所对应的水平,但是对于C因素,就不能根据 K_1、K_2 的大小来选择优水平,而是应根据 k_1、k_2 的大小来选择优水平。所以本例的优方案为 $C_2D_1B_3A_1$,即本例为液态、缩合剂量 0.9 mL、甲醇钠量 4 mL、温度 35 ℃。

由上面的讨论可知,拟水平法不能保证整个正交表均衡搭配,只具有部分均衡搭配的性质。这种方法不仅可以对一个因素虚拟水平,也可以对多个因素虚拟水平,使正交表的选用更方便、灵活。

4.2 正交试验结果的方差分析法

前面介绍了正交试验设计结果的直观分析法,直观分析法具有简单直观、计算量小等优点,但直观分析法不能估计误差的大小,不能精确地估计各因素的试验结果影响的重要程度,特别是对于水平数大于或等于3且要考虑交互作用的试验,直观分析法不便使用,如果对试验结果进行方差分析,就能弥补直观分析法的这些不足。

4.2.1 正交试验设计方差分析的基本原理

在正交表上进行方差分析的基本步骤与格式如下。

1. 偏差平方和的计算与分解

在因素试验的方差分析中,关键是偏差平方和的分解问题。现以 $L_4(2^3)$ 正交表上安排试验来说明(如表 4.26 所示)。

表 4.26　$L_4(2^3)$ 正交表

试验号	1	2	3	试验结果
1	1	1	1	x_1
2	1	2	2	x_2
3	2	1	2	x_3
4	2	2	1	x_4
K_1	x_1+x_2	x_1+x_3	x_1+x_4	$T=x_1+x_2+x_3+x_4$
K_2	x_3+x_4	x_2+x_4	x_2+x_3	
k_1	$\dfrac{x_1+x_2}{2}$	$\dfrac{x_1+x_3}{2}$	$\dfrac{x_1+x_4}{2}$	$\bar{x}=\dfrac{1}{4}(x_1+x_2+x_3+x_4)$
k_2	$\dfrac{x_3+x_4}{2}$	$\dfrac{x_2+x_4}{2}$	$\dfrac{x_2+x_3}{2}$	

那么,总偏差平方和 S_T 为

$$S_T = \sum_{i=1}^{n}(x_i-\bar{x})^2 = \sum_{i=1}^{4}(x_i-\bar{x})^2 = \sum_{i=1}^{4}\left[x_i - \frac{1}{4}(x_1+x_2+x_3+x_4)\right]^2$$

$$= \frac{1}{16}\sum_{i=1}^{4}(4x_i - x_1 - x_2 - x_3 - x_4)^2$$

化简得

$$S_T = \frac{3}{4}(x_1^2 + x_2^2 + x_3^2 + x_4^2) - \frac{1}{2}(x_1x_2 + x_1x_3 + x_1x_4 + x_2x_3 + x_2x_4 + x_3x_4)$$

第1列各水平的偏差平方和为（r 为水平重复数，m 为水平数）

$$S_1 = r\sum_{p=1}^{m}(k_{p1} - \bar{x})^2 = 2\sum_{p=1}^{2}(k_{p1} - \bar{x})^2$$

$$= 2(k_{11} - \bar{x})^2 + 2(k_{21} - \bar{x})^2 = 2\left[\left(\frac{x_1+x_2}{2} - \bar{x}\right)^2 + \left(\frac{x_3+x_4}{2} - \bar{x}\right)^2\right]$$

$$= \frac{1}{8}[(2x_1 + 2x_2 - x_1 - x_2 - x_3 - x_4)^2 + (2x_3 + 2x_4 - x_1 - x_2 - x_3 - x_4)^2]$$

$$= \frac{1}{4}(x_1 + x_2 - x_3 - x_4)^2$$

$$= \frac{1}{4}(x_1^2 + x_2^2 + x_3^2 + x_4^2) - \frac{1}{2}(x_1x_3 + x_1x_4 + x_2x_3 + x_2x_4 - x_1x_2 - x_3x_4)$$

式中，k_{p1} 表示第1列 p 水平的试验结果均值。同理，得第2列、第3列各水平的偏差平方和分别为

$$S_2 = 2(k_{12} - \bar{x})^2 + 2(k_{22} - \bar{x})^2 = 2\left[\left(\frac{x_1+x_3}{2} - \bar{x}\right)^2 + \left(\frac{x_2+x_4}{2} - \bar{x}\right)^2\right]$$

$$= \frac{1}{4}(x_1^2 + x_2^2 + x_3^2 + x_4^2) - \frac{1}{2}(x_1x_2 + x_1x_4 + x_2x_3 + x_3x_4 - x_1x_3 - x_2x_4)$$

$$S_3 = 2(k_{13} - \bar{x})^2 + 2(k_{23} - \bar{x})^2 = 2\left[\left(\frac{x_1+x_4}{2} - \bar{x}\right)^2 + \left(\frac{x_2+x_3}{2} - \bar{x}\right)^2\right]$$

$$= \frac{1}{4}(x_1^2 + x_2^2 + x_3^2 + x_4^2) - \frac{1}{2}(x_1x_2 + x_1x_3 + x_2x_4 + x_3x_4 - x_1x_4 - x_2x_3)$$

$$S_T = S_1 + S_2 + S_3$$

$$= \frac{3}{4}(x_1^2 + x_2^2 + x_3^2 + x_4^2) - \frac{1}{2}(x_1x_2 + x_1x_3 + x_1x_4 + x_2x_3 + x_2x_4 + x_3x_4) \quad (4.1)$$

式(4.1)是 $L_4(2^3)$ 正交表的总偏差平方和分解公式，即 $L_4(2^3)$ 的总偏差平方和等于各列偏差平方和之和。

若在 $L_4(2^3)$ 正交表的第1列和第2列分别安排2水平的 A、B 因素，在不考虑 A、B 两因素间的交互作用的情况下，则第3列是误差列。

同样可以证明

$$S_T = S_A + S_B + S_e \quad (4.2)$$

式(4.2)也是偏差平方和的分解公式，它表明总偏差平方和等于各列因素的偏差平方和与误差平方和之和。

一般地，若用正交表安排 N 个因素的试验（包括存在交互作用因素），则有

$$S_T = S_A + S_B + S_{A\times B} + \cdots + S_N + S_e \quad (4.3)$$

今用正交表 $L_n(m^k)$ 来安排试验,则总的试验次数为 n,每个因素的水平数为 m,正交表的列数为 k,设试验结果为 $x_1,x_2,\cdots,x_n$,则有:

总偏差平方和:

$$S_T = \sum_{i=1}^{n}(x_i-\bar{x})^2 = \sum_{i=1}^{n}x_i^2 - \frac{1}{n}\left(\sum_{i=1}^{n}x_i\right)^2 = Q_T - \frac{1}{n}T^2 \tag{4.4}$$

式中 $Q_T = \sum_{i=1}^{n}x_i^2$ 为各数据平方之和;$T = \sum_{i=1}^{n}x_i$ 为所有数据之和。

因素的偏差平方和(如因素 A):

设因素 A 安排在正交表的第 j 列,可看作单因素试验,用 k_{pj} 表示 A 的第 $p(p=1,2,\cdots,m)$ 个水平的 r 个试验结果的平均值。则有

$$S_A = r\sum_{p=1}^{m}(k_{pj}-\bar{x})^2 = \frac{1}{r}\sum_{p=1}^{m}K_{pj}^2 - \frac{1}{n}T^2 = Q_A - \frac{1}{n}T^2 \tag{4.5}$$

误差的偏差平方和:

$$S_e = \sum_{i=1}^{n}x_i^2 - \frac{1}{r}\sum_{p=1}^{m}(K_{pj})^2 = Q_T - Q_A \tag{4.6}$$

或者 $S_e = S_T - $ 各因素(含交互作用)的偏差平方和之和。

2. 计算平均偏差平方和与自由度

如前所述,将各偏差平方和分别除以各自相应的自由度,即得到各因素的平均偏差平方和及误差的平均偏差平方和。例如:

$$V_A = \frac{S_A}{f_A}, \quad V_B = \frac{S_B}{f_B}, \quad V_e = \frac{S_e}{f_e}$$

对于 $S_T = S_A + S_B + S_e$,可有

$$f_T = f_A + f_B + f_e \tag{4.7}$$

式(4.7)称自由度分解公式,即总的自由度等于各列偏差平方和的自由度之和。其中:

$$\begin{aligned} f_T &= 总的试验次数 - 1 = n-1 \\ f_A &= 因素\ A\ 的水平数 - 1 = m-1 \\ f_B &= 因素\ B\ 的水平数 - 1 = m-1 \\ f_e &= f_T - (f_A + f_B) \end{aligned} \tag{4.8}$$

若 A、B 两因素存在交互作用,则 $S_{A\times B}$ 的自由度 $f_{A\times B}$ 等于两因素自由度之积,即

$$f_{A\times B} = f_A \times f_B$$

此时,

$$f_e = f_T - (f_A + f_B + f_{A\times B})$$

一般地,对于水平数相同(饱和)的正交表 $L_n(m^k)$ 满足

$$n-1 = k(m-1) \tag{4.9}$$

对于混合型正交表 $L_n(m_1^{k_1} \times m_2^{k_2})$ 其饱和条件为

$$n-1 = k_1(m_1-1) + k_2(m_2-1) \tag{4.10}$$

式(4.9)、式(4.10)表明,总偏差平方和的自由度等于各列偏差平方和的自由度之和。

3. F 值计算及 F 检验

前面已讲过 F 值的计算和 F 分布表的查法,此处不再重复。在进行 F 检验时显著水平 α 是指对作出判断大概有 $1-\alpha$ 的把握。不同的显著性水平,表示在相应的 F 表作出判断时,有不同程度的把握。例如,对 A 因素来说,当 $F_A > F_\alpha(f_1, f_2)$ 时,若 $\alpha = 0.1$,就有 $(1-\alpha) \times 100\%$ 即 90% 的把握说 A 因素的水平改变对试验结果有显著影响,同时,也表示犯错误的可能性为 10%。其判断标准与前述相同。

在正交表上进行方差分析可以用一定格式的表格计算分析。对于饱和的 $L_n(m^k)$ 正交表可按表 4.27 格式和公式计算;对于混合型 $L_n(m_1^{k_1} \times m_2^{k_2})$ 正交表也适用,但要换上相应的 m、k。

表 4.27 $L_n(m^k)$ 正交表

试验号	A	B	...	...	...	试验结果 x_i	x_i^2
	1	2	...	...	k		
1	1	...	...	...	...	x_1	x_1^2
2	1	...	...	...	...	x_2	x_2^2
⋮	⋮					⋮	⋮
⋮	m						
n	m	...	...	...	...	x_n	x_n^2
K_1	K_{11}	K_{12}	...	...	K_{1k}	$T = \sum_{i=1}^n x_i$	$Q_T = \sum_{i=1}^n x_i^2$
K_2	K_{21}	K_{22}	...	...	K_{2k}		
⋮	⋮	⋮			⋮	$S_T = Q_T - \dfrac{1}{n}T^2$	
K_m	K_{m1}	K_{m2}	...	...	K_{mk}		
K_1^2	K_{11}^2	K_{12}^2	...	...	K_{1k}^2		
K_2^2	K_{21}^2	K_{22}^2	...	...	K_{2k}^2		
⋮	⋮	⋮			⋮		
K_m^2	K_{m1}^2	K_{m2}^2	...	...	K_{mk}^2		
S_j	S_1	S_2	...	...	S_k		

在表 4.27 中:

$K_{pj}(p = 1, 2, \cdots, m; j = 1, 2, \cdots, k)$ 为第 j 列数字 i 对应的指标之和;

S_j 为第 j 列偏差平方和,其计算式为

$$S_j = \frac{1}{r}\sum_{p=1}^m K_{ij}^2 - \frac{1}{n}T^2 = \frac{1}{r}(K_{1j}^2 + K_{2j}^2 + \cdots + K_{mj}^2) - \frac{1}{n}T^2 \qquad (4.11)$$

式中,r 为水平重复数,$r = n/m$;n 为试验总次数;m 为水平数。

当 $m = 2$ 即 2 水平时,

$$S_j = \frac{1}{r}(K_{1j}^2 + K_{2j}^2) - \frac{1}{n}T^2 = \frac{1}{n}(K_{1j} - K_{2j})^2 \qquad (4.12)$$

当 $m = 3$ 即 3 水平时,

$$S_j = \frac{1}{r}(K_{1j}^2 + K_{2j}^2 + K_{3j}^2) - \frac{1}{n}T^2$$

$$= \frac{1}{n}[(K_{1j} - K_{2j})^2 + (K_{1j} - K_{3j})^2 + (K_{2j} - K_{3j})^2] \qquad (4.13)$$

当 $m = 4$ 即 4 水平时，

$$S_j = \frac{1}{r}(K_{1j}^2 + K_{2j}^2 + K_{3j}^2 + K_{4j}^2) - \frac{1}{n}T^2$$

$$= \frac{1}{n}[(K_{1j} - K_{2j})^2 + (K_{1j} - K_{3j})^2 + (K_{1j} - K_{4j})^2 + (K_{2j} - K_{3j})^2$$

$$+ (K_{2j} - K_{4j})^2 + (K_{3j} - K_{4j})^2] \qquad (4.14)$$

经上述计算后，列出方差分析表如表 4.28 所示。进行显著性检验。

表 4.28 方差分析表

方差来源	偏差平方和 S	自由度 f	平均偏差平方和 V	F 值	显著性
A	$S_A = S_1$	$f_A = m - 1$	$V_A = S_A/f_A$	$F_A = V_A/V_e$	
B	$S_B = S_2$	$f_B = m - 1$	$V_B = S_B/f_B$	$F_B = V_B/V_e$	
A×B	$S_{A×B} = S_3$	$f_{A×B} = f_A × f_B$	$V_{A×B} = S_{A×B}/f_{A×B}$	$F_{A×B} = V_{A×B}/V_e$	
⋮	⋮	⋮	⋮	⋮	
误差 e	S_e	f_e	$V_e = S_e/f_e$		
总和 T	S_T	$f_T = n - 1$			

注：由 F 分布表查得临界值 F_α，并与表中计算的 F 值（F_A、F_B、$F_{A×B}$）比较，进行显著性检验。

在表 4.28 中：

S_A、S_B 为 A、B 两因素所占列的偏差平方和。

$S_{A×B}$ 为交互作用所占列的 S 之和，若 $m = 2$，交互作用只占一列，例如在 $L_8(2^7)$ 表中，若 A、B 分别占第 1、2 列，则 $S_{A×B} = S_3$；若 $m = 3$，交互作用占二列，例如在 $L_9(3^4)$ 表中，若 A、B 分别占第 1、2 列，则 $S_{A×B} = S_3 + S_4$。

S_e 为误差所占列的 S 之和。即为除因素（含交互作用）所占列之外的所有空列的 S 之和。

每列的自由度为 $m - 1$，各个 S 的自由度等于其所占列的自由度之和。例如，若 $S_{A×B} = S_3 + S_4$，则 $f_{A×B} = f_3 + f_4$。

S_A 为因素 A 的偏差平方和，它主要是由试验条件改变引起的，由于是用每个水平下的试验数据平均值代表每个水平的真值，平均值受误差的影响要小些，因而其中也包含有试验误差的影响。所以当计算完平均偏差平方和后，如果某因素或交互作用的平均偏差平方和小于或等于误差的平均偏差平方和，此时该因素或交互作用的偏差平方和不再被认为是因素与试验误差共同作用的结果（由随机误差的定义知，没有哪种特殊的处理因素可以使随机误差减小），而是仅由随机误差引起，此时该因素或交互作用的偏差平方和"退化"为误差，因而将它们归入误差，构成新的误差。这样可以更充分利用原始资料蕴含的信息，提高假设检验的效率，突显其他因素的影响。具体方法见后例。

4.2.2 相同水平正交试验设计的方差分析

1. 2水平正交试验设计的方差分析

（1）不考虑交互作用的2水平正交试验设计的方差分析。

例4.9 某部件上的○型密封圈的密封部分漏油，查明其原因是橡胶的压缩永久变形所致。为此，希望知道影响因素的显著性，并选取最佳的条件。选择因素水平表如表4.29所示。试验指标为塑性变形与压溃量之比 $x(\%)$，该值越小越好。

表4.29 因素水平表

水平	A 制造厂	B 橡胶硬度	C 直径	D 压缩率	E 油温	F 油的种类
1	N厂	HS 70	Φ3.5	15%	80 ℃	I
2	S厂	HS 90	Φ5.7	25%	100 ℃	II

解 分析步骤如下：
① 选取正交表，进行表头设计及确定试验方案。
各因素的自由度计算
$$f_A = f_B = f_C = f_D = f_E = f_F = m - 1 = 2 - 1 = 1$$
$$f'_T = f_A + f_B + f_C + f_D + f_E + f_F = 6$$

要求试验次数 $n > 1 + f'_T = 7$，因此，选取 $L_8(2^7)$ 正交表来安排试验。表头设计如表4.30所示。试验方案与计算分析如表4.31所示。

表4.30 表头设计

因素	C	B	A	D	E	e	F
列号	1	2	3	4	5	6	7

② 求总和 T 及各水平数据之和（K_{1j}、K_{2j}），填入表中。
③ 计算总偏差平方和 S_T 和各列偏差平方和 S_j 及各列自由度。
总偏差平方和：
$$S_T = \sum_{i=1}^{n}(x_i - \bar{x})^2 = \sum_{i=1}^{n} x_i^2 - \frac{1}{n}T^2 = \sum_{i=1}^{8} x_i^2 - \frac{1}{n}T^2 = 3471.06$$

亦可由 $S_T = \sum_{j=1}^{k} S_j$ 求得。

各列偏差平方和，由 $S_j = \frac{1}{r}(K_{1j}^2 + K_{2j}^2) - \frac{1}{n}T^2 = \frac{1}{n}(K_{1j} - K_{2j})^2$ 得

$$S_1 = \frac{1}{8}(265.9 - 219.7)^2 = 266.81$$

……

$$S_7 = \frac{1}{8}(239.2 - 246.4)^2 = 6.48$$

自由度

$$f_A = f_B = f_C = f_D = f_E = f_F = m - 1 = 2 - 1 = 1$$
$$f_e = f_6 = 2 - 1 = 1$$
$$f_T = n - 1 = 8 - 1 = 7$$

将各列的 S_j 填入表 4.31 中。

表 4.31 试验方案与计算分析

试验号	C	B	A	D	E	e	F	试验结果测量值 $x(\%)$
	1	2	3	4	5	6	7	
1	1(Φ3.5)	1(H_S70)	1(N⌐)	1(15%)	1(80℃)	1	1(Ⅰ)	40.2
2	1	1	1	2(25%)	2(100℃)	2	2(Ⅱ)	82.5
3	1	2(H_S90)	2(S⌐)	1	1	2	2	53.2
4	1	2	2	2	2	1	1	90.0
5	2(Φ5.7)	1	2	1	2	1	2	71.1
6	2	1	2	2	1	2	1	31.8
7	2	2	1	1	2	2	1	77.2
8	2	2	1	2	1	1	2	39.6
K_{1j}	265.9	225.6	239.5	241.7	164.8	240.9	239.2	
K_{2j}	219.7	260.0	246.1	243.9	320.8	244.7	246.4	$T = 485.6$
极差	46.2	34.4	6.6	2.2	156.0	3.8	7.2	
S_j	266.81	147.92	5.45	0.61	3042.0	1.81	6.48	

④ 计算平均偏差平方和。

由于各因素的自由度均为 1，它们的平均偏差平方和应该等于它们各自的偏差平方和，即

$$V_C = S_C = 266.81$$
$$\cdots\cdots$$
$$V_F = S_F = 6.48$$

误差的平均偏差平方和为

$$V_e = \frac{S_e}{f_e} = \frac{1.81}{1} = 1.81$$

计算到这里，发现因素 D 的均方比误差均方小，因而将它归入误差，这样误差的偏差平方和、自由度和均方都会随之发生变化。

新误差偏差平方和

$$S'_e = S_D + S_e = 0.61 + 1.81 = 2.42$$

新误差自由度

$$f'_e = f_D + f_e = 1 + 1 = 2$$

新误差平均偏差平方和
$$V'_e = \frac{S'_e}{f'_e} = \frac{2.42}{2} = 1.21$$

⑤ 计算 F 值。

$$F_A = \frac{V_A}{V'_e} = \frac{5.45}{1.21} = 4.50$$

$$F_B = \frac{V_B}{V'_e} = \frac{147.92}{1.21} = 122.25$$

$$F_C = \frac{V_C}{V'_e} = \frac{266.81}{1.21} = 220.50$$

$$F_E = \frac{V_E}{V'_e} = \frac{3042.0}{1.21} = 2514.05$$

$$F_F = \frac{V_F}{V'_e} = \frac{6.48}{1.21} = 5.36$$

由于因素 D 已经并入误差，不需要计算它对应的 F 值。

⑥ 列方差分析表（表 4.32），进行因素显著性检验。

查 F 分布表：

$F_{0.10}(1,2) = 8.53$；$F_{0.05}(1,2) = 18.51$；$F_{0.01}(1,2) = 98.503$

由于 $F_{0.01}(1,2) = 98.503 < F_A = 220.50$，因素 C 水平的改变对试验指标有高度显著影响。

由于 $F_{0.01}(1,2) = 98.503 < F_B = 122.25$，因素 B 水平的改变对试验指标有高度显著影响。

由于 $F_{0.01}(1,2) = 98.503 < F_E = 2514.05$，因素 E 水平的改变对试验指标有高度显著影响。

因素 F、A、D 对试验指标无显著性影响。

表 4.32 方差分析表

方差来源	偏差平方和 S	自由度 f	平均偏差平方和 V	F 值	临界值	显著性
C	266.81	1	266.81	220.50		**
B	147.92	1	147.92	122.25		**
A	5.44	1	5.45	4.50	$F_{0.10}(1,2) = 8.53$	—
D	0.61	1	0.61		$F_{0.05}(1,2) = 18.51$	—
E	3042.0	1	3042.0	2514.05	$F_{0.01}(1,2) = 98.503$	**
F	6.48	1	6.48	5.36		—
误差 e	1.80	1	1.81			
e'(D,e)	2.42	2	1.21			
总和 T	3471.06	7				

⑦ 优方案的确定。

由表 4.32 中平均偏差平方和可知，各因素的主次顺序为

$$主 \xrightarrow{E\ C\ B\ F\ A\ D} 次$$

因素的主次顺序由表 4.31 中极差 R 值大小可以得出同样结论。

由于指标值越小越好,由 K_{pj} 值可知好的条件为 $E_1C_2B_1F_1A_1D_1$。因为因素 F、A、D 对指标无显著影响,所以最优条件可取油温 E_1(80 ℃),直径 C_2(Φ5.7),硬度 B_1(H_S70),其余因素视具体情况而定。

(2) 考虑交互作用的 2 水平正交试验设计的方差分析。

因素间交互作用在多因素试验中是经常碰到的。因此,在正交试验设计的方差分析中也要考虑因素间的交互作用。现举例说明之。

例 4.10 某厂拟采用化学吸收法,用填料塔吸收废气中的 SO_2,为了使废气中的 SO_2 的浓度达到排放标准,通过正交试验对吸收工艺条件进行摸索,试验的因素与水平如表 4.33 所示。需要考虑交互作用 A×B、B×C。如果将 A,B,C 放在正交表的 1、2、4 列,试验结果(SO_2 摩尔分数(%))依次为:0.15、0.25、0.03、0.02、0.09、0.16、0.19、0.08。试进行方差分析。(α = 0.05)

表 4.33 因素水平表

水平	A 碱浓度(%)	B 操作温度(℃)	C 填料种类
1	5	40	甲
2	10	20	乙

解 ① 选取正交表,进行表头设计及确定试验方案,见表 4.34。

表 4.34 试验方案与计算分析

试验号	A	B	A×B	C	空列	B×C	空列	SO_2 摩尔分数 ×100
	1	2	3	4	5	6	7	
1	1(5)	1(40)	1	1(甲)	1	1	1	15
2	1	1	1	2(乙)	2	2	2	25
3	1	2(20)	2	1	1	2	2	3
4	1	2	2	2	2	1	1	2
5	2(10)	1	2	1	2	1	2	9
6	2	1	2	2	1	2	1	16
7	2	2	1	1	2	2	1	19
8	2	2	1	2	1	1	2	8
K_{1j}	45	65	67	46	42	34	52	
K_{2j}	52	32	30	51	55	63	45	T = 97
极差	7	33	37	5	13	29	7	
S_j	6.125	136.125	171.125	3.125	21.125	105.125	6.125	

② 求总和 T 及各水平数据之和(K_{1j}、K_{2j}),填入表中。

③ 计算总偏差平方和 S_T 和各列偏差平方和 S_j 及各列自由度。

总偏差平方和
$$S_T = \sum_{i=1}^{n}(x_i - \bar{x})^2 = \sum_{i=1}^{n} x_i^2 - \frac{1}{n}T^2 = \sum_{i=1}^{8} x_i^2 - \frac{1}{n}T^2 = 448.875$$

亦可由 $S_T = \sum_{j=1}^{p} S_j$ 求得。

各列偏差平方和，由 $S_j = \frac{1}{r}(K_{1j}^2 + K_{2j}^2) - \frac{1}{n}T^2 = \frac{1}{n}(K_{1j} - K_{2j})^2$ 得

$$S_A = S_1 = \frac{1}{8}(45 - 52)^2 = 6.125$$

……

$$S_7 = \frac{1}{8}(52 - 45)^2 = 6.125$$

误差平方和
$$S_e = S_5 + S_7 = 21.125 + 6.125 = 27.250$$

各因素自由度
$$f_A = f_B = f_C = m - 1 = 2 - 1 = 1$$

交互作用自由度
$$f_{A \times B} = f_A \times f_B = 1 \times 1 = 1$$

或
$$f_{A \times B} = f_3 = m - 1 = 2 - 1 = 1$$

同理
$$f_{B \times C} = f_B \times f_C = 1 \times 1 = 1$$

总自由度
$$f_T = n - 1 = 8 - 1 = 7$$

误差自由度
$$f_e = f_5 + f_7 = 1 + 1 = 2$$

或
$$f_e = f_T - (f_A + f_B + f_{A \times B} + f_C + f_{B \times C}) = 7 - (1 + 1 + 1 + 1 + 1) = 2$$

④ 计算均方(平均偏差平方和)。

因为各因素的自由度均为1，所以它们的均方应该等于它们各自的偏差平方和，即
$$V_A = S_A = 6.125$$

…

$$V_{B \times C} = S_{B \times C} = 105.125$$

误差的平均偏差平方和为
$$V_e = \frac{S_e}{f_e} = \frac{27.250}{2} = 13.625$$

计算到这里，发现因素 $V_A < V_e$，$V_C < V_e$，这说明因素 A、C 对试验结果的影响较小，为次要因素，所以可以将它们都归入误差，这样误差的偏差平方和、自由度和均方都会随之发生变化。即：

新误差偏差平方和
$$S'_e = S_e + S_A + S_C = 27.250 + 6.125 + 3.125 = 36.500$$
新误差自由度
$$f'_e = f_e + f_A + f_C = 2 + 1 + 1 = 4$$
新误差平均偏差平方和
$$V'_e = \frac{S'_e}{f'_e} = \frac{36.500}{4} = 9.125$$

⑤ 计算 F 值。
$$F_B = \frac{V_B}{V'_e} = \frac{136.125}{9.125} = 14.92$$
$$F_{A \times B} = \frac{V_{A \times B}}{V'_e} = \frac{171.125}{9.125} = 18.75$$
$$F_{B \times C} = \frac{V_{B \times C}}{V'_e} = \frac{105.125}{9.125} = 11.52$$

因为因素 A、C 已经并入误差,所以就不需要计算它们对应的 F 值。
⑥ 列方差分析表(表 4.35),进行因素显著性检验。
查 F 分布表:
$$F_{0.05}(1,4) = 7.71$$
对于给定的显著性水平 $\alpha = 0.05$:
由 $F_{0.05}(1,4) = 7.71 < F_B = 14.92$,因素 B 水平的改变对试验指标有显著影响。
由 $F_{0.05}(1,4) = 7.71 < F_{A \times B} = 18.75$,交互作用 A×B 对试验指标有显著影响。
由 $F_{0.05}(1,4) = 7.71 < F_{B \times C} = 11.52$,交互作用 A×B 对试验指标有显著影响。
因素 A、C 对试验指标无显著性影响。
最后将分析结果列于方差分析表中(表 4.35)。
从表 4.35 中 F 值的大小(或均方的大小)也可以看出因素的主次顺序是:A×B、B、B×C,这与极差分析的结果是一致的。

表 4.35 方差分析表

方差来源	偏差平方和 S	自由度 f	平均偏差平方和 V	F 值	临界值	显著性
A	6.125	1	6.125			—
B	136.125	1	136.125	14.92		*
A×B	171.125	1	171.125	18.75	$F_{0.05}(1,4) = 7.71$	*
C	3.125	1	3.125			—
B×C	105.125	1	105.125	11.52		*
误差 e	27.250	2	27.250			
e'(A,C,e)	36.500	4	9.125			
总和 T	448.875					

⑦ 优方案的确定。
交互作用 A×B、B×C 都对试验指标有显著影响,所以因素 A、B、C 优水平的确定应依

据 A、B 水平搭配表(表 4.36)和 B、C 水平搭配表(表 4.37)。由于指标(废气中 SO_2 摩尔分数)值越小越好,因素 A、B 优水平搭配为 A_1B_2,因素 B、C 优水平搭配为 B_2C_2。于是,最后确定的优方案为 $A_1B_2C_2$,即碱浓度 5%,操作温度 20 ℃,填料选择乙。

表 4.36 因素 A、B 水平搭配表

因素	A_1	A_2
B_1	15 + 25 = 40	9 + 16 = 25
B_2	3 + 2 = 5	19 + 8 = 27

表 4.37 因素 B、C 水平搭配表

因素	C_1	C_2
B_1	15 + 9 = 24	25 + 16 = 41
B_2	3 + 19 = 22	2 + 8 = 10

2. 3 水平正交试验设计的方差分析

(1) 不考虑交互作用的 3 水平正交试验设计的方差分析。

例 4.11 弹簧回火工艺试验。

试验目的:某厂在弹簧生产中,有时发生弹簧断裂现象,因而增加了废品损失。为了提高弹簧的弹性,减少断裂现象,决定用正交试验法安排弹簧回火试验,寻求最佳的回火工艺条件。

试验考察指标:弹性(越大越好)。

本例的因素水平表如表 4.38 所示。

表 4.38 因素水平表

水平	A 回火温度(℃)	B 保温时间(h)	C 工件重量(kg)
1	440	3	7.5
2	460	4	9
3	500	5	10.5

① 选取正交表,进行表头设计及确定试验方案。

这是一个 3 因素 3 水平的试验,选用 $L_9(3^4)$ 正交表。表头设计、试验方案、试验结果见表 4.39。

② 求总和 T 及各水平数据之和(K_{1j}、K_{2j})填入表中。

③ 计算总偏差平方和 S_T、各列偏差平方和 S_j 及各列自由度。

总偏差平方和

$$S_T = \sum_{i=1}^{n}(x_i - \bar{x})^2 = \sum_{i=1}^{n} x_i^2 - \frac{1}{n}T^2 = \sum_{i=1}^{9} x_i^2 - \frac{1}{9}T^2 = 7149.56$$

亦可由 $S_T = \sum_{j=1}^{p} S_j$ 求得。

表 4.39 试验方案与计算分析

试验号	A	B	C	e	试验结果 x_i = 原数据 -320
	1	2	3	4	
1	1(440)	1(3)	1(7.5)	1	57
2	1	2(4)	2(9)	2	71
3	1	3(5)	3(10.5)	3	42
4	2(460)	1	2	3	30
5	2	2	3	1	10
6	2	3	1	2	0
7	3(500)	1	3	2	6
8	3	2	1	3	-18
9	3	3	2	1	-2
K_{1j}	170	93	39	65	
K_{2j}	40	63	99	77	
K_{3j}	-14	40	58	54	
K_{1j}^2	28900	8649	1521	4225	$T = 196$
K_{2j}^2	1600	3969	9801	5929	$\frac{1}{9}T^2 = 4268.44$
K_{3j}^2	196	1600	3364	2916	
极差	184	53	60	23	
S_j	5963.56	470.89	626.89	88.23	

各列偏差平方和，由 $S_j = \frac{1}{r}(K_{1j}^2 + K_{2j}^2 + K_{3j}^2) - \frac{1}{n}T^2 = \frac{1}{n}[(K_{1j} - K_{2j})^2 + (K_{2j} - K_{3j})^2 + (K_{3j} - K_{1j})^2]$ 得

$$S_A = S_1 = \frac{1}{3}(28900 + 1600 + 196) - \frac{1}{9} \times 196^2 = 5963.56$$

……

$$S_4 = \frac{1}{3}(4225 + 5929 + 2916) - \frac{1}{9} \times 196^2 = 88.23$$

误差平方和：$S_e = S_4 = 88.23$。

各因素自由度：$f_A = f_B = f_C = m - 1 = 3 - 1 = 2$。

总自由度：$f_T = n - 1 = 9 - 1 = 8$。

误差自由度：$f_e = f_4 = 2$ 或 $f_e = f_T - (f_A + f_B + f_C) = 8 - (2 + 2 + 2) = 2$。

④ 计算均方（平均偏差平方和）。

$$V_A = \frac{S_A}{f_A} = \frac{5963.56}{2} = 2981.78$$

$$V_B = \frac{S_B}{f_B} = \frac{470.89}{2} = 235.45$$

$$V_C = \frac{S_C}{f_C} = \frac{626.89}{2} = 313.45$$

误差的平均偏差平方和

$$V_e = \frac{S_e}{f_e} = \frac{88.23}{2} = 44.12$$

⑤ 计算 F 值。

$$F_A = \frac{V_A}{V_e} = \frac{2981.78}{44.12} = 67.58$$

$$F_B = \frac{V_B}{V_e} = \frac{235.45}{44.12} = 5.34$$

$$F_C = \frac{V_C}{V_e} = \frac{313.45}{44.12} = 7.10$$

⑥ 列方差分析表(见表 4.40),进行因素显著性检验。

查 F 分布表:$F_{0.10}(2,2)=9$;$F_{0.05}(2,2)=19$;$F_{0.01}(2,2)=99$。

由 $F_{0.05}(2,2)=19 < F_A = 67.58 < F_{0.01}(2,2)=99$,因素 A 水平的改变对试验指标有显著影响。因素 B、C 对试验指标无显著性影响。

表 4.40 方差分析表

方差来源	偏差平方和 S	自由度 f	平均偏差平方和 V	F 值	临界值	显著性
A	5963.56	2	2981.78	67.58	$F_{0.10}(2,2)=9$	*
B	470.89	2	235.45	5.34	$F_{0.05}(2,2)=19$	—
C	626.89	2	313.45	7.10	$F_{0.01}(2,2)=99$	—
误差 e	88.23	2	44.12			
总和 T	7149.56	8				

⑦ 优方案的确定。

由表 4.40 中 F 值大小,可以确定因素的主次顺序是:A C B。因为指标(弹性)值越大越好,所以因素最佳水平组合为 $A_1C_2B_1$。

(2) 考虑交互作用的 3 水平正交试验设计的方差分析。

例 4.12 为了提高某产品的产量,需要考察 3 个因素:反应温度、反应压力和溶液浓度。每个因素都取 3 个水平,具体数值如表 4.41 所示。同时考察因素间所有的一级交互作用,试进行方差分析确定所考察因素对试验指标产品产量的影响规律。

表 4.41 因素水平表

水平	A 反应温度(℃)	B 反应压力($\times 10^5$ Pa)	C 溶液浓度(%)
1	60	2.0	0.5
2	65	2.5	1.0
3	70	3.0	2.0

解 ① 选取正交表,进行表头设计及确定试验方案。

这是 3 因素 3 水平,同时考察因素间所有的一级交互作用的正交试验,

$$f_A = f_B = f_C = m - 1 = 3 - 1 = 2$$

$$f_{A\times B} = f_{A\times C} = f_{B\times C} = (m-1)(m-1) = (3-1)(3-1) = 4$$
$$f'_T = f_A + f_B + f_C + f_{A\times B} + f_{A\times C} + f_{B\times C} = 18$$

试验次数 n 应大于 $1+f'_T$，选取 3 水平的正交表 $L_{27}(9^{13})$ 最合适。正交表的表头设计、试验结果及相关计算结果列于表 4.42 中。

表 4.42 试验方案与计算分析

试验号	A	B	(AB)$_1$	(AB)$_2$	C	(AC)$_1$	(AC)$_2$	(BC)$_1$		(BC)$_2$				试验结果
	1	2	3	4	5	6	7	8	9	10	11	12	13	
1	1	1	1	1	1	1	1	1	1	1	1	1	1	1.30
2	1	1	1	1	2	2	2	2	2	2	2	2	2	4.65
3	1	1	1	1	3	3	3	3	3	3	3	3	3	7.23
4	1	2	2	2	1	1	1	2	2	2	3	3	3	0.50
5	1	2	2	2	2	2	2	3	3	3	1	1	1	3.67
6	1	2	2	2	3	3	3	1	1	1	2	2	2	6.23
7	1	3	3	3	1	1	1	3	3	3	2	2	2	1.37
8	1	3	3	3	2	2	2	1	1	1	3	3	3	4.73
9	1	3	3	3	3	3	3	2	2	2	1	1	1	7.07
10	2	1	2	3	1	2	3	1	2	3	1	2	3	0.47
11	2	1	2	3	2	3	1	2	3	1	2	3	1	3.47
12	2	1	2	3	3	1	2	3	1	2	3	1	2	6.13
13	2	2	3	1	1	2	3	2	3	1	3	1	2	0.33
14	2	2	3	1	2	3	1	3	1	2	1	2	3	3.40
15	2	2	3	1	3	1	2	1	2	3	2	3	1	5.80
16	2	3	1	2	1	2	3	3	1	2	2	3	1	0.63
17	2	3	1	2	2	3	1	1	2	3	3	1	2	3.97
18	2	3	1	2	3	1	2	2	3	1	1	2	3	6.50
19	3	1	3	2	1	3	2	1	3	2	1	3	2	0.03
20	3	1	3	2	2	1	3	2	1	3	2	1	3	3.40
21	3	1	3	2	3	2	1	3	2	1	3	2	1	6.80
22	3	2	1	3	1	3	2	2	1	3	3	2	1	0.57
23	3	2	1	3	2	1	3	3	2	1	1	3	2	3.97
24	3	2	1	3	3	2	1	1	3	2	2	1	3	6.83
25	3	3	2	1	1	3	2	3	2	1	2	1	3	1.07
26	3	3	2	1	2	1	3	1	3	2	3	2	1	3.97
27	3	3	2	1	3	2	1	2	1	3	1	3	2	6.57
K_{1j}	36.73	33.46	35.63	34.30	6.27	32.94	34.21	33.33	32.96	34.40	32.98	33.77	33.28	
K_{2j}	30.70	31.30	32.08	31.73	35.21	34.66	33.13	33.04	34.30	33.21	33.43	33.96	33.25	$T=$ 100.64
K_{3j}	33.21	35.88	32.93	34.61	59.16	33.04	33.30	34.27	33.38	33.03	34.23	32.91	34.11	
极差	0.67	0.51	0.40	0.32	5.87	0.19	0.12	0.14	0.15	0.15	0.14	0.11	0.10	
S_j	2.04	1.17	0.76	0.56	155.87	0.21	0.08	0.09	0.10	0.12	0.09	0.07	0.05	

② 求总和 T 及各水平数据之和(K_{1j}、K_{2j})填入表中。
③ 计算总偏差平方和、各列偏差平方和 S_j 和各列自由度。

$$S_T = \sum_{i=1}^{n}(x_i - \bar{x})^2 = \sum_{i=1}^{n}x_i^2 - \frac{1}{n}T^2 = \sum_{i=1}^{27}x_i^2 - \frac{1}{27}T^2 = 161.20$$

由 $S_j = \frac{1}{r}(K_{1j}^2 + K_{2j}^2 + K_{3j}^2) - \frac{1}{n}T^2 = \frac{1}{n}[(K_{1j} - K_{2j})^2 + (K_{2j} - K_{3j})^2 + (K_{3j} - K_{1j})^2]$ 得

$$S_A = S_1 = \frac{1}{9}(36.73^2 + 30.70^2 + 33.21^2) - \frac{1}{27} \times 100.64^2 = 2.04$$

$$S_B = S_2 = 1.17$$

$$S_{A \times B} = S_3 + S_4 = 1.32$$

$$S_C = S_5 = 155.87$$

$$S_{A \times C} = S_6 + S_7 = 0.28$$

$$S_{B \times C} = S_8 + S_{11} = 0.18$$

$$S_9 = 0.10$$

$$S_{10} = 0.12$$

$$S_{12} = 0.07$$

$$S_{13} = \frac{1}{9}(33.28^2 + 33.25^2 + 34.11^2) - \frac{1}{27} \times 100.64^2 = 0.05$$

误差平方和

$$S_e = S_9 + S_{10} + S_{12} + S_{13} = 0.10 + 0.12 + 0.07 + 0.05 = 0.34$$

或

$$S_e = S_T - S_A - S_B - S_C - S_{A \times B} - S_{A \times C} - S_{B \times C} = S_9 + S_{10} + S_{12} + S_{13} = 0.34$$

各因素自由度

$$f_A = f_B = f_C = m - 1 = 3 - 1 = 2$$

交互作用自由度

$$f_{A \times B} = f_{A \times C} = f_{B \times C} = (m-1)(m-1) = (3-1)(3-1) = 4$$

总自由度

$$f_T = n - 1 = 27 - 1 = 26$$

误差自由度

$$f_e = f_9 + f_{10} + f_{12} + f_{13} = 2 + 2 + 2 + 2 = 8$$

或

$$f_e = f_T - f_A - f_B - f_C - f_{A \times B} - f_{A \times C} - f_{B \times C} = 8$$

④ 计算均方(平均偏差平方和)。

$$V_A = \frac{S_A}{f_A} = 1.02$$

$$V_B = \frac{S_B}{f_B} = 0.58$$

$$V_C = \frac{S_C}{f_C} = 77.93$$

$$V_{A\times B} = \frac{S_{A\times B}}{f_{A\times B}} = 0.33$$

$$V_{A\times C} = \frac{S_{A\times C}}{f_{A\times C}} = 0.07$$

$$V_{B\times C} = \frac{S_{B\times C}}{f_{B\times C}} = 0.05$$

误差的平均偏差平方和为

$$V_e = \frac{S_e}{f_e} = 0.04$$

⑤ 计算 F 值。

$$F_A = \frac{V_A}{V'_e} = \frac{1.02}{0.04} = 25.5$$

$$F_B = \frac{V_B}{V'_e} = \frac{0.58}{0.04} = 14.5$$

$$F_{A\times B} = \frac{V_{A\times B}}{V'_e} = \frac{0.33}{0.04} = 8.25$$

$$F_C = \frac{V_C}{V'_e} = \frac{77.93}{0.04} = 1948.25$$

$$F_{A\times C} = \frac{V_{A\times C}}{V'_e} = \frac{0.07}{0.04} = 1.75$$

$$F_{B\times C} = \frac{V_{B\times C}}{V'_e} = \frac{0.05}{0.04} = 1.25$$

⑥ 列方差分析表（见表 4.43），进行因素显著性检验。

表 4.43 方差分析表

方差来源	偏差平方和 S	自由度 f	平均偏差平方和 V	F 值	临界值	显著性
A	2.04	2	1.02	20.4	$F_{0.10}(2,8) = 3.11$	**
B	1.17	2	0.58	11.6	$F_{0.05}(2,8) = 4.46$	**
A×B	1.32	4	0.33	6.6	$F_{0.01}(2,8) = 8.65$	*
C	155.87	2	77.93	1558.6		**
A×C	0.28	4	0.07	1.75	$F_{0.10}(4,8) = 2.81$	—
B×C	0.18	4	0.05	1.25	$F_{0.05}(4,8) = 3.84$	—
误差 e	0.34	8	0.04		$F_{0.01}(4,8) = 7.01$	
总和 T	161.20	26				

查 F 分布表：

$$F_{0.10}(2,8) = 3.11; \quad F_{0.05}(2,8) = 4.46; \quad F_{0.01}(2,8) = 8.65$$

$$F_{0.10}(4,8) = 2.81; \quad F_{0.05}(4,8) = 3.84; \quad F_{0.01}(4,8) = 7.01$$

由 $F_{0.01}(2,8) = 8.65 < F_A = 20.4$，因素 A 水平的改变对试验指标有高度显著影响。

由 $F_{0.01}(2,8) = 8.65 < F_B = 11.6$，因素 B 水平的改变对试验指标有高度显著影响。

由 $F_{0.01}(2,8)=8.65 < F_C=1558.6$，因素 B 水平的改变对试验指标有高度显著影响。

由 $F_{0.05}(4,8)=3.84 < F_{A\times B}=6.6 < F_{0.01}(4,8)=7.01$，交互作用 A×B 对试验指标有显著影响。

A×C、B×C 对试验指标无显著性影响。

⑦ 优方案的确定。

由于 3 水平正交试验设计的交互作用占两列，因此采用极差法很难对因素的主次地位进行排序，这里采用 F 值（或平均偏差平方和）进行排序，由表 4.43 中的 F 值的大小顺序可以确定其主次顺序为

$$\text{主} \xrightarrow{\text{C A B A}\times\text{B A}\times\text{C B}\times\text{C}} \text{次}$$

由方差分析可知，对于因素 C 来说取 3 水平时的产品产量大于其他 2 个水平时的产品产量，因此取 C_3；对于因素 A 来说取 1 水平时的产品产量大于其他 2 个水平时的产品产量，因此取 A_1；对于因素 B 来说取 3 水平时的产品产量大于其他 2 个水平时的产品产量，因此取 B_3；由于因素 A 与 B 的交互作用对试验指标的影响显著，需要做因素 A 与 B 的交互作用搭配表，由于因素的水平数都为 3，总共有 9 种搭配，如表 4.44 所示。通过计算发现 A 与 B 的最佳搭配为 A_1B_1 或 A_1B_3，考虑到因素的最好水平，取 A_1B_3。因此，因素各水平的最佳搭配为 $A_1B_3C_3$。

表 4.44 因素 A、B 水平搭配表

因素	B_1	B_2	B_3
A_1	1.30+4.65+7.23=13.18	0.50+3.67+6.23=10.40	1.37+4.73+7.07=13.17
A_2	0.47+3.47+6.13=10.07	0.33+3.40+5.80=9.53	0.63+3.97+6.50=11.10
A_3	0.03+3.40+6.80=10.23	0.57+3.97+6.83=11.37	1.07+3.97+6.57=11.61

注意，如果交互作用对试验结果影响程度不及单因素，则可不用考虑交互作用，只由单因素考虑优方案即可。

4.2.3 不同水平正交试验设计的方差分析

1. 混合水平正交表法正交试验设计的方差分析

例 4.13 某农科站进行品种试验，考察 4 个因素，如表 4.45 所示。

表 4.45 因素水平表

水平	A 品种	B 氮肥量(kg)	C 氮、磷、钾肥用量比例	D 规格
1	甲	2.5	3:3:1	6×6
2	乙	3.0	2:1:2	7×7
3	丙			
4	丁			

试验指标为产量，其值越大越好。试用混合水平正交表安排试验并进行方差分析，找出

最好的试验方案。

解 ① 选取正交表,进行表头设计及确定试验方案。

这是一个 4 因素,其中因素 A 为 4 水平,其余 3 因素为 2 水平的正交试验设计。

由于 $f'_T = f_A + f_B + f_C + f_D = 4-1+(2-1)\times 3 = 6$,试验次数 n 应大于 $1+f'_T$,显然选用 $L_8(4^1\times 2^4)$ 混合水平正交表较为合理。表头设计及试验结果见表 4.46。

表 4.46 正交试验安排及试验结果表

试验号	A	B	C	D		试验指标 (kg)	试验指标 −200
	1	2	3	4	5		
1	1	1	1	1	1	195	−5
2	1	2	2	2	2	205	5
3	2	1	2	2	2	220	20
4	2	2	1	1	1	225	25
5	3	1	1	1	2	210	10
6	3	2	2	2	1	215	15
7	4	1	2	2	1	185	−15
8	4	2	1	1	2	190	−10
K_{1j}	0	10	20	20	20		
K_{2j}	45	35	25	25	25		
K_{3j}	25						
K_{4j}	−25						
k_{1j}	0	2.5	5.0	5.0	5.0	$T=45$	
k_{2j}	22.5	8.8	6.3	6.3	6.3		
k_{3j}	12.5						
k_{4j}	−12.5						
极差 R	35.0	6.3	1.3	1.3	1.3		
S_j	1384.38	78.13	3.13	3.13	3.13		

② 求总和 T 及各水平数据之和(K_{1j}、K_{2j}、K_{3j}、K_{4j})填入表中。

③ 计算各列偏差平方和 S_j 和各列自由度。

总偏差平方和

$$S_T = \sum_{i=1}^{n}(x_i-\bar{x})^2 = \sum_{i=1}^{n}x_i^2 - \frac{1}{n}T^2 = \sum_{i=1}^{8}x_i^2 - \frac{1}{8}T^2 = 1471.88$$

因素的偏差平方和

$$S_j = \frac{1}{r}\sum_{p=1}^{m}K_{pj}^2 - \frac{1}{n}T^2$$

$$S_A = S_1 = \frac{1}{2}\sum_{p=1}^{4}K_{p1}^2 - \frac{1}{n}T^2 = \frac{1}{2}[0^2+45^2+25^2+(-25)^2] - \frac{1}{8}\times 45^2 = 1384.38$$

$$S_B = S_2 = \frac{1}{4}\sum_{p=1}^{2}K_{p2}^2 - \frac{1}{n}T^2 = 78.13$$

$$S_C = S_3 = \frac{1}{4}\sum_{p=1}^{2} K_{p3}^2 - \frac{1}{n}T^2 = 3.13$$

$$S_D = S_4 = \frac{1}{4}\sum_{p=1}^{2} K_{p4}^2 - \frac{1}{n}T^2 = 3.13$$

$$S_5 = \frac{1}{4}\sum_{p=1}^{2} K_{p5}^2 - \frac{1}{n}T^2 = 3.13$$

试验误差的平方和

$$S_e = S_5 = 3.13$$

计算自由度：

总自由度：$f_T =$ 总的试验次数 $-1 = 8 - 1 = 7$。

因素自由度：$f_A = 4 - 1 = 3$；$f_D = f_B = f_C =$ 水平数 $-1 = 2 - 1 = 1$。

误差自由度：$f_e = f_5 = 2 - 1 = 1$。

④ 计算平均偏差平方和。

$$V_A = \frac{S_A}{f_A} = \frac{1384.38}{3} = 461.46$$

$$V_B = \frac{S_B}{f_B} = 78.13$$

$$V_C = \frac{S_C}{f_C} = 3.13$$

$$V_D = \frac{S_D}{f_D} = 3.13$$

$$V_e = \frac{S_e}{f_e} = 3.13$$

计算到这里，发现因素 V_C，V_D 和 V_e 相等，这说明因素 C、D 对试验结果的影响较小，为次要因素，所以可以将它们都归入误差，这样误差的偏差平方和、自由度和均方都会随之发生变化。

新误差偏差平方和

$$S'_e = S_e + S_C + S_D = 3.13 + 3.13 + 3.13 = 9.39$$

新误差自由度

$$f'_e = f_e + f_C + f_D = 1 + 1 + 1 = 3$$

新误差平均偏差平方和

$$V'_e = \frac{S'_e}{f'_e} = \frac{9.39}{3} = 3.13$$

⑤ 计算 F 值。

$$F_A = \frac{V_A}{V'_e} = \frac{461.46}{3.13} = 153.82$$

$$F_B = \frac{V_B}{V'_e} = \frac{78.13}{3.13} = 26.04$$

由于交互作用C、D已经并入误差,不需要计算它们对应的 F 值。
⑥ 列方差分析表(见表4.47),进行因素显著性检验。

表4.47 方差分析表

方差来源	偏差平方和 S	自由度 f	平均偏差平方和 V	F 值		显著性
A	1384.38	3	461.46	153.82	$F_{0.10}(3,3)=5.39$	**
B	78.13	1	78.13	26.04	$F_{0.05}(3,3)=9.28$	*
C	3.13	1	3.13		$F_{0.01}(3,3)=29.46$	—
D	3.13	1	3.13		$F_{0.10}(1,3)=5.54$	—
误差 e	3.13	1	3.13		$F_{0.05}(1,3)=10.13$	
e'(C,D,e)	9.39	3	3.13		$F_{0.01}(1,3)=34.12$	
总和 T	1471.88	7				

查 F 分布表:

$$F_{0.10}(3,3)=5.39;\quad F_{0.05}(3,3)=9.28;\quad F_{0.01}(3,3)=29.46$$
$$F_{0.10}(1,3)=5.54;\quad F_{0.05}(1,3)=10.13;\quad F_{0.01}(1,3)=34.12$$

由 $F_{0.01}(3,3)=29.46 < F_A=153.82$,因素 A 水平的改变对试验指标有高度显著影响。

由 $F_{0.05}(1,3)=10.13 < F_B=26.04 < F_{0.01}(1,3)=34.12$,因素 B 水平的改变对试验指标有显著影响。

因素 C、D 对试验指标无显著性影响。

⑦ 确定最优条件。

由表4.47中平均偏差平方和值的大小可知,各因素的主次顺序为

$$\text{主}\xrightarrow{\text{A B C D}}\text{次}$$

根据试验指标的特点及表4.46中试验结果比较可知,其最优方案为 $A_2B_2C_2D_2$。

2. 混合水平的拟水平正交试验设计的方差分析

例4.14 设某试验需考察 A,B,C,D 4个因素,其中C是2水平的,其余3个因素都是3水平的,具体数值见表4.48。试验指标越大越好,试安排试验并对试验结果进行方差分析,找出最好的试验方案。

表4.48 因素水平表

水平	A	B	C	D
1	350	5	60	65
2	250	15	80	75
3	300	10	80	85

解 这是一个4因素试验,其中C因素为2水平,其余因素为3水平的正交试验设计。计算因素的总自由度为 $f'_T = f_A + f_B + f_C + f_D = 2-1+(3-1)\times 3 = 7$,显然选用 $L_9(3^4)$ 较为合理,但其完全是3水平的,无法进行这个试验的设计,又没有合适的混合水平的正交表,为此采用拟水平法。

具体方法:从 C 因素的两个水平中根据实际经验选取一个好的水平让它重复一次作为第三水平,这个重复的水平称为虚拟水平,此例选 C_2 即 80。

① 表头设计及试验结果见表 4.49。

表 4.49 试验方案及试验结果分析

试验号	A	B	C	D	试验结果
	1	2	3	4	x_i
1	1(350)	1(5)	1(60)(1)	1(65)	45
2	1	2(15)	2(80)(2)	2(75)	36
3	1	3(10)	3(80)(2)	3(85)	12
4	2(250)	1	2(80)(2)	3	15
5	2	2	3(80)(2)	1	40
6	2	3	1(60)(1)	2	15
7	3(300)	1	3(80)(2)	2	10
8	3	2	1(60)(1)	3	5
9	3	3	2(80)(2)	1	47
K_1	93	70	65	132	
K_2	70	81	160	61	
K_3	62	74		32	
k_1	31.0	23.3	21.7	44.0	$T = 225$
k_2	23.3	27.0	26.7	20.3	
k_3	20.7	24.7		10.7	
极差	10.3	3.7	5.0	33.3	
S_i	172.67	20.67	50	1764.67	

② 计算偏差平方和。

总偏差平方和

$$S_T = \sum_{i=1}^{n}(x_i - \bar{x})^2 = \sum_{i=1}^{n} x_i^2 - \frac{1}{n}T^2 = \sum_{i=1}^{9} x_i^2 - \frac{1}{9}T^2 = 2224$$

因素的偏差平方和

$$S_j = \frac{1}{r}\sum_{p=1}^{m} K_{pj}^2 - \frac{1}{n}T^2$$

$$S_A = S_1 = \frac{1}{3}\sum_{p=1}^{3} K_{p1}^2 - \frac{1}{9}T^2 = \frac{1}{3}(93^2 + 70^2 + 62^2) - \frac{1}{9} \times 225^2 = 172.67$$

$$S_B = S_2 = \frac{1}{3}\sum_{p=1}^{3} K_{p2}^2 - \frac{1}{9}T^2 = 20.67$$

$$S_C = S_{3'} = \frac{1}{3}K_1^2 + \frac{1}{6}K_2^2 - \frac{1}{9}T^2 = \frac{1}{3} \times 65^2 + \frac{1}{6} \times 160^2 - \frac{1}{9} \times 225^2 = 50$$

$$S_D = S_4 = \frac{1}{3}\sum_{p=1}^{3} K_{p4}^2 - \frac{1}{9}T^2 = 1764.67$$

误差的偏差平方和
$$S_e = S_T - S_A - S_B - S_C - S_D = 216$$
注意,对于拟水平法,虽然没有空白列,但误差的偏差平方和与自由度都不为零。
③ 计算自由度。
总自由度:
$$f_T = 总的试验次数 - 1 = 9 - 1 = 8$$
因素自由度:
$$f_C = 2 - 1 = 1; f_A = f_B = f_D = 水平数 - 1 = 3 - 1 = 2$$
误差自由度:
$$f_e = f_T - f_A - f_B - f_D - f_C = 8 - 1 - 2 - 2 - 2 = 8 - 7 = 1$$
④ 计算平均偏差平方和。
$$V_A = \frac{S_A}{f_A} = \frac{172.67}{2} = 86.33$$

$$V_B = \frac{S_B}{f_B} = 10.33$$

$$V_C = \frac{S_C}{f_C} = 50$$

$$V_D = \frac{S_D}{f_D} = 882.33$$

$$V_e = \frac{S_e}{f_e} = 216$$

$V_A < V_e, V_B < V_e, V_C < V_e$,这说明因素 A、B、C 对试验结果的影响较小,为次要因素,所以可以将它们都归入误差,这样误差的偏差平方和、自由度和均方都会随之发生变化。

新误差偏差平方和
$$S'_e = S_e + S_A + S_B + S_C = 216 + 172.67 + 20.67 + 50 = 459.34$$
新误差自由度
$$f'_e = f_e + f_A + f_B + f_C = 1 + 2 + 2 + 1 = 6$$
新误差平均偏差平方和
$$V'_e = \frac{S'_e}{f'_e} = \frac{459.34}{6} = 76.56$$

⑤ 计算 F 值。
$$F_D = \frac{V_D}{V'_e} = \frac{882.33}{76.56} = 11.52$$

因为因素 A、B、C 已经并入误差,所以就不需要计算它们对应的 F 值。
⑥ 列方差分析表(表 4.50),进行因素显著性检验。
查 F 分布表:
$$F_{0.10}(2,6) = 3.46; \quad F_{0.05}(2,6) = 5.14; \quad F_{0.01}(2,6) = 10.92$$
因为 $F_{0.01}(2,6) = 10.92 < F_D = 11.52$,所以因素 D 水平的改变对试验指标有高度显著

的影响。因素 A、B、C 对试验指标无显著性影响。

表 4.50 方差分析表

方差来源	偏差平方和 S	自由度 f	平均偏差平方和 V	F 值	临界值	显著性
A	172.67	2	86.33			—
B	20.67	2	10.33		$F_{0.10}(2,6)=3.46$	—
C	50.00	1	50.00		$F_{0.05}(2,6)=5.14$	—
D	1764.67	2	882.33	11.52	$F_{0.01}(2,6)=10.92$	**
误差 e	216	1	216			
e′(A、B、C、e)	459.34	6	76.56			
总和 T	1471.88	8				

⑦ 确定最优条件。

由表 4.50 中平均偏差平方和值的大小可知，各因素的主次顺序为

$$\text{主} \xrightarrow{\text{D A C B}} \text{次}$$

根据试验指标的特点及表 4.49 中试验结果比较可知，其最优方案为 $D_1A_1C_2B_2$。

4.2.4 重复试验与重复取样的正交试验设计的方差分析

1. 基本概念

① 重复试验：在同一试验室中，由同一个操作者，用同一台仪器设备在相同的试验方法和试验条件下，对同一试样在短期内（一般不超过 7 天）所进行连续两次或多次分析的试验。

如在不同配比的熟料、石膏、矿渣磨制成的水泥 28 d 抗压强度试验中，设 1 号试验为：熟料 20 kg、石膏 20 kg、矿渣 60 kg，按该配比磨制成水泥后，按 GB/T 17671—1999《水泥胶砂强度检验方法（ISO 法）》制得水泥试块，测其 28 d 抗压强度。该试验过程包括称重、粉磨、加水及标准砂并进行搅拌、制水泥试块、养护、脱模、对水泥试块测强度，该试验重复做了 4 次，则可测得 4 个 28 d 抗压强度值（即第 1 次称取熟料 20 kg、石膏 20 kg、矿渣 60 kg，磨制成水泥，并按标准制得水泥试块，测得第 1 个 28 d 抗压强度值；第 2 次再称取熟料 20 kg、石膏 20 kg、矿渣 60 kg，磨制成水泥，并按标准制得水泥试块，测得第 2 个 28 d 抗压强度值……）。

② 重复取样：若在一个试验中，得出的产品是多个，则可对产品重复抽取样品分别进行测试，得到若干个测试的数据，叫作重复取样。

如上例中，按 GB/T 17671—1999 法制水泥试验块时，使用的是三联试模，即一次试验可以制得 3 块水泥试块。对这 3 块水泥试块，可采用重复取样方法，取 2 块或 3 块，共测得 2 个或 3 个 28 d 抗压强度值。

③ 做重复试验（取样）的原因。

a）正交表各列已被因素及交互作用占满，没有空白列也无经验误差（由以往的经验确定），这时为了估计试验误差进行方差分析，一般除选用更大的正交表外，还可做重复试验（取样）。

b）虽然因素没有占满正交表的所有列，即尚有少数空白列，但由于试验的原因做了重复试验（取样）（为了提高试验精度，减少试验误差的干扰）。

④ 重复试验与重复取样误差的区别。

a) 重复试验需要增加试验次数；而重复取样不增加试验次数，只是对一次试验的多个产品分别进行测试。

b) 若试验过程简单、成本低，没有时间限制，可选择重复试验；若试验过程复杂、成本高，且一个试验得出的产品是多个，可选择重复取样。

c) 重复试验误差包括所有干扰的因素，反映的是整体误差，重复试验次数多了，可能把所有的因素都包括进去了；而重复取样反映的是产品的不均匀性与试验的测量误差（称为局部误差）。因而一般来说，重复试验误差大于重复取样误差。

2. 误差平方和的分类及其使用方法

(1) 分类。

① 第一类误差：从正交表空白列计算出来的误差 S_{e1} 称为第一类误差。其自由度 f_{e1} = 正交表的空白列自由度相加。

② 第二类误差：将不同的条件的重复试验（取样）所得试验结果内部的偏差平方和汇总得到 S_{e2}。其自由度 $f_{e1} = q(p-1)$。其中 p 为各号试验的重复次数，q 为试验号总数。

(2) 使用方法。

① 重复试验。

a) 正交表上无空白列时，S_{e1} 不存在，则 $S_e = S_{e2}$，$f_e = f_{e2}$。

b) 正交表上有空白列时，S_{e1} 存在，则 $S_e = S_{e1} + S_{e2}$，$f_e = f_{e1} + f_{e2}$。

② 重复取样。

a) 正交表上无空白列时，S_{e1} 不存在，用 S_{e2} 代替 S_e 进行检验，此时 $f_e = f_{e2}$，若检验结果有一半以上的因素及交互作用不显著时，用 S_{e2} 代替 S_e 是合理的，否则用 S_{e2} 代替 S_e 是不合理的（注：这是由于 S_{e2} 较小，不能用它来检验各因素水平之间是否存在差异，若要进行方差分析，必须选用更大的正交表或者重新做试验）。

b) 正交表上有空白列时，S_{e1} 存在，计算 $F_{比} = \dfrac{S_{e1}/f_{e1}}{S_{e2}/f_{e2}}$，当 $F_{比} \geqslant F_{0.05}(f_{e1}, f_{e2})$ 时，舍去 S_{e2}，此时 $S_e = S_{e1}$，$f_e = f_{e1}$；当 $F_{比} < F_{0.05}(f_{e1}, f_{e2})$ 时，$S_e = S_{e1} + S_{e2}$，$f_e = f_{e1} + f_{e2}$。

3. 重复试验的正交试验设计方差分析

例 4.15 硅钢带取消空气退火工艺试验，空气退火能脱除一部分碳，但同时钢带表面会生成一层很厚的氧化皮，增加酸洗的困难。欲取消这道工序，为此要做试验，试验指标是钢带的磁性，看一看取消这道工序后钢带磁性有没有大的变化。本试验考察的因素及水平如表 4.51 所示。

表 4.51 因素及水平表

水平	A 退火工艺	B 成品厚度（mm）
1	空气退火	0.20
2	取消空气退火	0.35

试通过正交试验设计及方差分析确定是否可以取消空气退火这道工序。

解 这是 2 因素 2 水平的每号试验重复 5 次的正交试验,经计算 $f_T = f_A + f_B = 2$,选取 2 水平的正交表 $L_4(2^3)$ 最合适。正交表的表头设计、试验结果及相关计算结果列于表 4.52。

表 4.52 正交试验安排及试验结果表

试验号	A 1	B 2	3	试验结果 x_{ij}(原数×1/100−184) $i=1,2,3,4; j=1,2,3,4,5$					合计
1	1	1	1	2.0	5.0	1.5	2.0	1.0	11.5
2	1	2	2	8.0	5.0	3.0	7.0	2.0	25.0
3	2	1	2	4.0	7.0	0	5.0	6.5	22.5
4	2	2	1	7.5	7.0	5.0	4.0	1.5	25.0
K_1	36.5	34.0	36.5						
K_2	47.5	50.0	47.5			$T = 84$			
k_1	18.25	17.0	18.25						
k_2	23.75	25.0	23.75			$\frac{1}{n}T^2 = \frac{1}{20} \times 84^2 = 352.8$			
极差	5.5	8.0	5.5						
S_j	6.05	12.8	6.05						

① 计算偏差平方和。

总偏差平方和

$$S_T = \sum_{i=1}^{p}\sum_{j=1}^{q}(x_{ij}-\bar{x})^2 = \sum_{i=1}^{p}\sum_{j=1}^{q}x_{ij}^2 - \frac{1}{n}T^2 = \sum_{i=1}^{4}\sum_{j=1}^{5}x_{ij}^2 - \frac{1}{20}T^2 = 468 - 352.8 = 115.2$$

其中:p 表示试验方案个数(=4);q 表示每个试验试验方案下的重复试验次数(=5);n 表示试验总次数(= $q \times p = 20$);x_{ij} 表示第 i 次试验方案的第 j 次重复试验结果。

这里 S_T 应由三部分组成:因素偏差平方和(条件变差);第一类误差;第二类误差。

因素偏差平方和

$$S_j = \frac{1}{pr}\sum_{i=1}^{m}K_{ij}^2 - \frac{1}{n}T^2$$

其中:r 表示全部试验方案中水平重复次数(=2);m 表示因素水平个数(=2);S_j 表示第 j 列偏差平方和。

$$S_A = S_1 = \frac{1}{pr}\sum_{i=1}^{m}K_{i1}^2 - \frac{1}{n}T^2 = \frac{1}{5 \times 2}\sum_{i=1}^{2}K_{i1}^2 - \frac{1}{n}T^2 = 358.85 - 352.8 = 6.05$$

$$S_B = S_2 = \frac{1}{pr}\sum_{i=1}^{m}K_{i2}^2 - \frac{1}{n}T^2 = \frac{1}{5 \times 2}\sum_{i=1}^{2}K_{i2}^2 - \frac{1}{n}T^2 = 365.6 - 352.8 = 12.80$$

$$S_{e1} = S_3 = \frac{1}{pr}\sum_{i=1}^{m}K_{i3}^2 - \frac{1}{n}T^2 = \frac{1}{5 \times 2}\sum_{i=1}^{2}K_{i3}^2 - \frac{1}{n}T^2 = 358.85 - 352.8 = 6.05$$

计算第二类误差及误差平方和:

我们知道在此例中存在两种误差,第一类和第二类误差。第一类误差已经求出,下面我们来求第二类误差。第二类误差有两种求法:

a) 根据第二类误差的定义,同一号试验我们重复做了 5 次,5 个数据间的差异反映了随机误差的影响。因此如果用 $\bar{x}_i$ 表示第 i 号试验的 5 个数据的算术平均值 $\left(\bar{x}_i = \dfrac{1}{5}\sum\limits_{j=1}^{5} x_{ij}\right)$，那么第 i 号试验的 5 个数据的内部误差平方和为 $\Delta_i = \sum\limits_{j=1}^{5}(x_{ij} - \bar{x}_i)^2$，则 $S_{e2} = \sum\limits_{i=1}^{4}\Delta_i = 90.3$。

b) 令 $S'_T = p\sum\limits_{i=1}^{4}(\bar{x}_i - \bar{x})^2 = 24.9$。它相当于以前我们讲过的没有重复试验的正交试验设计中的总偏差平方和，联系我们讲过的内容，它应该包括两部分，一部分是第一类误差，另一部分是因素偏差平方和（条件变差）。因为我们已经求出了总偏差平方和，它包括三部分：第一类误差、第二类误差和因素偏差平方和，所以

$$S_{e2} = S_T - S'_T = 90.3$$
$$S_e = S_{e1} + S_{e2} = 96.35$$

② 计算自由度。

$$f_T = 总的试验次数 - 1 = 20 - 1 = 19$$
$$f_A = f_B = 水平数 - 1 = 2 - 1 = 1$$
$$f_{e1} = f_3 = 2 - 1 = 1$$
$$f_{e2} = q(p-1) = 4 \times 4 = 16$$
$$f_e = f_{e1} + f_{e2} = 16 + 1 = 17$$

③ 计算平均偏差平方和。

$$V_A = \dfrac{S_A}{f_A} = 6.05, \quad V_B = \dfrac{S_B}{f_B} = 12.8, \quad V_e = \dfrac{S_e}{f_e} = 5.67$$

④ 求 $F_{比}$。

$$F_A = \dfrac{V_A}{V_e} = 1.067, \quad F_B = \dfrac{V_B}{VV_e} = 2.257$$

⑤ 显著性检验。

查 F 分布表：$F_{0.10}(1,17)=3.03$；$F_{0.05}(1,17)=4.45$；$F_{0.01}(1,17)=8.40$。因为 F_A、F_B 均小于 $F_{0.10}(1,17)=3.03$，所以因素 A、B 对试验指标无显著性影响。

⑥ 列出方差分析表（表 4.53）。

表 4.53 方差分析表

方差来源	偏差平方和	自由度	均方	统计量	临界值	显著性
A	6.05	1	6.05	1.067		
B	12.8	1	12.8	2.257	$F_{0.10}(1,17)=3.03$	
e_1	6.05	1			$F_{0.05}(1,17)=4.45$	
e_2	90.3	16			$F_{0.01}(1,17)=8.40$	
e	96.35	17	5.67			
总和 T	115.2	19				

⑦ 确定最优条件。

由于被考察的因素均不显著，因此不进行选优。

4. 重复取样的正交试验设计方差分析

例 4.16 用烟灰和煤矸石作原料制砖的试验研究，试验指标是干坯的抗压力（10^5 Pa），

考察 4 个因素,每个因素 3 个水平。具体情况如表 4.54。

表 4.54 因素水平表

水平	A 成形水分（%）	B 碾压时间（min）	C 料重（kg/盘）	D 成形压力（t/m²）
1	9	8	330	2
2	10	10	360	3
3	11	12	400	4

每号试验生产出若干块干坯,采用重复取样的方法,每号试验取 3 块。试验通过正交试验设计及方差分析确定生产烟灰砖的最优生产条件。

解 这是 4 因素 3 水平的每号试验重复取样 3 次的正交试验,经计算 $f'_T = f_A + f_B + f_C + f_D = 8$,选取 3 水平的正交表 $L_9(3^4)$ 最合适。正交表的表头设计、试验结果及相关计算结果列于表 4.55 中。

表 4.55 正交试验安排及试验结果表

试验号	A	B	C	D	试验结果 x_{ij} $i=1,2,\cdots,9; j=1,2,3$			合计	平均值 $\bar{x}_i$
	1	2	3	4					
1	1	1	1	1	60	75	71	206	68.67
2	1	2	2	2	80	80	79	239	79.67
3	1	3	3	3	87	86	84	257	85.67
4	2	1	2	3	73	74	70	217	72.33
5	2	2	3	1	78	76	76	230	76.67
6	2	3	1	2	83	80	81	244	81.33
7	3	1	3	2	79	75	75	229	76.33
8	3	2	1	3	82	81	78	241	80.33
9	3	3	2	1	89	85	85	259	86.33
K_2	691	710	715	712					
K_3	729	760	716	715					
k_1	234	217.3	230.3	231.7				$T = 2122$	
k_2	230.3	236.7	238.3	237.3				$\frac{1}{n}T^2 = \frac{1}{27}T^2 = 166773.5$	
k_3	243	253.3	238.7	238.3					
极差	12.7	36	8.4	6.6					
S_i	85	650	45	26					

① 计算偏差平方和。

总偏差平方和

$$S_T = \sum_{i=1}^{q}\sum_{j=1}^{p}(x_{ij} - \bar{x})^2 = \sum_{i=1}^{q}\sum_{j=1}^{p}x_{ij}^2 - \frac{1}{n}T^2 = \sum_{i=1}^{9}\sum_{j=1}^{3}x_{ij}^2 - \frac{1}{27}T^2$$
$$= 167750 - 166773.5 = 976.5$$

其中:q 表示试验方案个数(=9);p 表示每个试验试验方案下的重复取样次数(=3);n 表

示试验总次数($=q\times p=27$);x_{ij}表示第i次试验方案的第j次重复取样试验结果。

因素偏差平方和

$$S_j = \frac{1}{pr}\sum_{i=1}^{m} K_{ij}^2 - \frac{1}{n}T^2$$

其中:r表示全部试验方案中水平重复次数($=3$);m表示因素水平个数($=3$);S_j表示第j列偏差平方和。

$$S_A = S_1 = \frac{1}{pr}\sum_{i=1}^{m} K_{i1}^2 - \frac{1}{n}T^2 = \frac{1}{3\times 3}\sum_{i=1}^{3} K_{i1}^2 - \frac{1}{n}T^2 = 166858.4 - 166773.5 = 85.0$$

$$S_B = S_2 = \frac{1}{pr}\sum_{i=1}^{m} K_{i2}^2 - \frac{1}{n}T^2 = \frac{1}{3\times 3}\sum_{i=1}^{3} K_{i2}^2 - \frac{1}{n}T^2 = 167422.7 - 166773.5 = 649.2$$

$$S_C = S_3 = \frac{1}{pr}\sum_{i=1}^{m} K_{i3}^2 - \frac{1}{n}T^2 = \frac{1}{3\times 3}\sum_{i=1}^{3} K_{i3}^2 - \frac{1}{n}T^2 = 166818 - 166773.5 = 44.5$$

$$S_D = S_4 = \frac{1}{pr}\sum_{i=1}^{m} K_{i4}^2 - \frac{1}{n}T^2 = \frac{1}{3\times 3}\sum_{i=1}^{3} K_{i4}^2 - \frac{1}{n}T^2 = 166799.3 - 166773.5 = 25.9$$

计算第二类误差及误差平方和:

令

$$S'_T = p\sum_{i=1}^{9}(\bar{x}_i - \bar{x})^2 = 3\sum_{i=1}^{9}(\bar{x}_i - \bar{x})^2 = 805$$

所以

$$S_{e2} = S_T - S'_T = 173$$
$$S_e = S_{e2} = 173$$

② 计算自由度。

$$f_T = 总的试验次数 - 1 = 27 - 1 = 26$$
$$f_A = f_B = f_C = f_D = 水平数 - 1 = 3 - 1 = 2$$
$$f_{e2} = q(p-1) = 9\times 2 = 18 = f_e$$

③ 计算平均偏差平方和。

$$V_A = \frac{S_A}{f_A} = 42.5$$

$$V_B = \frac{S_B}{f_B} = 325$$

$$V_C = \frac{S_C}{f_C} = 22.5$$

$$V_D = \frac{S_D}{f_D} = 13$$

$$V_e = \frac{S_e}{f_e} = 9.6$$

④ 求$F_{比}$。

$$F_A = \frac{V_A}{V_e} = 4.45$$

$$F_B = \frac{V_B}{VV_e} = 34.0$$

$$F_C = \frac{V_C}{V_e} = 2.35$$

$$F_D = \frac{V_D}{V_e} = 1.36$$

⑤ 显著性检验。

查 F 分布表：$F_{0.10}(2,18)=2.62$；$F_{0.05}(2,18)=3.55$；$F_{0.01}(2,18)=6.01$。

因为 $F_{0.05}(2,18)=3.55<F_A=4.45<F_{0.01}(2,18)=6.01$，所以因素 A 水平的改变对试验指标干坯的抗压力有显著性影响；因为 $F_{0.01}(2,18)=6.01<F_B=34.0$，所以因素 B 水平的改变对试验指标干坯的抗压力有高度显著性影响；因为 $F_C=2.35$；$F_D=1.36$ 均小于 $F_{0.10}(2,18)=2.62$，所以因素 C 和 D 水平的改变对试验指标干坯的抗压力没有显著性影响。

⑥ 列出方差分析表（见表 4.56）。

表 4.56 方差分析表

方差来源	偏差平方和	自由度	均方	F 值	临界值	显著性
A	85	2	42.5	4.45		∗
B	650	2	325	34.0		∗∗
C	45	2	22.5	2.35	$F_{0.10}(2,18)=2.62$	
D	26	2	13	1.36	$F_{0.05}(2,18)=3.55$	
e_1	0	0	0	0	$F_{0.01}(2,18)=6.01$	
e_2	173	18	9.56	9.56		
e	173	18				
总和 T	978	26				

⑦ 确定最优条件及主次顺序。

根据表 4.56 中 F 值的大小可知四个因素的主次地位为

$$主 \xrightarrow{B \quad A \quad C \quad D} 次$$

由于 A 和 B 对试验指标的影响显著，而且试验结果越大越好，从表 4.56 的数据可知应取 A_3 和 B_3，C 和 D 不显著，可根据情况而定。

4.3 试验结果的回归分析法

4.3.1 基本概念

在生产过程和科学实验中，经常会遇到多个因素（变量）之间存在一种相互制约、相互联系的关系，即它们之间存在着相互关系，这种相互关系可以分为两种类型：函数关系和相关关系。

函数关系是指若干变量之间存在着完全确定的关系,即一个变量(因变量 y)能被一个(自变量 x)或若干个其他变量按某种规律唯一地确定。例如欧姆定律,在电阻 R 一定的电路中,通过的电流 I 与加在该电器两端的电压 U 就有确定的函数关系,即

$$I = \frac{U}{R}$$

当电压 U 确定后,电流强度 I 也就确定了,反之亦然。

相关关系是一种统计关系,当一个(自变量 x)或几个相互联系的变量取一定数值时,与之相对应的另一变量(因变量 y)的值虽然不确定,但它仍按某种规律在一定的范围内变化,变量间的这种相互关系,称为相关关系。例如,粮食产量与施肥量之间的关系就属于这种关系。一般地说,施肥多产量就高,但是它们之间的规律很难用一个确定的函数式来准确表达,因为即使是在相邻的地块,采用同样的种子,施相同的肥料,粮食产量仍会有所差异。因而粮食产量与施肥量两者之间存在相关关系。

函数关系和相关关系的区别在于:函数关系是由 x 确定 y 的取值,相关关系是由 x 的取值决定 y 值的概率分布。在实际问题中函数关系常常通过相关关系表现出来。

变量之间的函数关系和相关关系,在一定的条件下是可以相互转换的。本来具有函数关系的,当存在试验误差时,其函数关系往往以相关的形式表现出来。相关关系虽然是不确定的,却是一种统计关系,在大量的观察下,往往会呈现出一定的规律性,这种规律性可以通过大量试验值的散点图反映出来,也可以借助相应的函数式表达出来,这种函数称为回归函数或回归方程。

回归分析是一种处理变量之间相关关系最常用的统计方法,它以对一种变量同其他变量相互关系的过去的观察值为基础,并在某种精确度下,预测未知变量的值。用它可以寻找隐藏在随机性后面的统计规律。回归分析研究的主要内容有:确定变量之间的相关关系和相关程度,建立回归模型,检验变量之间的相关程度,应用回归模型进行估计和预测等。

在讨论回归分析时,通常都是假定因变量是服从正态分布的。如果影响因素(自变量)只有一个,则称为一元回归或单回归。一元回归可分为一元线性回归和一元非线性回归,前者是指相关关系可用直线描述,后者是指相关关系用曲线描述。如果自变量在两个或两个以上,称为多元回归或复回归,它也可分为多元线性回归和多元非线性回归。

4.3.2 一元线性回归

1. 概述

一元线性回归分析又称直线拟合,是处理两个变量之间关系的最简单模型。一元线性回归分析虽然简单,但非常重要,是回归分析的基础,从中可以了解回归分析方法的基本思想、方法和应用。

假设 x 为自变量,y 为因变量,现经过实验得到了 n 对数据$(x_i, y_i)(i=1,2,\cdots,n)$,把各个数据点画在坐标纸上,如果各点的分布近似一条直线,则可考虑采用一元线性回归,参见图 4.5。

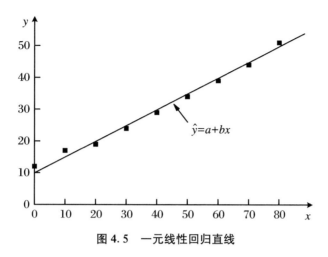

图 4.5 一元线性回归直线

一元线性回归的理论方程可表达为

$$\hat{y} = a + bx \tag{4.15}$$

其中,$\hat{y}$ 为根据回归方程得到的因变量 y 的计算值,称为回归值;a,b 为回归方程中的系数,称为回归系数;x 为自变量。

2. 根据最小二乘原理估计回归直线中的系数 a 和 b

由于测定结果中不可避免地会带有试验误差,并且回归直线并不一定能完全反映出客观规律,因此所得到的回归直线一般不能通过所有的测量数据点,即函数计算值 $\hat{y}_i$ 与试验值 y_i 不一定相等。如果将 $\hat{y}_i$ 与 y_i 之间的偏差称为残差,用 e_i 表示,则有

$$e_i = y_i - \hat{y}_i \tag{4.16}$$

所有测量数据的残差平方和为

$$S_e = \sum_{i=1}^{n} e_i^2 = \sum_{i=1}^{n}(y_i - \hat{y}_i)^2 = \sum_{i=1}^{n}[y_i - (a + bx_i)]^2 \tag{4.17}$$

显然,只有残差平方和最小时,回归方程与试验值的拟合程度最好。为使 S_e 值达到极小,根据极值原理,只要将式(4.15)分别对 a,b 求偏导数 $\dfrac{\partial S_e}{\partial a},\dfrac{\partial S_e}{\partial b}$,并令其等于零,即可求得 a,b 之值,这就是最小二乘法原理。

根据最小二乘法,可以得到

$$\begin{aligned}\dfrac{\partial S_e}{\partial a} &= -2\sum_{i=1}^{n}(y_i - a - bx_i) = 0 \\ \dfrac{\partial S_e}{\partial b} &= -2\sum_{i=1}^{n}(y_i - a - bx_i)x_i = 0\end{aligned} \tag{4.18}$$

即

$$\begin{aligned} na + b\sum_{i=1}^{n} x_i &= \sum_{i=1}^{n} y_i \\ a\sum_{i=1}^{n} x_i + b\sum_{i=1}^{n} x_i^2 &= \sum_{i=1}^{n} x_i y_i \end{aligned} \tag{4.19}$$

或等价于

$$\begin{bmatrix} n & \sum_{i=1}^{n} x_i \\ \sum_{i=1}^{n} x_i & \sum_{i=1}^{n} x_i^2 \end{bmatrix} \begin{pmatrix} a \\ b \end{pmatrix} = \begin{bmatrix} \sum_{i=1}^{n} y_i \\ \sum_{i=1}^{n} x_i y_i \end{bmatrix} \quad (4.20)$$

上述方程组称为正规方程组。对方程组求解,即可得到回归系数 a,b 的计算式:

$$a = \bar{y} - b\bar{x} \quad (4.21)$$

$$b = \frac{\sum_{i=1}^{n} x_i y_i - n\bar{x}\bar{y}}{\sum_{i=1}^{n} x_i^2 - n(\bar{x})^2} \quad (4.22)$$

式中,$\bar{x},\bar{y}$ 分别为试验值 $x_i,y_i(i=1,2,\cdots,n)$ 的算术平均值。由式(4.21)可以看出,回归直线通过点 $(\bar{x},\bar{y})$。为了方便计算,令

$$L_{xx} = \sum_{i=1}^{n} (x_i - \bar{x})^2 = \sum_{i=1}^{n} x_i^2 - n(\bar{x})^2 \quad (4.23)$$

$$L_{xy} = \sum_{i=1}^{n} (x_i - \bar{x})(y_i - \bar{y}) = \sum_{i=1}^{n} x_i y_i - n\bar{x}\bar{y} \quad (4.24)$$

于是式(4.22)可以简化为

$$b = \frac{L_{xy}}{L_{xx}} \quad (4.25)$$

例 4.17 根据表 4.57 中的数据,计算得到回归方程。

表 4.57 试验数据

x	0.20	0.21	0.25	0.30	0.35	0.40	0.50
y	0.015	0.020	0.050	0.080	0.105	0.130	0.200

解 ① 根据给定的试验数据,作 $x\text{-}y$ 散点图,如图 4.6 所示。

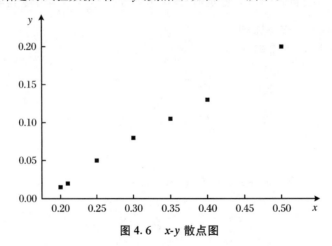

图 4.6 $x\text{-}y$ 散点图

② 从图4.6可以看出，x-y 基本呈线性关系，故可设其回归方程为 $y = a + bx$。
③ 由式(4.21)、式(4.25)，列表计算各值，如表4.58所示。

表4.58 一元线性回归计算表

序号	x	y	x_i^2	y_i^2	$x_i y_i$
1	0.20	0.015	0.040	0.0002	0.0030
2	0.21	0.020	0.044	0.0004	0.0042
3	0.25	0.050	0.063	0.0025	0.0125
4	0.30	0.080	0.090	0.0064	0.0240
5	0.35	0.105	0.123	0.0110	0.0368
6	0.40	0.130	0.160	0.0169	0.0520
7	0.50	0.200	0.250	0.0400	0.1000
$\sum_{i=1}^{n}$	2.2100	0.6000	0.7691	0.0775	0.2325
$\frac{1}{n}\sum_{i=1}^{n}$	0.3157	0.0857	0.1099	0.0111	0.0332

④ 计算统计量 L_{xx}, L_{xy}。

$$L_{xx} = \sum_{i=1}^{n}(x_i - \bar{x})^2 = \sum_{i=1}^{n} x_i^2 - n(\bar{x})^2 = 0.769 - 7 \times 0.316^2 = 0.0714$$

$$L_{xy} = \sum_{i=1}^{n}(x_i - \bar{x})(y_i - \bar{y}) = \sum_{i=1}^{n} x_i y_i - n\bar{x}\bar{y} = 0.2325 - 7 \times 0.316 \times 0.086 = 0.0430$$

⑤ 求回归系数。

$$b = \frac{L_{xy}}{L_{xx}} = \frac{0.0430}{0.0714} = 0.6028$$

$$a = \bar{y} - b\bar{x} = 0.0857 - 0.6000 \times 0.3157 = -0.1046$$

则回归方程为 $\hat{y} = -0.1046 + 0.6028x$。

可见，根据试验数据建立回归方程，可采用最小二乘法，基本步骤为：
① 根据试验数据画出散点图；
② 确定经验公式的函数类型；
③ 求解由最小二乘法得到的方程组，得到回归方程的表达式。

3. 回归方程的显著性检验

最小二乘法的原则是使回归值与测量值的残差平方和最小，但它不能肯定所得到的回归方程是否能够反映实际情况，是否具有实用价值。为了解决这些问题，尚需进行统计检验，下面介绍几种检验方法。

(1) 方差检验法。

检验自变量和因变量之间的线性关系是否显著。具体方法是将回归平方和(S_R)同残差平方和(S_e)加以比较，应用 F 检验来分析二者之间的差别是否显著，如果是显著的，两个变量之间存在线性关系；如果不显著，两个变量之间不存在线性关系。

① 偏差平方和。

试验值 $y_i(i=1,2,\cdots,n)$ 之间存在差异,这种差异可用试验值 y_i 与其算术平均值 $\bar{y}$ 的偏差平方和来表示,称为总偏差平方和,即

$$S_T = \sum_{i=1}^{n}(y_i - \bar{y})^2 = L_{yy} \tag{4.26}$$

$$L_{yy} = \sum_{i=1}^{n}(y_i - \bar{y})^2 = \sum_{i=1}^{n}y_i^2 - n(\bar{y})^2 \tag{4.27}$$

试验值 y_i 的这种波动是由两个因素造成的:一个是由于 x 的变化而引起 y 相应的变化,它可以用回归平方和来表达,即

$$S_R = \sum_{i=1}^{m}(\hat{y}_i - \bar{y})^2 \tag{4.28}$$

它表示的是回归值 $\hat{y}_i$ 与 y_i 的算术平均值 $\bar{y}$ 之间的偏差平方和;另一个因素是随机误差,它可以用残差平方和式(4.17)来表示,即 $S_e = \sum_{i=1}^{n}(y_i - \hat{y}_i)^2$,它表示的是试验值 y_i 与对应的回归值 $\hat{y}_i$ 之间偏差的平方和。显然,这三种平方和之间有下述关系:

$$S_T = S_R + S_e \tag{4.29}$$

回归平方和 S_R 与残差平方和 S_e 的计算,通常如下。

将 $\hat{y}_i = a + bx_i, \bar{y} = a + b\bar{x}$ 代入式(4.28)和式(4.17),整理可得

$$S_R = \sum_{i=1}^{m}(\hat{y}_i - \bar{y})^2 = bL_{xy} \tag{4.30}$$

$$S_e = \sum_{i=1}^{n}(y_i - \hat{y}_i)^2 = L_{yy} - bL_{xy} \tag{4.31}$$

② 平均偏差平方和与自由度。

总偏差平方和 S_T 的自由度为

$$f_T = n - 1 \tag{4.32}$$

回归平方和的自由度为

$$f_R = 1 \tag{4.33}$$

残差平方和的自由度为

$$f_e = n - 2 \tag{4.34}$$

显然,三种自由度之间的关系为

$$f_T = f_R + f_e \tag{4.35}$$

因而,各平均偏差平方和为

$$V_R = \frac{S_R}{f_R} = S_R \tag{4.36}$$

$$V_e = \frac{S_e}{f_e} = \frac{S_e}{n-2} \tag{4.37}$$

③ 用 F 检验法进行显著性检验。

$$F_R = \frac{V_R}{V_e} \tag{4.38}$$

F 服从自由度为 $(1, n-2)$ 的 F 分布。在给定的显著性水平 α 下,从 F 分布表中查得 $F_\alpha(1, n-2)$。α 一般取 0.05 和 0.01,$1-\alpha$ 表示检验的可靠程度。若 $F < F_{0.05}(1, n-2)$ 时,则称 x 与 y 没有明显的线性关系,回归方程不可信;若 $F_{0.01}(1, n-2) \geqslant F \geqslant F_{0.05}(1, n-2)$,则称 x 与 y 有显著的线性关系,用"*"表示;若 $F > F_{0.01}(1, n-2)$,则称 x 与 y 有十分显著的线性关系,用"**"表示。后两种情况说明 y 的变化主要是由于 x 的变化造成的。最后将计算结果列成方差分析表(见表 4.59)。

表 4.59 一元线性回归方差分析表

方差来源	偏差平方和	自由度	方差(均方)	F 比	显著性
回归	S_R	1	$V_R = S_R$	$F_R = \dfrac{V_R}{V_e}$	
残差	S_e	$n-2$	$V_e = \dfrac{S_e}{n-2}$		
总和	S_T	$n-1$			

如果通过 F 检验发现所作的回归方程是不显著的,则可能有如下几种原因:

a) 影响 y 的因素,除 x 之外至少还有一个不可忽略的因素;
b) y 和 x 不是线性相关;
c) y 和 x 无关,或者说根本不相关。

例 4.18 试用 F 检验法对例 4.17 中所求的回归直线进行显著性检验。

解 由例 4.17 可求得 $L_{xy} = 0.0430$,$L_{xx} = 0.0714$,$L_{yy} = 0.0260$,$b = 0.6028$。

$$S_T = L_{yy} = 0.0260$$
$$S_R = b \times L_{xy} = 0.6028 \times 0.0430 = 0.0259$$
$$S_e = S_T - S_R = 0.0260 - 0.0259 = 0.0001$$

列出方差分析表,如表 4.60 所示。

表 4.60 方差分析表

方差来源	偏差平方和	自由度	方差	F 比	$F_{0.01}(1,5)$	显著性
回归	0.0259	1	0.0259	1458.9	16.26	**
残差	0.0001	5	0.000018			
总和	0.0260	6				

所以,例 4.17 所建立的回归直线具有十分显著的线性关系。

(2) 相关系数检验法。

相关系数是用于描述变量 x 与 y 的线性相关关系的密切程度,常用 γ 来表示,其计算式为

$$\gamma = \sqrt{\frac{S_R}{S_T}} = \frac{L_{xy}}{\sqrt{L_{xx}L_{yy}}} = b\sqrt{\frac{L_{xx}}{L_{yy}}} \tag{4.39}$$

由于

$$F = \frac{\frac{S_R}{f_R}}{\frac{S_e}{f_e}} = \frac{S_R}{\frac{S_e}{n-2}} = \frac{S_R(n-2)}{S_e} \tag{4.40}$$

将式(4.25)及 $S_T = S_R + S_e$ 代入式(4.40)并整理可得

$$F = \frac{S_R(n-2)}{S_e} = \frac{S_R(n-2)}{S_T - S_R} = \frac{n-2}{\frac{S_T}{S_R} - 1} = \frac{n-2}{\frac{1}{\gamma^2} - 1} \tag{4.41}$$

故

$$\gamma = \left(\frac{n-2}{F} + 1\right)^{-\frac{1}{2}} \tag{4.42}$$

因此,当 $F \geqslant F_\alpha(1, n-2)$ 时,有

$$\gamma \geqslant \left(\frac{n-2}{F_\alpha(1, n-2)} + 1\right)^{-\frac{1}{2}}$$

令 $\gamma_{\alpha, n-2} = \left(\frac{n-2}{F_\alpha(1, n-2)} + 1\right)^{-\frac{1}{2}}$,因此,当 $\gamma > \gamma_{0.01, n-2}$ 时,x 与 y 有十分显著的线性关系;当 $\gamma_{0.01, n-2} \geqslant \gamma \geqslant \gamma_{0.05, n-2}$ 时,x 与 y 有显著的线性关系;当 $\gamma < \gamma_{0.05, n-2}$ 时,x 与 y 没有明显的线性关系,回归方程不可信。

$\gamma_{\alpha, n-2} = \left(\frac{n-2}{F_\alpha(1, n-2)} + 1\right)^{-\frac{1}{2}}$ 可通过查得 $F_\alpha(1, n-2)$ 的值后计算得到,也可直接查附录3得到。附录3列出了 $\gamma_{\alpha, f}$ 与 f 值的关系,查表时,根据 n 值计算出 $f = n - 2$。

由式(4.39)可知,相关系数 γ 具有以下特点:

① $|\gamma| \leqslant 1$。

② 如果 $|\gamma| = 1$,则表明 x 与 y 完全线性相关,这时 x 与 y 有精确的线性关系。

③ 大多数情况下 $0 < |\gamma| < 1$,即 x 与 y 之间存在着一定的线性关系,当 $\gamma > 0$ 时,称 x 与 y 正线性相关,这时直线的斜率为正值,y 随着 x 的增加而增加,当 $\gamma < 0$ 时,称 x 与 y 负线性相关,这时直线的斜率为负值,y 随 x 的增加而减小。相关系数 γ 越接近1,x 与 y 的线性相关程度越高。

④ $\gamma = 0$ 时,则表明 x 与 y 没有线性关系,但并不意味着 x 与 y 之间不存在其他类型的关系,所以相关系数更精确的说法应该是线性相关系数。

图4.7为不同的相关系数所代表的试验测量数据点分布情况。

例4.19 试用相关系数检验法对例4.17中所求的回归直线进行显著性检验。

解 由例4.17可求得 $L_{xy} = 0.0430$,$L_{xx} = 0.0714$,$L_{yy} = 0.0260$。

$$\gamma = \sqrt{\frac{S_R}{S_T}} = \frac{L_{xy}}{\sqrt{L_{xx} L_{yy}}} = \frac{0.0430}{\sqrt{0.0714 \times 0.0260}} = 0.9983$$

因 $n = 7$,查相关系数检验表可得 $\gamma_{0.01, n-2} = \gamma_{0.01, 5} = 0.0874$。由于 $\gamma = 0.9983 > \gamma_{0.01, 5} = 0.0874$,故所得到的回归直线高度显著。

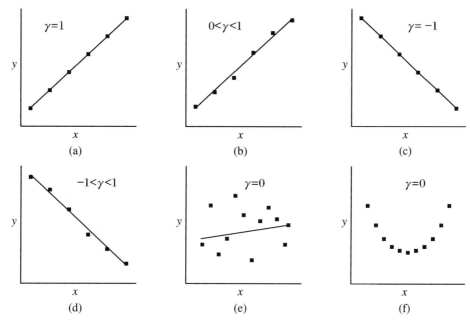

图 4.7 不同相关系数散点意义图

(3) 残差分析。

$\hat{y}_i$ 与 y_i 之间的偏差称为残差,表示为 $e_i = y_i - \hat{y}_i$,它能提供许多有用的信息。表 4.61 给出了例 4.17 的 7 个预测值和残差,其中预测值是指根据回归方程得到的计算值 $\hat{y}_i$,也就是回归值。

表 4.61 残差表

i	预测	残差	i	预测	残差	i	预测	残差
1	0.016	−0.001	4	0.076	0.004	7	0.196	0.004
2	0.022	−0.002	5	0.106	−0.001			
3	0.046	0.004	6	0.136	−0.006			

根据残差表,可以计算出残差的标准偏差:

$$\hat{S} = \sqrt{\frac{S_e}{n-2}} = \sqrt{\frac{1}{n-2}\sum_{i=1}^{n} e_i^2} \tag{4.43}$$

根据例 4.18 知,$S_e = 0.0004$,代入上式可得例 4.17 的残差标准偏差:

$$\hat{S} = \sqrt{\frac{S_e}{n-2}} = \sqrt{\frac{0.0004}{7-2}} = 0.0089$$

如果试验的随机误差服从正态分布,则试验值 y_i 落在 $\hat{y}_i \pm \hat{S}$ 之内的概率为 68.27%。对于例 4.17,7 个 y_i 都落在了 $\hat{y}_i \pm 0.0089$ 之内。可见残差标准偏差 $\hat{S}$ 越小,曲线拟合得越好。

最后指出,无论使用哪一种方法检验回归方程是否有意义,都是一种统计上的辅助方法,关键还是要用专业知识来判断。

4.3.3 多元线性回归

1. 多元线性回归方程

在解决实际问题时,往往是多个因素都对试验结果有影响,这时可以通过多元回归分析求出试验指标(因变量)y 与多个试验因素(自变量)$x_i(i=1,2,\cdots,m)$之间的近似函数 $y = f(x_1,x_2,\cdots,x_m)$。多元线性回归分析基本原理和方法与一元线性回归分析相同,也是根据最小二乘原理,但计算量比较大。

设因变量为 y,自变量共有 m 个,记为 $x_i(i=1,2,\cdots,m)$,假设已通过试验测得 n 组数据为

$$(x_{11},x_{21},\cdots,x_{i1},\cdots,x_{m1},y_1)$$
$$(x_{12},x_{22},\cdots,x_{i2},\cdots,x_{m2},y_2)$$
$$\cdots\cdots$$
$$(x_{1j},x_{2j},\cdots,x_{ij},\cdots,x_{mj},y_j)$$
$$\cdots\cdots$$
$$(x_{1n},x_{2n},\cdots,x_{in},\cdots,x_{mn},y_n)$$

则多元线性回归方程可表示为

$$\hat{y} = a + b_1 x_1 + b_2 x_2 + \cdots + b_m x_m \tag{4.44}$$

式中,a 为常数项,$b_i(i=1,2,\cdots,m)$称为 y 对 $x_i(i=1,2,\cdots,m)$的偏回归系数。与一元线性回归相似,根据最小二乘原理,令多元线性回归方程的残差平方和最小,可求得 a 和 $b_i(i=1,2,\cdots,m)$。

多元线性回归方程的残差平方和可以表示为

$$S_e = \sum_{j=1}^{n}(y_i - \hat{y}_i)^2 = \sum_{j=1}^{n}(y_i - a - b_1 x_1 - b_2 x_2 - \cdots - b_m x_m)^2 \tag{4.45}$$

将残差平方和分别对 a 和 $b_i(i=1,2,\cdots,m)$求偏导数可得

$$\frac{\partial S_e}{\partial a} = -2\sum_{j=1}^{n}(y_j - a - b_1 x_{1j} - b_2 x_{2j} - \cdots - b_m x_{mj}) = 0 \tag{4.46}$$

$$\frac{\partial S_e}{\partial b_i} = -2\sum_{j=1}^{n}x_{ij}(y_j - a - b_1 x_{1j} - b_2 x_{2j} - \cdots - b_m x_{mj}) = 0 \tag{4.47}$$

由此可得到如下正规方程组。解此正规方程组,即可求得 a 和 $b_i(i=1,2,\cdots,m)$。

$$na + (\sum_{j=1}^{n}x_{1j})b_1 + (\sum_{j=1}^{n}x_{2j})b_2 + \cdots + (\sum_{j=1}^{n}x_{mj})b_m = \sum_{j=1}^{n}y_j$$

$$(\sum_{j=1}^{n}x_{1j})a + (\sum_{j=1}^{n}x_{1j}^2)b_1 + (\sum_{j=1}^{n}x_{1j}x_{2j})b_2 + \cdots + (\sum_{j=1}^{n}x_{1j}x_{mj})b_m = \sum_{j=1}^{n}x_{1j}y_j$$

$$(\sum_{j=1}^{n}x_{2j})a + (\sum_{j=1}^{n}x_{2j}x_{1j})b_1 + (\sum_{j=1}^{n}x_{2j}^2)b_2 + \cdots + (\sum_{j=1}^{n}x_{2j}x_{mj})b_m = \sum_{j=1}^{n}x_{2j}y_j$$

$$\cdots\cdots$$

$$(\sum_{j=1}^{n} x_{mj})a + (\sum_{j=1}^{n} x_{mj}x_{1j})b_1 + (\sum_{j=1}^{n} x_{mj}x_{2j})b_2 + \cdots + (\sum_{j=1}^{n} x_{mj}^2)b_m = \sum_{j=1}^{n} x_{mj}y_j$$
(4.48)

显然,方程组的解就是式(4.48)中的系数 $a, b_1, b_2, \cdots, b_m$。注意,为了使正规方程组有解,要求 $m \leqslant n$,即自变量的个数应不大于试验次数。

如果令

$$\bar{x}_i = \frac{1}{n}\sum_{j=1}^{n} x_{ij} \quad (i = 1, 2, \cdots, m) \tag{4.49}$$

$$\bar{y} = \frac{1}{n}\sum_{j=1}^{n} y_j \quad (j = 1, 2, \cdots, n) \tag{4.50}$$

$$L_{ik} = L_{ki} = \sum_{j=1}^{n}(x_{ij} - \bar{x}_i)(x_{kj} - \bar{x}_k) = \sum_{j=1}^{n} x_{ij}x_{kj} - \frac{1}{n}\sum_{j=1}^{n} x_{ij}\sum_{j=1}^{n} x_{kj} \quad (i, k = 1, 2, \cdots, m)$$
(4.51)

$$L_{iy} = \sum_{j=1}^{n}(x_{ij} - \bar{x}_i)(y_j - \bar{y}) = \sum_{j=1}^{n} x_{ij}y_j - \frac{1}{n}\sum_{j=1}^{n} x_{ij}\sum_{j=1}^{n} y_j \quad (i = 1, 2, \cdots, m) \tag{4.52}$$

则上述正规方程组可以变为(证明略)

$$a = \bar{y} - b_1\bar{x}_1 - b_2\bar{x}_2 - \cdots - b_m\bar{x}_m \tag{4.53}$$

$$\begin{aligned} L_{11}b_1 + L_{12}b_2 + \cdots + L_{1m}b_m &= L_{1y} \\ L_{21}b_1 + L_{22}b_2 + \cdots + L_{2m}b_m &= L_{2y} \\ &\cdots\cdots \\ L_{m1}b_1 + L_{m2}b_2 + \cdots + L_{mm}b_m &= L_{my} \end{aligned} \tag{4.54}$$

若以矩阵形式表示式(4.54),则有

$$\boldsymbol{L} = \begin{pmatrix} L_{11} & L_{12} & \cdots & L_{1m} \\ L_{21} & L_{22} & \cdots & L_{2m} \\ \cdots & \cdots & \cdots & \cdots \\ L_{m1} & L_{m2} & \cdots & L_{mm} \end{pmatrix}, \quad \boldsymbol{B} = \begin{pmatrix} b_1 \\ b_2 \\ \cdots \\ b_m \end{pmatrix}, \quad \boldsymbol{F} = \begin{pmatrix} L_{1y} \\ L_{2y} \\ \cdots \\ L_{my} \end{pmatrix}$$

则

$$\boldsymbol{L} \cdot \boldsymbol{B} = \boldsymbol{F}, \quad \boldsymbol{B} = \boldsymbol{L}^{-1}\boldsymbol{F} \tag{4.55}$$

若将矩阵 $\boldsymbol{L}^{-1}$ 元素记为 $c_{ik}(i, k = 1, 2, \cdots, m)$,则回归系数

$$b_i = \sum_{k=1}^{m} c_{ik}L_{ky} \tag{4.56}$$

2. 多元线性回归的显著性检验

(1) 方差检验法。

① 偏差平方和。

总偏差平方和为

$$S_T = L_{yy} = \sum_{j=1}^{n}(y_j - \bar{y})^2 = \sum_{j=1}^{n} y_j^2 - n(\bar{y})^2 \tag{4.57}$$

回归平方和为
$$S_R = \sum_{j=1}^{n} (\hat{y}_j - \bar{y})^2 = \sum_{i=1}^{m} b_i L_{iy} \tag{4.58}$$

残差平方和为
$$S_e = \sum_{j=1}^{n} (y_j - \hat{y}_j)^2 = L_{yy} - \sum_{i=1}^{m} b_i L_{iy} \tag{4.59}$$

② 平均偏差平方和与自由度。

总偏差平方和 S_T 的自由度为
$$f_T = n - 1 \tag{4.60}$$

回归平方和 S_R 的自由度为
$$f_R = m \tag{4.61}$$

残差平方和 S_e 的自由度为
$$f_e = n - m - 1 \tag{4.62}$$

显然,三种自由度之间的关系为
$$f_T = f_R + f_e \tag{4.63}$$

因而,各平均偏差平方和为
$$V_R = \frac{S_R}{f_R} = \frac{S_R}{m} \tag{4.64}$$

$$V_e = \frac{S_e}{f_e} = \frac{S_e}{n - m - 1} \tag{4.65}$$

③ 用 F 检验法进行显著性检验。
$$F_R = \frac{V_R}{V_e} \tag{4.66}$$

F 服从自由度为 $(m, n-m-1)$ 的 F 分布。在给定的显著性水平 α 下,从 F 分布表中查得 $F_\alpha(m, n-m-1)$。当 $F > F_{0.01}(m, n-m-1)$ 时,所建立的回归方程是高度显著的,用"**"表示;当 $F_{0.01}(m, n-m-1) \geqslant F \geqslant F_{0.05}(m, n-m-1)$ 时,所建立的回归方程是显著的,用"*"表示;当 $F_{0.05}(m, n-m-1) \geqslant F \geqslant F_{0.1}(m, n-m-1)$ 时,所建立的回归方程在 0.1 水平下显著,用"*"表示;当 $F < F_{0.1}(m, n-m-1)$ 时,所建立的回归方程不显著。最后将计算结果列成方差分析表(见表 4.62)。

表 4.62 多元线性回归方差分析表

方差来源	偏差平方和	自由度	方差(均方)	F 比	显著性
回归	S_R	m	$V_R = \dfrac{S_R}{m}$	$F_R = \dfrac{V_R}{V_e}$	
残差	S_e	$n-m-1$	$V_e = \dfrac{S_e}{n-m-1}$		
总和	S_T	$n-1$			

(2) 相关系数检验法。

类似于一元线性回归的相关系数 γ,在多元线性回归分析中,复相关系数 R 反映了一个

变量 y 与多个变量 $x_i(i=1,2,\cdots,m)$ 之间的线性相关程度,复相关系数的定义式如下:

$$R = \sqrt{\frac{S_R}{S_T}} = \sqrt{1 - \frac{S_e}{S_T}} = \sqrt{\frac{\sum_{i=1}^{m} b_i L_{iy}}{L_{yy}}} \tag{4.67}$$

如果 $R > \gamma_{\alpha,n-m-1}$,则在显著性水平 α 下,回归方程显著。

显然,当 $|R|$ 接近于 1 时,说明因变量与各个自变量组成的线性方程线性关系密切;反之,线性关系不密切甚至不存在线性关系。

由于复相关系数不能明确指出每个变量的作用,而且 R 不仅与试验数据数量有关,而且与自变量的数量有关,使用时没有一元线性方程的相关系数方便,而理论上又可以证明复相关系数检验方法实质上与 F 检验法相同,因此在多元回归分析中一般用 F 检验法检验回归方程的显著性。

3. 因素对实验结果影响的判断

(1) 因素影响的主次顺序。

多元线性回归方程中,$x_i(i=1,2,\cdots,m)$ 对实验结果 y 都有影响,但在这 m 个因素中,哪个是主要因素,哪个是次要因素,可用标准回归系数比较法来判断。定义

$$b'_i = |b_i|\sqrt{\frac{L_{ii}}{L_{yy}}} \quad (i=1,2,\cdots,m) \tag{4.68}$$

式中,b'_i 为 y 对因素 x_i 的标准回归系数。该系数越大,所对应的因素 x_i 的影响就越大。

(2) 因素影响的显著性。

设 S_R 为 m 个变量所引起的回归平方和,S_i 为剔除变量 x_i 后,其余 $m-1$ 个变量所引起的回归平方和,于是回归平方和的减少量记为 P_i,则

$$P_i = S_R - S_i \tag{4.69}$$

P_i 称为变量 x_i 的偏回归平方和,P_i 可按下式计算:

$$P_i = \frac{b_i^2}{C_{ii}} \tag{4.70}$$

式中,b_i 为原回归方程中变量 x_i 的偏回归系数,C_{ii} 为原来 m 元线性回归分析的正规方程组中,系数矩阵 A 的逆矩阵中 $C = A^{-1}$ 的对角线上的元素。

变量 x_i 所对应的偏回归平方和 P_i 的自由度为 1,因此,定义统计量

$$F_i = \frac{P_i}{S^2} \tag{4.71}$$

式中,S^2 为残余方差,当某一 x_i 变量所对应的 $F_i \geq F_\alpha(1, n-m-1)$,则在显著性水平为 α 时,该变量 x_i 在回归方程中的作用显著,反之,不显著。

即使检验变量 x_i 在回归方程中的作用不显著,也不能轻易将该变量在回归方程中删除。删除的原则如下:

① 如果只检验到一个偏回归平方和最小的变量的作用不显著,则将该变量从原回归平方和删除。然后,重新建立不包括此自变量在内的新的回归方程,新的回归系数仍用最小二乘法求得。由于各个变量之间的相关性,新方程中的各个变量所对应的偏回归系数与原方

程中的不同。建立新方程后,再用 F 检验法进行检验。

② 如果同时存在几个不显著的自变量,不能将它们同时从方程中除掉,而只能一个一个逐步剔除,即先剔除 F_i 最小的一个变量,然后建立新的回归方程。再将用 F 检验法检验后,剔除 F_i 最小的一个不显著的变量,直到余下的所有的变量都显著为止,这样才能保证回归方程的精度。

例 4.20 某试验共进行了 49 次,考察三个自变量 x_1,x_2 和 x_3 对因变量 y 的影响,得到的结果如表 4.63 所示,根据相关的专业知识已知它们之间的关系可用三元线性回归来进行处理,试求出回归方程,进行相关检验。

表 4.63 试验结果一览表

序号	y	x_1	x_2	x_3	序号	y	x_1	x_2	x_3
1	4.3302	2	18	50	26	2.7066	9	6	39
2	3.6485	7	9	40	27	5.6314	12	5	51
3	4.4830	5	14	46	28	5.8152	6	13	41
4	5.5468	12	3	43	29	5.1302	12	7	47
5	5.4970	1	20	64	30	5.3910	0	24	61
6	3.1125	3	12	40	31	4.4583	5	12	37
7	5.1182	3	17	64	32	4.6569	4	15	49
8	3.8759	6	5	39	33	4.5212	0	20	45
9	4.6700	7	8	37	34	4.8650	6	16	42
10	4.9536	0	23	55	35	5.3566	4	17	48
11	5.0060	3	16	60	36	4.6098	10	4	48
12	5.2701	0	18	49	37	2.3815	4	14	36
13	5.3772	8	4	50	38	3.8746	5	13	36
14	5.4849	6	14	51	39	4.5919	9	8	51
15	4.5960	0	21	51	40	5.1588	6	13	54
16	5.6645	3	14	51	41	5.4372	5	8	100
17	6.0795	7	12	56	42	3.9960	5	11	44
18	3.2194	16	0	48	43	4.3970	8	6	63
19	5.8075	6	16	45	44	4.0622	2	13	55
20	4.7306	0	15	52	45	2.2905	7	8	50
21	4.6805	9	0	40	46	4.7115	4	10	45
22	3.1272	4	6	32	47	4.5310	10	5	40
23	2.6104	0	17	47	48	5.3637	3	17	64
24	3.7174	9	0	44	49	6.0771	4	15	72
25	3.8946	2	16	39					

解 ① 相关统计量计算。

已知 $n=49$,根据表 4.63 中的数据可以算出以下统计量的值:

$$\sum_{j=1}^{n} x_{1j} = 259$$

$$\bar{x}_1 = \frac{1}{n}\sum_{j=1}^{n} x_{1j} = 5.286$$

$$\sum_{j=1}^{n} x_{2j} = 578$$

$$\bar{x}_2 = \frac{1}{n}\sum_{j=1}^{n} x_{2j} = 11.796$$

$$\sum_{j=1}^{n} x_{3j} = 2411$$

$$\bar{x}_3 = \frac{1}{n}\sum_{j=1}^{n} x_{3j} = 49.204$$

$$\sum_{j=1}^{n} y_j = 224.5169$$

$$\bar{y} = \frac{1}{n}\sum_{j=1}^{n} y_j = 4.582$$

$$L_{11} = \sum_{j=1}^{n}(x_{1j} - \bar{x}_1)^2 = \sum_{j=1}^{n} x_{1j}^2 - \frac{1}{n}\left(\sum_{j=1}^{n} x_{1j}\right)^2 = 662.000$$

$$L_{22} = \sum_{j=1}^{n}(x_{2j} - \bar{x}_2)^2 = \sum_{j=1}^{n} x_{2j}^2 - \frac{1}{n}\left(\sum_{j=1}^{n} x_{2j}\right)^2 = 1793.959$$

$$L_{33} = \sum_{j=1}^{n}(x_{3j} - \bar{x}_3)^2 = \sum_{j=1}^{n} x_{3j}^2 - \frac{1}{n}\left(\sum_{j=1}^{n} x_{3j}\right)^2 = 662.000$$

$$L_{12} = L_{21} = \sum_{j=1}^{n}(x_{1j} - \bar{x}_1)(x_{2j} - \bar{x}_2) = \sum_{j=1}^{n} x_{1j}x_{2j} - \frac{1}{n}\sum_{j=1}^{n} x_{1j}\sum_{j=1}^{n} x_{2j} = -918.1428$$

$$L_{13} = L_{31} = \sum_{j=1}^{n}(x_{1j} - \bar{x}_1)(x_{3j} - \bar{x}_3) = \sum_{j=1}^{n} x_{1j}x_{3j} - \frac{1}{n}\sum_{j=1}^{n} x_{1j}\sum_{j=1}^{n} x_{3j} = -388.8571$$

$$L_{23} = L_{32} = \sum_{j=1}^{n}(x_{2j} - \bar{x}_2)(x_{3j} - \bar{x}_3) = \sum_{j=1}^{n} x_{2j}x_{3j} - \frac{1}{n}\sum_{j=1}^{n} x_{2j}\sum_{j=1}^{n} x_{3j} = 776.0408$$

$$L_{1y} = \sum_{j=1}^{n}(x_{1j} - \bar{x}_1)(y_j - \bar{y}) = \sum_{j=1}^{n} x_{1j}y_j - \frac{1}{n}\sum_{j=1}^{n} x_{1j}\sum_{j=1}^{n} y_j = -67.432986$$

$$L_{2y} = \sum_{j=1}^{n}(x_{2j} - \bar{x}_2)(y_j - \bar{y}) = \sum_{j=1}^{n} x_{2j}y_j - \frac{1}{n}\sum_{j=1}^{n} x_{2j}\sum_{j=1}^{n} y_j = 69.13047$$

$$L_{3y} = \sum_{j=1}^{n}(x_{3j} - \bar{x}_3)(y_j - \bar{y}) = \sum_{j=1}^{n} x_{3j}y_j - \frac{1}{n}\sum_{j=1}^{n} x_{3j}\sum_{j=1}^{n} y_j = 245.5713$$

$$L_{yy} = \sum_{j=1}^{n}(y_j - \bar{y})^2 = \sum_{j=1}^{n} y_j^2 - \frac{1}{n}\left(\sum_{j=1}^{n} y_j\right)^2 = 44.905$$

② 建立方程组,求偏回归系数 b_1, b_2, b_3 与常数 a。

已知方程组为

$$\begin{cases} L_{11}b_1 + L_{12}b_2 + L_{13}b_3 = L_{1y} \\ L_{21}b_1 + L_{22}b_2 + L_{23}b_3 = L_{2y} \\ L_{31}b_1 + L_{32}b_2 + L_{33}b_3 = L_{3y} \end{cases}$$

将计算得到的统计量的值代入上式可得

$$\begin{cases} 662.000b_1 - 918.1428b_2 - 388.8571b_3 = -67.432986 \\ -918.1428b_1 + 1793.959b_2 + 776.0408b_3 = 69.13047 \\ -388.8571b_1 + 776.0408b_2 + 6247.959b_3 = 245.5713 \end{cases}$$

通过克拉默法则或消元法解上述方程组可得

$$\begin{cases} b_1 = 0.1606 \\ b_2 = 0.1076 \\ b_3 = 0.359 \end{cases}$$

则

$$a = \bar{y} - b_1\bar{x}_1 - b_2\bar{x}_2 - b_3\bar{x}_3 = 0.0359$$

则回归方程为

$$\hat{y} = 0.697 + 0.1606x_1 + 0.1076x_2 + 0.0359x_3$$

列出方差分析表,如表4.64所示。

表4.64 方差分析表

方差来源	偏差平方和	自由度	方差(均方)	F比	$F_{0.01}(3,45)$	显著性
回归	15.221	3	5.074	7.96	介于4.20与4.31之间	**
残差	29.684	45	0.660			
总和	44.905	48				

③ 显著性检验。

总偏差平方和及自由度为

$$S_T = L_{yy} = 44.905$$
$$f = n - 1 = 49 - 1 = 48$$

回归平方和及自由度为

$$S_R = \sum_{j=1}^n (\hat{y}_j - \bar{y})^2 = \sum_{i=1}^m b_i L_{iy} = 15.221$$
$$f = m = 3$$

残差平方和及自由度为

$$S_e = \sum_{j=1}^n (y_j - \hat{y}_j)^2 = L_{yy} - \sum_{i=1}^m b_i L_{iy} = 29.684$$
$$f = n - m - 1 = 45$$

由于 $F > F_{0.01}(3,45)$,故回归方程高度显著。用复相关系数检验法可以得到同样的结论。

4.3.4 非线性回归

在许多实际问题中,变量之间的关系并不是线性的,这时就应该考虑采用非线性回归模型。在进行非线性回归分析时,必须着重解决两方面的问题:一是如何确定非线性函数的具体形式,与线性回归不同,非线性回归函数有多种多样的具体形式,需要根据所研究的实际问题的性质和试验数据的特点作出恰当的选择;二是如何估计函数中的参数,非线性回归分析最常用的方法仍然是最小二乘法,但需要根据函数的不同类型,作适当的处理。

1. 一元非线性回归

对于一元非线性问题,可用回归曲线 $y=f(x)$ 来描述。在许多情形下,通过适当的线性变换,可将其转化为一元线性回归问题。具体做法如下:
① 根据试验数据,在直角坐标中画出散点图;
② 根据散点图,推测 y 与 x 之间的函数关系;
③ 选择适当的变换,使之变成线性关系;
④ 用线性回归方法求出线性回归方程;
⑤ 返回到原来的函数关系,得到要求的回归方程;
⑥ 进行显著性检验。

如果凭借以往的经验和专业知识,预先知道变量之间存在一定形式的非线性关系,上述前两步可以省略;如果预先不清楚变量之间的函数类型,则可以依据试验数据的特点或散点图来选择对应的函数表达式。在选择函数形式时,应注意不同的非线性函数所具有的特点,这样才能建立比较准确的数学模型。下面简单介绍实际问题中常用的几种非线性函数的特点。

① 如果 y 随着 x 的增加而增加(或减少),最初增加(或减少)很快,以后逐渐放慢并趋于稳定,则可以选用双曲线函数来拟合;
② 对数函数的特点是,随着 x 的增大,x 的单位变动对因变量 y 的影响效果不断递减;
③ 指数函数的特点是,随着 x 的增大(或减小),因变量 y 逐渐趋于某一值;
④ S 形曲线函数(表达式见表 4.65)具有如下特点:y 是 x 的非减函数,开始时随着 x 的增加,y 的增长速度也逐渐加快,但当 y 达到一定水平时,其增长速度又逐渐放慢,最后无论 x 如何增加,y 只会趋近于 c,并且永远不会超过 c。

表 4.65 线性变换表

函数类型	函数关系式	线性变换($Y=A+BX$)				备注
		Y	X	A	B	
双曲线函数	$\dfrac{1}{y}=a+\dfrac{b}{x}$	$\dfrac{1}{y}$	$\dfrac{1}{x}$	a	b	
双曲线函数	$y=a+\dfrac{b}{x}$	y	$\dfrac{1}{x}$	a	b	
对数函数	$y=a+b\lg x$	y	$\lg x$	a	b	
对数函数	$y=a+b\ln x$	y	$\lg x$	a	b	
指数函数	$y=ab^x$	$\lg y$	x	$\lg a$	$\lg b$	$\lg y=\lg a+x\lg b$
指数函数	$y=ab^{bx}$	$\ln y$	x	$\ln a$	b	$\ln y=\ln a+bx$

续表

函数类型	函数关系式	线性变换($Y = A + BX$)				备注
		Y	X	A	B	
指数函数	$y = ae^{\frac{b}{x}}$	$\ln y$	$\frac{1}{x}$	$\ln a$	b	$\ln y = \ln a + \frac{b}{x}$
幂函数	$y = ax^b$	$\lg y$	$\lg x$	$\lg a$	b	$\lg y = \lg a + b\lg x$
幂函数	$y = a + bx^n$	y	x^n	a	b	
S形曲线函数	$y = \dfrac{c}{a + be^{-x}}$	$\dfrac{1}{y}$	e^{-x}	$\dfrac{a}{c}$	$\dfrac{b}{c}$	$\dfrac{1}{y} = \dfrac{a}{c} + \dfrac{be^{-x}}{c}$

需要指出的是,在一定的试验范围内,可能用不同的函数拟合试验数据,都可以得到显著性较好的回归方程,这时应该选择其中数学形式较简单的一种。一般说来,数学形式越简单,其可操作性就越强,过于复杂的函数形式在实际的定量分析中,并没有太大的价值。

一些常用的非线性函数的线性化变换列在表 4.65 中。

例 4.21 气体的流量与压力之间的关系一般由经验公式 $M = cp^b$ 表示,式中 M 是压强为 p 时每分钟流过流量计的空气物质的量,c,b 为常数。现进行一批试验,得到如表 4.66 所示的一组数据。试由这组数据定出常数 c,b,建立 M 和 p 之间的经验关系式,并检验其显著性。($\alpha = 0.05$)

表 4.66 例 4.21 试验数据

p(atm)	2.01	1.78	1.75	1.73	1.68	1.62	1.40	1.36	0.93	0.53
M(mol/min)	0.763	0.715	0.710	0.695	0.698	0.673	0.630	0.612	0.498	0.371

解 ① 回归方程的建立。

经验公式不是线性方程,如果对其两边同时取对数,可得

$$\lg M = \lg c + b\lg p$$

如果令 $y = \lg M$,$x = \lg p$,$a = \lg c$,则上述经验公式可以变换成一元线性方程:

$$y = a + bx$$

已知试验次数 $n = 10$,根据上述变换,对试验数据进行整理计算,如表 4.67 所示。

计算统计量:

$$L_{xx} = \sum_{i=1}^{n} x_i^2 - n(\bar{x})^2 = 0.4812 - 10 \times 0.1442^2 = 0.2733$$

$$L_{xy} = \sum_{i=1}^{n} x_i y_i - n\bar{x}\bar{y} = -0.1466 - 10 \times 0.1442 \times (-0.2045) = 0.1483$$

$$L_{yy} = \sum_{i=1}^{n} y_i^2 - n(\bar{y})^2 = 0.4989 - 10 \times (-0.2045)^2 = 0.0807$$

求回归系数:

$$b = \frac{L_{xy}}{L_{xx}} = \frac{0.1483}{0.2733} = 0.5426$$

$$a = \bar{y} - b\bar{x} = -0.2045 - 0.5426 \times 0.1442 = -0.2827$$

表 4.67 例 4.21 数据计算表

序号	p_i	M_i	x_i lg p_i	y_i lg M_i	x_i^2	y_i^2	$x_i y_i$
1	2.01	0.763	0.3032	−0.1175	0.0919	0.0138	−0.0356
2	1.78	0.715	0.2504	−0.1457	0.0627	0.0212	−0.0365
3	1.75	0.710	0.2430	−0.1487	0.0591	0.0221	−0.0361
4	1.73	0.695	0.2380	−0.1580	0.0567	0.0250	−0.0376
5	1.68	0.698	0.2253	−0.1561	0.0508	0.0244	−0.0352
6	1.62	0.673	0.2095	−0.1720	0.0439	0.0296	−0.0360
7	1.40	0.630	0.1461	−0.2007	0.0214	0.0403	−0.0293
8	1.36	0.612	0.1335	−0.2132	0.0178	0.0455	−0.0285
9	0.93	0.498	−0.0315	−0.3028	0.0010	0.0917	0.0095
10	0.53	0.371	−0.2757	−0.4306	0.0760	0.1854	0.1187
$\sum_{i=1}^{10}$	14.79	6.365	1.4420	−2.0454	0.4812	0.4989	−0.1466
$\frac{1}{10}\sum_{i=1}^{10}$	1.479	0.6365	0.1442	−0.2045			

x 与 y 之间的线性方程为

$$y = 0.5426x - 0.2827$$

$$c = 10^a = 10^{-0.2827} = 0.5216$$

气体的流量 M 与压强 p 之间的经验公式可表示为

$$M = 0.5216 p^{0.5426}$$

② 回归方程显著性检验。

a. 相关系数检验。

$$\gamma = \frac{L_{xy}}{\sqrt{L_{xx}L_{yy}}} = \frac{0.1483}{\sqrt{0.2733 \times 0.0807}} = 0.9986$$

根据 $\alpha=0.05$，$n=10$ 查相关系数临界值表，得 $\gamma_{0.05,n-2}=\gamma_{0.05,8}=0.632$。由于 $\gamma=0.9986>\gamma_{0.05,8}=0.632$，故所得到的经验公式有意义。

b. F 检验。

$$S_T = L_{yy} = 0.0807$$
$$S_R = b \times L_{xy} = 0.5426 \times 0.1483 = 0.0805$$
$$S_e = S_T - S_R = 0.0807 - 0.0805 = 0.0002$$

列出方差分析表，如表 4.68 所示。

表 4.68 方差分析表

方差来源	偏差平方和	自由度	方差	F 比	$F_{0.01}(1,8)$	显著性
回归	0.0805	1	0.0805	3220	11.3	**
残差	0.0002	8	0.000025			
总和	0.0807	9				

所求得的经验公式高度显著。

2. 一元多项式回归

不是所有的一元非线性函数都能转换成一元线性方程，但任何复杂的一元连续函数都可用高阶多项式近似表示，因此对于那些较难直线化的一元函数，或事先不能确定出函数的类型时，选择多项式函数。多项式函数的一般形式为

$$\hat{y} = a + b_1 x + b_2 x^2 + \cdots + b_m x^m \tag{4.72}$$

虽然任意曲线都可以近似地用多项式表示，增加多项式的阶数在一般情况下可以减小回归误差，提高精度，但回归计算过程中的舍入误差的积累也越大，且可能使试验点外的回归曲线振荡，导致预测精度下降，甚至得不到合理的结果，故一般取 $m=3$ 或 4。

若令 $x_1 = x, x_2 = x^2, \cdots, x_m = x^m$，则式(4.72)可以转化为多元线性方程：

$$\hat{y} = a + b_1 x_1 + b_2 x_2 + \cdots + b_m x_m \tag{4.73}$$

这样就可以用多元线性回归分析求出系数 $a, b_i (i = 1, 2, \cdots, m)$。

例 4.22 设有一组试验数据如表 4.69 所示，要求用二次多项式来拟合这组数据。（$\alpha = 0.05$）

表 4.69　例 4.22 试验数据

x_i	1	3	4	5	6	7	8	9	10
y_i	2	7	8	10	11	12	10	9	8

解　先在直角坐标系中根据这 9 组数据标出 9 个点，如图 4.8 所示，这些点近似于抛物线分布，故可设该多项式方程为 $\hat{y} = a + b_1 x + b_2 x^2$。

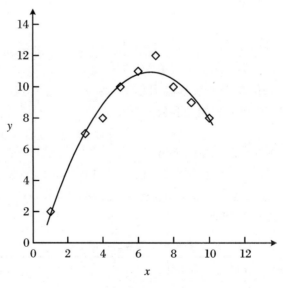

图 4.8　例 4.22 附图

如果设 $x_1 = x, x_2 = x^2$，则上述多项式可以变为 $\hat{y} = a + b_1 x_1 + b_2 x_2$ 的多元线性方程形

式。由 $x_{1i} = x$，$x_{2i} = x_i^2$ 可求出 x_{1i}、x_{2i} ($i = 1,2,\cdots,9$)，见表 4.70。

表 4.70 例 4.22 计算数据

x_{1i}	1	3	4	5	6	7	8	9	10
x_{2i}	1	9	16	25	36	49	64	81	100
y_i	2	7	8	10	11	12	10	9	8

（1）相关统计量计算。

已知 $n = 9$，根据表 4.70 中的数据可以算出以下统计量的值：

$$\sum_{j=1}^{n} x_{1j} = 53$$

$$\bar{x}_1 = \frac{1}{n} \sum_{j=1}^{n} x_{1j} = 5.9$$

$$\sum_{j=1}^{n} x_{2j} = 381$$

$$\bar{x}_2 = \frac{1}{n} \sum_{j=1}^{n} x_{2j} = 42.3$$

$$\sum_{j=1}^{n} y_j = 77$$

$$\bar{y} = \frac{1}{n} \sum_{j=1}^{n} y_j = 8.56$$

$$L_{11} = \sum_{j=1}^{n} (x_{1j} - \bar{x}_1)^2 = \sum_{j=1}^{n} x_{1j}^2 - \frac{1}{n} \Big(\sum_{j=1}^{n} x_{1j}\Big)^2 = 381 - \frac{1}{9} \times 53^2 = 68.89$$

$$L_{22} = \sum_{j=1}^{n} (x_{2j} - \bar{x}_2)^2 = \sum_{j=1}^{n} x_{2j}^2 - \frac{1}{n} \Big(\sum_{j=1}^{n} x_{2j}\Big)^2 = 25317 - \frac{1}{9} \times 381^2 = 9188$$

$$L_{12} = L_{21} = \sum_{j=1}^{n} (x_{1j} - \bar{x}_1)(x_{2j} - \bar{x}_2) = \sum_{j=1}^{n} x_{1j} x_{2j} - \frac{1}{n} \sum_{j=1}^{n} x_{1j} \sum_{j=1}^{n} x_{2j}$$

$$= 3017 - \frac{1}{9} \times 53 \times 381 = 773.33$$

$$L_{1y} = \sum_{j=1}^{n} (x_{1j} - \bar{x}_1)(y_j - \bar{y}) = \sum_{j=1}^{n} x_{1j} y_j - \frac{1}{n} \sum_{j=1}^{n} x_{1j} \sum_{j=1}^{n} y_j$$

$$= 496 - \frac{1}{9} \times 53 \times 77 = 42.56$$

$$L_{2y} = \sum_{j=1}^{n} (x_{2j} - \bar{x}_2)(y_j - \bar{y}) = \sum_{j=1}^{n} x_{2j} y_j - \frac{1}{n} \sum_{j=1}^{n} x_{2j} \sum_{j=1}^{n} y_j$$

$$= 3596 - \frac{1}{9} \times 381 \times 77 = 336.33$$

$$L_{yy} = \sum_{j=1}^{n} (y_j - \bar{y})^2 = \sum_{j=1}^{n} y_j^2 - \frac{1}{n} \Big(\sum_{j=1}^{n} y_j\Big)^2 = 727 - \frac{1}{9} \times 77^2 = 68.22$$

(2) 建立方程组,求偏回归系数 b_1,b_2 与常数 a。
已知方程组为

$$\begin{cases} L_{11}b_1 + L_{12}b_2 = L_{1y} \\ L_{21}b_1 + L_{22}b_2 = L_{2y} \end{cases}$$

将计算得到的统计量的值代入上式可得

$$\begin{cases} 68.89b_1 + 773.33b_2 = 42.56 \\ 773.33b_1 + 9188b_2 = 336.33 \end{cases}$$

通过克拉默法则或消元法解上述方程组可得

$$\begin{cases} b_1 = 3.750 \\ b_2 = -0.279 \end{cases}$$

则

$$a = \bar{y} - b_1\bar{x}_1 - b_2\bar{x}_2 = -1.716$$

故回归方程为

$$\hat{y} = -1.716 + 3.750x_1 - 0.279x_2$$

(3) 显著性检验。
总偏差平方和及自由度为

$$S_T = L_{yy} = 68.22$$
$$f = n - 1 = 9 - 1 = 8$$

回归平方和及自由度为

$$S_R = \sum_{j=1}^{n}(\hat{y}_j - \bar{y})^2 = \sum_{i=1}^{m} b_i L_{iy} = 65.76$$
$$f = m = 2$$

残差平方和及自由度为

$$S_e = \sum_{j=1}^{n}(y_j - \hat{y}_j)^2 = L_{yy} - \sum_{i=1}^{m} b_i L_{iy} = 2.46$$
$$f = n - m - 1 = 6$$

列出方差分析表,如表 4.71 所示。

表 4.71 方差分析表

方差来源	偏差平方和	自由度	方差(均方)	F 比	$F_{0.01}(6,3)$	显著性
回归	65.76	2	32.88	80.20	6.37	**
残差	2.46	6	0.41			
总和	68.22	8				

由于 $F > F_{0.01}(6,3)$,故回归方程高度显著。用复相关系数检验法可以得到同样的结论。因此所求的二次多项式为

$$y = -1.716 + 3.750x_1 - 0.279x_2$$

3. 多元非线性回归

如果试验指标 y 与多个试验因素 $x_j(j=1,2,\cdots,n)$ 之间存在非线性关系,例如 y 与 m

个因素 $x_1, x_2, \cdots, x_m$ 的二次回归模型为

$$\hat{y} = a + \sum_{j=1}^{n} b_j x_j + \sum_{j=1}^{n} b_{jj} x_j^2 + \sum_{j<k} b_{jk} x_j x_k \quad (j > k, k = 1, 2, \cdots, m-1) \quad (4.74)$$

也可以利用类似的方法，将其转换成线性回归模型，然后再按线性回归的方法进行处理。一般说来，在科学技术领域内，用式(4.74)二次多项式来逼近已足够精确。

例4.23 在某化合物的合成试验中，产品的收率(y)与原料配比(x_1)和反应时间(x_2)两个因素之间的函数关系近似满足二次回归模型：$y = a + b_2 x_2 + b_{22} x_2^2 + b_{12} x_1 x_2$，现进行一批试验，得到如表4.72所示的一组数据。试通过回归分析确定系数 a, b_2, b_{22}, b_{12}。（$\alpha = 0.05$）

表4.72 例4.23数据

试验号	配比(x_1)	反应时间(x_2)	收率(y)
1	1.0	1.5	0.330
2	1.4	3.0	0.335
3	1.8	1.0	0.294
4	2.2	2.5	0.476
5	2.6	0.5	0.209
6	3.0	2.0	0.451
7	3.4	3.5	0.482

解 ① 回归方程的建立。

设 $X_1 = x_2, X_2 = x_2^2, X_3 = x_1 x_2, B_1 = b_2, B_2 = b_{22}, B_3 = b_{12}$，则上述二次回归模型可转换成如下的线性形式：

$$y = a + B_1 X_1 + B_2 X_2 + B_3 X_3$$

对表4.72原始数据进行转换得表4.73。

表4.73 表4.72转换计算表

I	y	x_1	x_2	X_1	X_2	X_3
1	0.330	1.0	1.5	1.5	2.25	1.5
2	0.335	1.4	3.0	3.0	9.00	4.2
3	0.294	1.8	1.0	1.0	1.00	1.8
4	0.476	2.2	2.5	2.5	6.25	5.5
5	0.209	2.6	0.5	0.5	0.25	1.3
6	0.451	3.0	2.0	2.0	4.00	6.0
7	0.482	3.4	3.5	3.5	12.25	11.9

② 相关统计量计算。

已知 $n = 7$，根据表4.73中的数据可以算出以下统计量的值：

$$\sum_{j=1}^{n} X_{1j} = 14.00$$

$$\overline{X}_1 = \frac{1}{n}\sum_{j=1}^{n} X_{1j} = 7.00$$

$$\sum_{j=1}^{n} X_{2j} = 35.00$$

$$\overline{X}_2 = \frac{1}{n}\sum_{j=1}^{n} X_{2j} = 5.00$$

$$\sum_{j=1}^{n} X_{3j} = 32.20$$

$$\overline{X}_3 = \frac{1}{n}\sum_{j=1}^{n} X_{3j} = 4.60$$

$$\sum_{j=1}^{n} y_j = 2.577$$

$$\overline{y} = \frac{1}{n}\sum_{j=1}^{n} y_j = 0.368$$

$$L_{11} = \sum_{j=1}^{n}(X_{1j} - \overline{X}_1)^2 = \sum_{j=1}^{n} X_{1j}^2 - \frac{1}{n}\left(\sum_{j=1}^{n} X_{1j}\right)^2 = 7.00$$

$$L_{22} = \sum_{j=1}^{n}(X_{2j} - \overline{X}_2)^2 = \sum_{j=1}^{n} X_{2j}^2 - \frac{1}{n}\left(\sum_{j=1}^{n} X_{2j}\right)^2 = 117.25$$

$$L_{33} = \sum_{j=1}^{n}(X_{3j} - \overline{X}_3)^2 = \sum_{j=1}^{n} X_{3j}^2 - \frac{1}{n}\left(\sum_{j=1}^{n} X_{3j}\right)^2 = 84.56$$

$$L_{12} = L_{21} = \sum_{j=1}^{n}(X_{1j} - \overline{X}_1)(X_{2j} - \overline{X}_2) = \sum_{j=1}^{n} X_{1j}X_{2j} - \frac{1}{n}\sum_{j=1}^{n} X_{1j}\sum_{j=1}^{n} X_{2j} = 28.00$$

$$L_{13} = L_{31} = \sum_{j=1}^{n}(X_{1j} - \overline{X}_1)(X_{3j} - \overline{X}_3) = \sum_{j=1}^{n} X_{1j}X_{3j} - \frac{1}{n}\sum_{j=1}^{n} X_{1j}\sum_{j=1}^{n} X_{3j} = 20.30$$

$$L_{23} = L_{32} = \sum_{j=1}^{n}(X_{2j} - \overline{X}_2)(X_{3j} - \overline{X}_3) = \sum_{j=1}^{n} X_{2j}X_{3j} - \frac{1}{n}\sum_{j=1}^{n} X_{2j}\sum_{j=1}^{n} X_{3j} = 86.45$$

$$L_{1y} = \sum_{j=1}^{n}(X_{1j} - \overline{X}_1)(y_j - \overline{y}) = \sum_{j=1}^{n} X_{1j}y_j - \frac{1}{n}\sum_{j=1}^{n} X_{1j}\sum_{j=1}^{n} y_j = 0.524$$

$$L_{2y} = \sum_{j=1}^{n}(X_{2j} - \overline{X}_2)(y_j - \overline{y}) = \sum_{j=1}^{n} X_{2j}y_j - \frac{1}{n}\sum_{j=1}^{n} X_{2j}\sum_{j=1}^{n} y_j = 1.903$$

$$L_{3y} = \sum_{j=1}^{n}(X_{3j} - \overline{X}_3)(y_j - \overline{y}) = \sum_{j=1}^{n} X_{3j}y_j - \frac{1}{n}\sum_{j=1}^{n} X_{3j}\sum_{j=1}^{n} y_j = 1.909$$

$$L_{yy} = \sum_{j=1}^{n}(y_j - \overline{y})^2 = \sum_{j=1}^{n} y_j^2 - \frac{1}{n}\left(\sum_{j=1}^{n} y_j\right)^2 = 0.0648$$

③ 建立方程组,求偏回归系数 B_1, B_2, B_3 与常数 a。

已知方程组为

$$\begin{cases} L_{11}B_1 + L_{12}B_2 + L_{13}B_3 = L_{1y} \\ L_{21}B_1 + L_{22}B_2 + L_{23}B_3 = L_{2y} \\ L_{31}B_1 + L_{32}B_2 + L_{33}B_3 = L_{3y} \end{cases}$$

将计算得到的统计量的值代入上式可得

$$\begin{cases} 7.00B_1 + 28.00B_2 + 20.30B_3 = 0.524 \\ 28.00B_1 + 117.25B_2 + 86.45B_3 = 1.903 \\ 20.30B_1 + 86.45Bb_2 + 84.56B_3 = 1.909 \end{cases}$$

通过克拉默法则或消元法解上述方程组可得

$$\begin{cases} B_1 = 0.2522 \\ B_2 = -0.0650 \\ B_3 = 0.0285 \end{cases}$$

则

$$a = \bar{y} - B_1\bar{X}_1 - B_2\bar{X}_2 - B_3\bar{X}_3 = 0.0577$$

则回归方程为

$$\hat{y} = 0.0577 + 0.2522X_1 - 0.0650X_2 + 0.0285X_3$$

④ 显著性检验。

总偏差平方和及自由度为

$$S_T = L_{yy} = 0.0648$$
$$f = n - 1 = 7 - 1 = 6$$

回归平方和及自由度为

$$S_R = \sum_{j=1}^{n}(\hat{y}_j - \bar{y})^2 = \sum_{i=1}^{m}B_iL_{iy} = 0.0627$$
$$f = m = 3$$

残差平方和及自由度为

$$S_e = \sum_{j=1}^{n}(y_j - \hat{y}_j)^2 = L_{yy} - \sum_{i=1}^{m}B_iL_{iy} = 0.0021$$
$$f = n - m - 1 = 3$$

列出方差分析表,如表4.74所示。

表4.74 方差分析表

方差来源	偏差平方和	自由度	方差(均方)	F 比	$F_{0.05}(3,3)$	显著性
回归	0.0627	3	0.0209	29.762	9.28	**
残差	0.0021	3	0.0007			
总和	0.0648	6				

由于$F > F_{0.05}(3,3)$,故回归方程高度显著。用复相关系数检验法可以得到同样的结论。所以所建立的线性方程与试验数据拟合得较好。

因此,试验指标 y 与因素之间的近似函数关系式为

$$y = 0.0577 + 0.2522x_2 - 0.0650x_2^2 + 0.0285x_1x_2$$

通过以上的例题可以看出，回归分析的计算量比较大，本书第5章介绍了如何利用 Excel 进行回归分析。

4.3.5 均匀设计结果的回归分析

例 4.24 采用回归分析法对例 3.14 中的均匀设计结果进行分析，因素水平表见表 3.31，试验方案和试验结果见表 3.32。

解 对上述试验结果进行回归分析，得到的回归方程为

$$y = 18.585 + 1.644x_1 - 11.667x_2 + 0.101x_3 - 3.333x_4$$

这是一个四元线性回归方程，为检验其可信性，对该回归方程进行方差分析，其方差分析表如表 4.75 所示。

表 4.75 方差分析表

方差来源	偏差平方和	自由度	方差	F 比	$F_{0.01}(4,4)$	显著性
回归	919	4	229.75	70.69	15.98	**
残差	13	4	3.25			
总和	932	8				

由方差分析知，所求得的回归方程非常显著，该回归方程是可信的。

由回归方程可知：x_1、x_3 的系数为正值，表明试验指标随因素 x_1、x_3 的增加而增加；x_2、x_4 的系数为负值，则表示试验指标随因素 x_2、x_4 的增加而减少。所以，在确定较优方案时，因素 x_1、x_3 的取值应偏上限，即丙烯酸用量取 32 mL，丙烯酸中和度取 92%；同理，因素 x_2、x_4 的取值应偏下限，即引发剂用量取 0.3%，甲醛用量取 0.20 mL。将以上各值代入上述回归方程，得到 $y=76.3$，这一结果好于表 3.32 中的 9 个试验结果，但是否可行，还应进行验证试验。

为了判断各因素的主次顺序，需对各偏回归系数标准化。四个标准化偏回归系数分别为 $b'_{x1}=1.043$，$b'_{x2}=0.296$，$b'_{x3}=0.141$，$b'_{x4}=0.127$，可见因素主次顺序为 $x_1 > x_2 > x_3 > x_4$，即丙烯酸用量>引发剂用量>丙烯酸中和度>甲醛用量。

为了得到更好的结果，可以对上述工艺条件作进一步考察。由于试验指标随因素 x_1、x_3 的增加而增加，随因素 x_2、x_4 的增加而减少，可将因素 x_1、x_3 的取值再增大一些，将因素 x_2、x_4 的取值再减小一些，也许可以得到更优的试验方案。

4.4 试验结果的图表表示法

图和表是试验数据的两种基本表示方法，正确使用图和表是试验数据分析处理的最基本技能。

4.4.1 列表法

1. 定义

就是将数据列成表格,将各变量的数值依照一定的形式和顺序一一对应起来,通常是数据整理的第一步。

表格是表示试验数据不可缺少的基本工具。

列表法就是将试验数据列成表格,将各变量的数值按照一定的形式顺序一一对应起来。

2. 分类

试验数据表可以分为两大类:数据记录表和结果表示表。

(1) 数据记录表。

数据记录表是试验记录和试验数据初步整理的表格,它是根据试验内容设计的一种专门表格(表 4.76)。

表中数据可分为三类:原始数据、中间数据和最终计算结果数据。

试验数据记录表应在试验正式开始前,根据试验内容和条件有计划地列出,从而使试验的进行有计划,而且不易遗漏数据。

数据记录表的结构如下:

① 表名(表的标题):应放在表的上方,主要用于说明表的主要内容,表名前可以加表号,便于引用。

② 表头:通常放在第一行,主要用于表示所研究问题的类别名称和指标名称。

③ 数据:表格的主体部分,根据表头按一定规律排列。

④ 表外附加:表格下方,主要是一些不便于列在表内的内容,如注释、资料来源、固定不变的试验数据(条件数据)等。

(2) 结果表示表。

通常试验结果表示表要注意以下几个方面:

① 试验结果表示表通常由表号、表名、表头和数据资料组成,必要时可以在表外加表外附加说明;

② 通常采用三线表表示;

③ 表格设计要简明合理、层次清晰,以便于阅读和使用;

④ 数据表的表头要列出变量的名称、符号和单位,如果表中的所有数据的单位都相同,这时单位可以在表的右上角标明;

⑤ 要注意有效数字位数,应注意与试验精度相匹配,同一变量应保持有效数字位数相同;

⑥ 试验数据较大或较小时,要用科学记数法。

表 4.76 絮凝沉降试验原始数据记录表

一、煤样

煤样来源：　　　　　　　　　　　取样日期：

煤泥水浓度：　　　　　　　　　　试验时间：

二、凝聚剂种类：

产地：　　　　分子量：　　　　名称：　　　　类型：　　　　制备时间：

序号	凝聚剂用量(g/m^3)											
1	时间(s)	距离(mm)	时间(s)	距离(mm)	时间(s)	距离(mm)	时间(s)	距离(mm)	时间(s)	距离(mm)	时间(s)	距离(mm)
	5		5		5		5		5		5	
	10		10		10		10		10		10	
	15		15		15		15		15		15	
	20		20		20		20		20		20	
	25		25		25		25		25		25	
	30		30		30		30		30		30	
	35		35		35		35		35		35	
	40		40		40		40		40		40	
	45		45		45		45		45		45	
	50		50		50		50		50		50	
	55		55		55		55		55		55	
	60		60		60		60		60		60	
	65		65		65		65		65		65	
	70		70		70		70		70		70	
	75		75		75		75		75		75	
	80		80		80		80		80		80	
初始沉降速度(cm/min)												
上澄清液浓度(g/L)												
沉积物高度(cm)												

3. 列表法的原则

（1）表格的设计应该简明合理、层次清晰，便于阅读和使用。

（2）表头要列出变量名称、符号和单位，如果表中所有数据的单位都相同，单位可以在表格外的右上角标明。

（3）要注意有效数字位数，即记录的数字应与试验的精度相匹配。

（4）试验数据较大或较小时，要用科学记数法表示，将数量级计入表头。注意表头中的表与表中的数据应服从下式：数据的实际值 $\times 10^{\pm n}$ = 表中数据。

（5）数据表格记录要正规，原始数据要写得清楚整齐，不得潦草，要记录试验日期、试验条件，并妥善保管。

(6) 必要时在表外加表外附加说明。

4.4.2 图示法

试验结果的图示法形象直观,便于比较,容易看出数据中的极值点、转折点、周期性、变化率等特性,可以为下一步数学模型的建立提供依据。

根据图形的形状可以分为线图、柱形图、条形图、饼图、环形图、散点图、直方图、面积图、雷达图、气泡图、曲面图等。

图形的选择取决于试验数据的性质,一般情况下,计量性数据(需要测量工具测量,连续型)可以采用直方图和折线图等,计数性和表示性状的数据(计件和计点,离散型)可以采用柱形图和饼图等,如果表示动态变化情况,则使用线图比较合适。

1. 常用数据图

(1) 线图。

它可以用来表示因变量随自变量的变化情况。它可以分为单式和复式两种。

单式线图:表示某一种事物或现象的动态变化情况(图 4.9)。

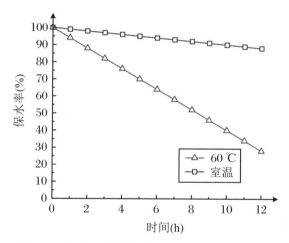

图 4.9 高吸水性树脂保水率与时间和温度的关系

复式线图:在同一图中表示两种或两种以上事物或现象的动态变化情况,可用于不同事物或现象的比较(图 4.10)。

(2) 条形图。

用等宽长条的长短或高低来表示数据的大小,以反映各数据的差异。条形图可以横置或纵置。

通常一条轴为数值轴,用于表示数量性的因素或数量,另一条为分类轴,常表示属性因素或变量。

条形图分单式(图 4.11)和复式(图 4.12)两种。

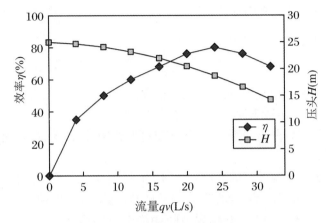

图 4.10 某离心泵特性曲线

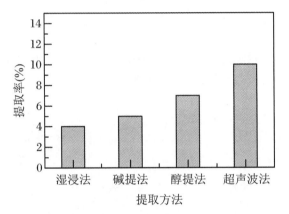

图 4.11 单式条形图

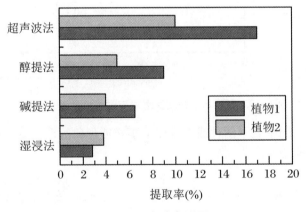

图 4.12 复式条形图

(3) 圆形图和环形图。

圆形图也称饼图,它可以表示总体中各组成部分所占的比例。以扇形面积的大小来分别表示各项的比例(图 4.13)。

环形图,总体中的每一部分的数据用环中的一段表示。环形图可以显示多个总体各部分所占的相应比例,从而有利于比较研究(图 4.14)。

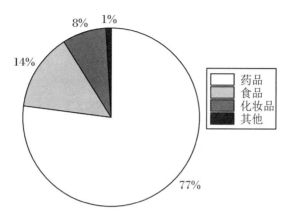

图 4.13　全球天然维生素 E 消费比例

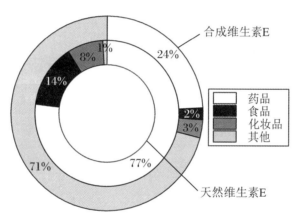

图 4.14　全球合成、天然维生素 E 消费比例比较

(4) 散点图。

散点图用于表示两个变量间的相互关系,从散点图可以看出变量关系的统计规律(图 4.15)。

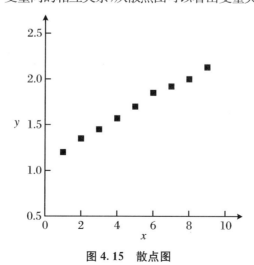

图 4.15　散点图

(5) 三角形图。

三角形图用于表示三元混合物各组分含量或浓度之间的关系(图4.16)。

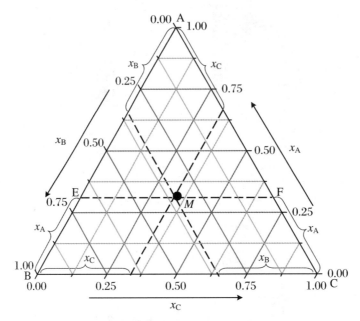

图 4.16　等边三角形坐标图

(6) 三维表面图。

三元函数 $Z = f(X, Y)$ 对应的曲面图，根据曲面图可以看出因变量 Z 值随自变量 X 和 Y 值的变化情况(图4.17)。

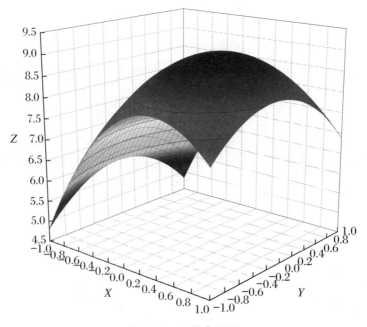

图 4.17　三维表面图

（7）三维等高线图。

三维表面图上 Z 值相等的点连成的曲线在水平面上的投影（图 4.18）。

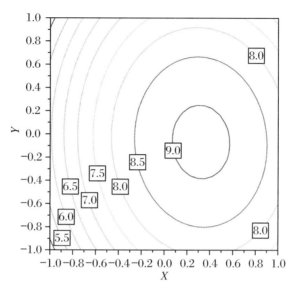

图 4.18　三维等高线图

（8）绘制图形应注意的几点。

① 在绘制线图时，要求曲线光滑，并使曲线尽可能通过较多的实验点，或者使曲线以外的点尽可能位于曲线附近，并使曲线两侧的点数大致相等。

② 定量坐标轴，其分度不一定要从零开始，主要考虑让图充满绘图区。

③ 定量绘制的坐标图，其坐标轴上必须标明该坐标所代表的变量名称、符号及所用的单位，一般用纵坐标代表因变量。

④ 坐标轴的分度应与试验数据的有效数字位数相匹配。

⑤ 图必须有图号和图名，以便于引用，必要时还应有图注。

2. 坐标系的选择

选用坐标系的基本原则如下：

（1）根据数据间的函数关系。

① 线性函数：$y = a + bx$，选用普通直角坐标系，如图 4.19 所示。

② 幂函数：$y = ax^b$，因为 $\lg y = \lg a + b \lg x$，选用双对数坐标系可以使图形线性化，如表 4.77 及图 4.20 所示。

③ 指数函数：$y = ab^x$，因 $\lg y$ 与 x 呈线性关系，故采用半对数坐标。

（2）根据数据的变化情况。

① 若试验数据的两个变量的变化幅度都不大，可选用普通直角坐标系，如表 4.78 及图 4.21 所示。

② 若所研究的两个变量中，有一个变量的最小值与最大值之间数量级相差太大，可以选用半对数坐标。

③ 若所研究的两个变量在数值上均变化了几个数量级,可选用双对数坐标。

④ 在自变量由零开始逐渐增大的初始阶段,当自变量的小变化引起因变量极大变化时,此时采用半对数坐标系或双对数坐标系。

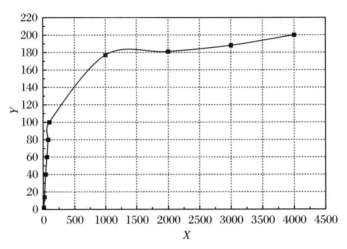

图 4.19 普通直角坐标系

表 4.77 实例 1:已知 x 和 y 的数据

X	10	20	40	60	80	100	1000	2000	3000	4000
Y	2	14	40	60	80	100	177	181	188	200

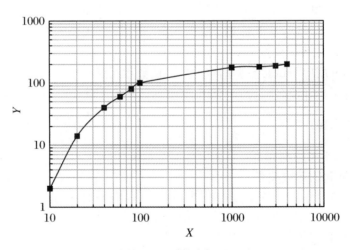

图 4.20 对数坐标系

表 4.78 实例 2:已知 lg x 和 lg y 的数据

lg x	1.0	1.3	1.6	1.8	1.9	2.0	3.0	3.3	3.5	3.6
lg y	0.3	1.1	1.6	1.8	1.9	2.0	2.2	2.3	2.3	2.3

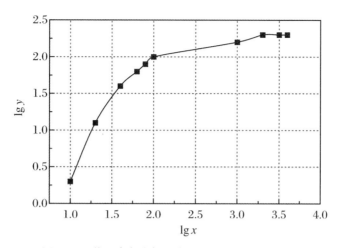

图 4.21 普通直角坐标系中 lg x 和 lg y 的关系图

3. 坐标比例尺的确定

坐标比例尺是指每条坐标轴所能代表的物理量的大小,即指坐标轴的分度。基本方法如下:

(1) 在变量 x 和 y 的误差 Δx、Δy 已知时,比例尺的取法应使试验点的边长为 $2\Delta x$、$2\Delta y$,而且使 $2\Delta x = 2\Delta y = 1 \sim 2$ mm。若 $2\Delta y = 2$ mm,则 y 轴的比例尺 M_y 应为

$$M_y = (2 \text{ mm})/(2\Delta y) = 1/\Delta y \text{ (mm)}$$

例如:已知质量的测量误差 $\Delta m = 0.1$ g,若在坐标轴上取 $2\Delta m = 2$ mm,则

$$M_m = 2/0.2 = 10 \text{ (mm)}$$

即坐标轴上 10 mm 代表 1 g。

(2) 如果误差未知,坐标轴的分度应与试验数据的有效数字位数相匹配,即坐标读数的有效数字位数与试验数据相同。

(3) 推荐坐标轴的比例常数 $M = (1, 2, 5) \times 10^{\pm n}$($n$ 为正整数),而 3、6、8 等的比例常数不可使用。

(4) 纵横坐标之间的比例不一定取得一致,使曲线的坡度介于 30°~60°之间。

实例 3:研究 pH 对某溶液吸光度 A 的影响,已知 pH 的测量误差 $\Delta\text{pH} = 0.1$,吸光度 A 的测量误差 $\Delta A = 0.01$。在一定波长下,测得 pH 与吸光度 A 的关系数据如表 4.79 所示,试在直角坐标系中绘出两者之间的关系曲线。

表 4.79 实例 3 数据

pH	8.0	9.0	10.0	11.0
吸光度 A	1.34	1.36	1.45	1.36

确定坐标系适宜的比例尺。

设 $2\Delta\text{pH} = 2\Delta A = 2$ mm,则横轴比例尺为 $M_{\text{pH}} = 2/0.2 = 10$(mm/单位 pH);纵轴比例尺为 $M_A = 2/0.02 = 100$(mm/单位吸光度)。

由此可知，相比于图 4.22，图 4.23 的比例尺比较合适。

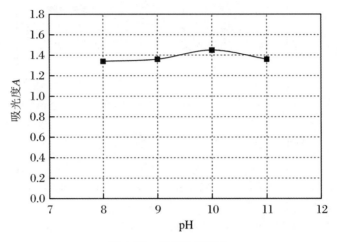

图 4.22　实例 3 附图 1

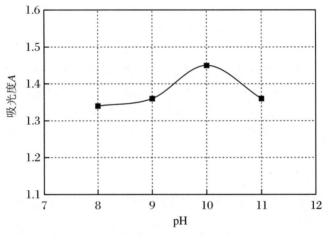

图 4.23　实例 3 附图 2

第 5 章　试验结果的软件分析

5.1　Excel 在试验结果分析中的应用

Microsoft 公司的 Office 系列 Excel 电子表格处理软件,它不仅能处理日常工作中的各种表格,同时还可利用 Excel 内部提供的大量函数及工具进行数据处理与分析。本章主要介绍如何利用 Excel 函数及工具进行方差分析及回归分析。

5.1.1　公式输入法及常用函数

1. 公式输入法

在函数中经常要引用单元格中数据作为参数,如引用列 D 和行 3 单元格,则引用为 D3;若引用列 D 中行 2 到行 5 共四个连续单元格,则引用为 D2:D5。

在 Excel 中公式以前导符"="开头,以下介绍在某一单元格中输入公式的几种方法。

① 直接在该单元格中输入以"="开头的公式。如求 A1 到 A4 共 4 个单元格中数据的平均值,并将结果放入 A5 单元格中。先选定 A5 单元格,再从键盘输入"=AVERAGE(A1:A4)",按回车键即可。或者在输入"=AVERAGE("后,用鼠标选定 A1 到 A4 单元格,再输入")",按回车键即可。

② 使用"插入函数"命令。先选定 A5 单元格,再单击工具条上 f_x 按钮,弹出"插入函数"对话框,如图 5.1 所示。

在"或选择类别(C):"下拉列表框中选择"统计",在"选择函数(N):"列表框中选择"AVERAGE"平均值函数,单击"确定"按钮,弹出"函数参数"对话框,如图 5.2 所示。

在"数值 1"项内输入"A1:A4",即表示对 A1 到 A4 单元格中的数据进行平均值计算,单击"确定"按钮即可。或者在图 5.2 中单击"数值 1"输入框右侧的 图标,用鼠标选定 A1 到 A4 单元格,按回车键结束鼠标选定,再单击"确定"按钮完成平均值的计算。

③ 从已有公式的单元格复制公式。接上例,再在 B5 单元格中求 B1 到 B4 的平均值。先选定 A5 单元格,复制(Ctrl+C 键),再选定 B5 单元格,粘贴(Ctrl+V 键,或在 B5 单元格上单击鼠标右键,在弹出菜单中选择"粘贴"或"选择性粘贴"),则在 B5 单元格中的公式自动变成"=AVERAGE(B1:B4)"。或者选定 A5 单元格,将鼠标移到 A5 单元格的右下角,当

鼠标指针变成小实心十字形状时,按下鼠标左键,沿行拖动到 B5 单元格上松开鼠标按键,即完成平均值的计算。

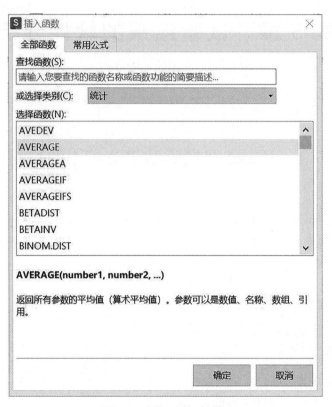

图 5.1　插入函数对话框

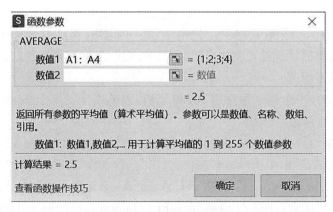

图 5.2　函数参数对话框

在复制单元格公式时,有时希望公式中某单元格或某些单元格固定不变,则可在行号或列号前加"＄"符号来冻结该单元格(或通过按 F4 键让 Excel 自动添加"＄"符号)。如将 A1 到 E1 中的数据分别加上 F1 中的数据,结果分别放到 A2 到 E2 中。在 A2 单元格中输入公式"＝A1＋＄F＄1",并按下回车键,再选定 A2 单元格,将鼠标移到 A2 单元格的右下角,当鼠标指针变成小实心十字形状时,按下鼠标左键,沿行拖动到 E2 单元格上松开鼠标按键,即完成计算,结果如图 5.3 所示。

	A	B	C	D	E	F
1	10	20	30	40	50	100
2	110	120	130	140	150	200

图 5.3 "$"符号的使用

④ 对已有公式进行编辑。直接在编辑栏 =A1+$F$1 中修改即可。如需将该编辑栏中 A1 改为 A1:C1,用鼠标选定编辑栏中 A1,再选定 A1:C1 区域,按回车键结束。则编辑栏中公式变为 =A1:C1+$F$1 。

2. 常用函数

(1) MAX 函数。

语法:MAX(number1,number2,…)。

功能:返回数据集中的最大值。

实例:见图 5.4。设 A2=50、A3=10、A4=60、A5=40,则公式"=MAX(A2:A5)"返回 60。

(2) MIN 函数。

语法:MIN(number1,number2,…)。

功能:返回数据集中的最小值。

实例:见图 5.4。设 A2=50、A3=10、A4=60、A5=40,则公式"=MIN(A2:A5)"返回 10。

(3) SUM 函数。

语法:SUM(number1,number2,…)。

功能:返回某一单元格区域中所有数据之和。

实例:见图 5.4。设 A2=50、A3=10、A4=60、A5=40,则公式"=SUM(A2:A5)"返回 160。

(4) AVERAGE 函数。

语法:AVERAGE(number1,number2,…)。

功能:返回某一单元格区域中所有数据的平均值。

实例:见图 5.4。

(5) ROUND 函数。

语法:ROUND(Number,num_digits)。

功能:将数值 Number 按 num_digits 指定的位数进行四舍五入。

实例:见图 5.5。

(6) COUNTIF 函数。

语法:COUNTIF(range,criteria)。

	A	B	C
1		公式	结果
2	50	=MAX(A2:A5)	60
3	10	=MIN(A2:A5)	10
4	60	=SUM(A2:A5)	160
5	40	=AVERAGE(A2:A5)	40

图 5.4　MAX、MIN、SUM、AVERAGE 函数的使用

	A	B	C
1		公式	结果
2	3.14159	=ROUND(A2*A3^2,2)	314.16
3	10		

图 5.5　ROUND 函数的使用

功能：按照 criteria 设置的筛选条件，统计 range 范围内符合条件的单元格个数。

实例：见图 5.6。公式"=COUNTIF(A2:A8,"=2")"表示统计 A2:A8 区域范围内值等于 2 的单元格个数。

	A	B	C
1		公式	结果
2	1	=COUNTIF(A2:A8,"=1")	3
3	2	=COUNTIF(A2:A8,"=2")	4
4	2		
5	1		
6	1		
7	2		
8	2		

图 5.6　COUNTIF 函数的使用

（7）SUMIF 函数。

语法：SUMIF(range,criteria,sum_range)。

功能：按照 criteria 设置的筛选条件，筛选 range 范围内符合条件的单元格，对 sum_range 范围内单元格进行求和。

实例：见图 5.7。公式"=SUMIF(A2:A8,"=1",B2:B8)"，表示统计 A2:A8 区域范围内值等于 1 的对应的 B2:B8 中单元格的数值总和。

（8）DEVSQ 函数。

语法：DEVSQ(number1,number2,…)。

功能：返回数据点和平均值的偏差平方和。

实例：见图 5.8。公式"=DEVSQ(A2:A4)"为求 A2:A4 范围内数据的偏差平方和。

	A	B	C	D
1			公式	结果
2	1	10	=SUMIF(A2:A8,"=1",B2:B8)	100
3	2	20	=SUMIF(A2:A8,"=2",B2:B8)	180
4	2	30		
5	1	40		
6	1	50		
7	2	60		
8	2	70		

图 5.7　SUMIF 函数的使用

	A	B	C
1		公式	结果
2	8	=DEVSQ(A2:A4)	8
3	10		
4	12		

图 5.8　DEVSQ 函数的使用

（9）FINV 函数。

语法：FINV(probability,degrees_freedom1,degrees_freedom2)。

功能：返回 F 分布的临界值。其中 probability 是累积 F 分布的概率值，degrees_freedom1 是分子自由度，degrees_freedom2 是分母自由度。

实例：见图 5.9。公式中符号"&"表示将左边的字符串与右边的函数结果连接在一起，形成一个新的字符串。公式"=FINV(0.01,5,45)"返回 3.45441621338578。

	A	B	C
1		公式	结果
2	5	="F0.01(5,45)="&FINV(0.01,A2,A3)	F0.01(5,45)=3.45441621338578
3	45		

图 5.9　FINV 函数的使用

（10）COUNTA 函数。

语法：COUNTA(value1,value2,…)。

功能：返回单元格区域中非空单元格的数目。利用该函数可以计算自由度。

实例：见图 5.10。设单元格 A2:A5 中均有实验数据，则公式"=COUNTA(A2:A5)"返回 2。

	A	B	C
1		公式	结果
2		=COUNTA(A2:A5)	2
3	21		
4			
5	1		

图 5.10　COUNTA 函数的使用

5.1.2　Excel 函数在方差分析中的应用

在 Excel 中可以通过工具进行单因素、重复双因素、无重复双因素方差分析，本章仅介绍在方差分析中如何利用 Excel 函数求解方差分析结果表。

例 5.1　单因素试验方差分析。

现有四种型号 A_1、A_2、A_3、A_4 的汽车轮胎，欲比较各型号轮胎在运行 20 km 后轮胎支撑瓦的磨损情况。为此，从每型号轮胎中任取四只，并随机地安装于四辆汽车上。汽车运行 20 km 后，对各支撑瓦进行检测得表 5.1 所示的磨损数据(单位：mm)。试问四种型号的轮胎是否具有明显的差别?

表 5.1　轮胎支撑瓦磨损数据(单位：mm)

试验号	型号 1	型号 2	型号 3	型号 4
A_1	14	13	17	13
A_2	14	14	8	13
A_3	12	11	12	9
A_4	10	9	13	11

解　① 打开 Excel，将表 5.1 中试验结果 x_{ij} 复制到 Sheet1 中，并添加“平均值”一列，如图 5.11 所示。

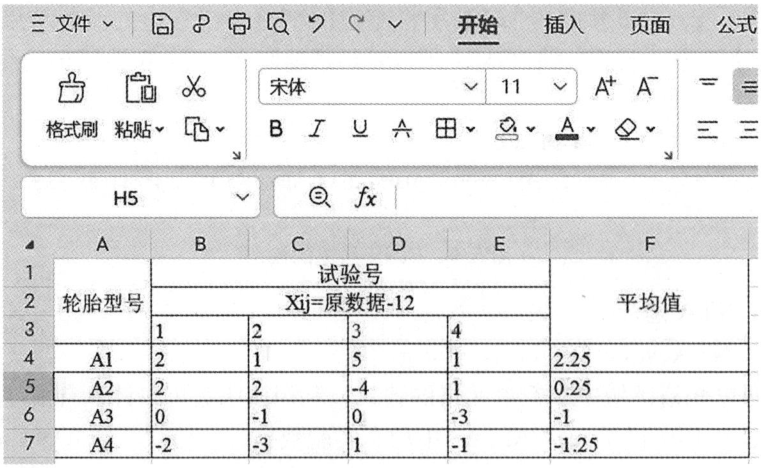

	A	B	C	D	E	F
1	轮胎型号	试验号				平均值
2		Xij=原数据-12				
3		1	2	3	4	
4	A1	2	1	5	1	2.25
5	A2	2	2	-4	1	0.25
6	A3	0	-1	0	-3	-1
7	A4	-2	-3	1	-1	-1.25

图 5.11　例 5.1 试验结果

② 计算出各水平平均值。

在 F4 单元格中输入公式“=AVERAGE(B4:E4)”，计算出 A_1 水平的平均值。再将该公式复制到 F5:F7 中，得到 A_2 到 A_4 水平的平均值。

③ 在 A10 到 G13 中输入方差分析计算结果表。如图 5.12 所示。

9	方差结果分析					
10	方差来源	偏差平方和	自由度	均方	F比	临界值	显著性
11	因素A						
12	误差E						
13	总和T						

图 5.12　方差分析表

④ 计算偏差平方和。

在 B11 内输入公式"= COUNTA(B4:E4) * DEVSQ(F4:F7)"，即为求因素 A 偏差平方和 $S_A = \sum_{i=1}^{4}\sum_{j=1}^{4}(\bar{x}_i - \bar{x})^2 = $ 重复试验次数 $\times \sum_{i=1}^{4}(\bar{x}_i - \bar{x})^2$。式中"COUNTA(B4:E4)"为每个水平重复试验次数(4次)，"DEVSQ(F4:F7)"求 $\sum_{i=1}^{4}(\bar{x}_i - \bar{x})^2$。

在 B13 内输入公式"= DEVSQ(B4:E7)"，即求总偏差平方和 $S_T = \sum_{i=1}^{4}\sum_{j=1}^{4}(x_{ij} - \bar{x})^2$。

在 B12 内输入公式"= B13 - B11"，即试验误差平方和等于总偏差平方和减去因素误差平方和。

⑤ 计算自由度。

在 C11 中输入公式"= COUNTA(A4:A7) - 1"，即因素 A 自由度等于水平数减 1。在 C13 中输入公式"= COUNTA(B4:E7) - 1"，即总自由度等于总的试验次数减 1。在 C12 中输入公式"C13 - C11"，即误差自由度等于总自由度减去因素自由度。

⑥ 计算平均偏差平方和。

在 D11 中输入公式"= B11/C11"，即为因素平均偏差平方和。在 D12 中输入公式"= B12/C12"，即为试验误差平均平方和。

⑦ 求 F 比。

在 E11 中输入公式"= D11/D12"即为所求。

⑧ 计算临界值。

在 F11 中输入公式"= "F0.1(3,12) = " & ROUND(FINV(0.1,C11,C12),2)"，式中"ROUND(FINV(0.1,C11,C12),2)"为显著性水平为 0.1 时的 F 临界值，并只保留两位小数。将此单元格复制到 F12 和 F13 单元格中，将 F12 单元格中公式修改为"= "F0.05(3,12) = " & ROUND(FINV(0.05,C11,C12),2)"，即为显著性水平为 0.05 时的 F 临界值；将 F13 单元格中公式修改为"= "F0.01(3,12) = " & ROUND(FINV(0.01,C11,C12),2)"，即为显著性水平为 0.01 时的 F 临界值。

在第④到第⑧步中输入的公式如图 5.13 所示。

9	方差结果分析						
10	方差来源	偏差平方和	自由度	均方	F比	临界值	显著性
11	因素A	=COUNTA(B4:E4)*DEVSQ(F4:F7)	=COUNTA(A4:A7)-1	=B11/C11	=D11/D12	="F0.1(3,12) = "&ROUND(FINV(0.1,C11,D12),2)	
12	误差E	=B13-B11	=C13-C11	=B12/C12		="F0.05(3,12) = "&ROUND(FINV(0.05,C11,C12),2)	
13	总和T	=DEVSQ(B4:E7)	=COUNTA(B4:E7)-1			="F0.01(3,12) = "&ROUND(FINV(0.01,C11,C12),2)	

图 5.13　方差分析计算方法

最后得到结果如图 5.14 所示。

	A	B	C	D	E	F	G
1	轮胎型号	试验号				平均值	
2		Xij=原数据-12					
3		1	2	3	4		
4	A1	2	1	5	1	2.25	
5	A2	2	2	-4	1	0.25	
6	A3	0	-1	0	-3	-1	
7	A4	-2	-3	1	-1	-1.25	
8							
9	方差结果分析						
10	方差来源	偏差平方和	自由度	均方	F比	临界值	显著性
11	因素A	30.6875	3	10.229	2.4428	F0.1(3,12)=4.19	
12	误差E	50.25	12	4.1875		F0.05(3,12)=3.49	
13	总和T	80.9375	15			F0.01(3,12)=5.95	

图 5.14 方差分析结果表

例 5.2 双因素无重复试验方差分析。

某厂对所生产的高速铣刀进行淬火工艺试验，选择三种不同的等温温度：$A_1 = 280$ ℃，$A_2 = 300$ ℃，$A_3 = 320$ ℃；以及三种不同的淬火温度：$B_1 = 1210$ ℃，$B_2 = 1235$ ℃，$B_3 = 1250$ ℃。测得淬火后的铣刀硬度如表 5.2 所示。

问：(1) 等温温度对铣刀硬度是否有显著的影响(显著水平 $\alpha = 0.05$)？

(2) 淬火温度对铣刀硬度是否有显著的影响(显著水平 $\alpha = 0.05$)？

表 5.2 铣刀硬度试验结果

等温温度	铣 刀 硬 度		
	B_1	B_2	B_3
A_1	64	66	68
A_2	66	68	67
A_3	65	67	68

解 ① 打开 Excel，将表 5.2 中试验结果 x_{ij} 复制到 Sheet1 中，并计算因素 A、B 平均值，输入如图 5.15 所示表。

	A	B	C	D	E
1	淬火温度	试验号			$\bar{A}_i$
2		Xij=原数据-66			
3	等温温度	B1	B2	B3	
4	A1	-2	0	2	
5	A2	0	2	1	
6	A3	-1	1	2	
7	$\bar{B}_1$				

图 5.15 例 5.2 试验结果

② 计算出 $\bar{A}_i$ 和 $\bar{B}_j$。

在 E4 单元格中输入公式"=AVERAGE(B4:D4)"，计算出 A_1 的平均值，将该公式复制到 E5:E6，计算出 $\bar{A}_i$；在 B7 单元格中输入公式"=AVERAGE(B4:B6)"，计算出 B_1 的平均值，将该公式复制到 C7:D7，计算出 $\bar{B}_j$。得到结果如图 5.16 所示。

第 5 章 试验结果的软件分析

	A	B	C	D	E
1	淬火温度		试验号		
2		Xij=原数据-66			$\bar{A}_1$
3	等温温度	B1	B2	B3	
4	A1	-2	0	2	0
5	A2	0	2	1	1
6	A3	-1	1	2	0.666666667
7	$\bar{B}_1$	-1	1	1.666666667	

图 5.16 平均值计算结果

③ 在 A10 到 G14 中输入方差分析计算结果表。如图 5.17 所示。

9	方差分析计算结果						
10	方差来源	偏差平方和	自由度	均方	F比	临界值	显著性
11	因素A						
12	因素B						
13	误差e						
14	总和T						

图 5.17 方差分析表

④ 计算偏差平方和。

在 B11 内输入公式"= COUNTA(B4:D4) * DEVSQ(E4:E6)",即为计算因素 A 偏差平方和 $S_A = \sum_{i=1}^{3}\sum_{j=1}^{3}(\bar{x}_i - \bar{x})^2 = A_i$ 重复试验次数 $\times \sum_{i=1}^{3}(\bar{x}_i - \bar{x})^2$。式中"COUNTA(B4:D4)"为 A_i 水平重复试验次数(3 次),"DEVSQ(E4:E6)"求 $\sum_{i=1}^{3}(\bar{x}_i - \bar{x})^2$。

在 B12 内输入公式"= COUNTA(A4:A6) * DEVSQ(B7:D7)",计算出因素 B 的偏差平方和。

在 B14 内输入公式"= DEVSQ(B4:D6)",计算出总偏差平方和。

在 B13 内输入公式"= B14 - B11 - B12",计算出试验误差平方和。

⑤ 计算自由度。

在 C11 中输入公式"= COUNTA(A4:A6) - 1",计算出因素 A 的自由度。在 C12 中输入公式"= COUNTA(B3:D3) - 1",计算出因素 B 的自由度。在 C13 中输入公式"= COUNTA(B4:D6) - 1",计算出总自由度。在 C12 中输入公式"C13 - C11 - C12",计算出误差自由度。

⑥ 计算平均偏差平方和。

在 D11 中输入公式"= B11/C11",计算出因素 A 平均偏差平方和。将该公式复制到 D12 和 D13 单元格中,计算出因素 B 平均偏差平方和及试验误差平均平方和。

⑦ 求 F 比。

在 E11 中输入公式"= D11/\$D\$13",计算出因素 A 的 F 比,公式中"\$D\$13"表示复制该公式时,D13 单元格固定不变。

复制 E11 公式到 E12 单元格中,E12 单元格公式则为"= D12/\$D\$13",计算出因素 B 的 F 比。

⑧ 计算临界值。

在 F12 中输入公式"= "F0.05(2,4) = " & ROUND(FINV(0.05,C11,$C$13),2)",计算出显著性水平为 0.05 时的因素 A 及因素 B 的 F 临界值,并只保留两位小数。

在第④到第⑧步中输入的公式如图 5.18 所示。

	A	B	C	D	E	F	G
9		方差分析计算结果					
10	方差来源	偏差平方和	自由度	均方	F比	临界值	显著性
11	因素A	=COUNTA(B4:D4)*DEVSQ(E4:E6)	=COUNTA(A4:A6)-1	=B11/C11	1		
12	因素B	=COUNTA(A4:A6)*DEVSQ(B7:D7)	=COUNTA(B3:D3)-1	=B12/C12	=D12/$D$13	="F0.05(2,4)="&ROUND(FINV(0.05,$C$1	*
13	误差e	=B14-B11-B12	=C14-C11-C12	=B13/C13			
14	总和T	=DEVSQ(B4:D6)	=COUNTA(B4:D6)-1				

图 5.18 方差分析计算方法

最后得到结果如图 5.19 所示。

	A	B	C	D	E	F	G
1	淬火温度		试验号		$\bar{A}_i$		
2		Xij=原数据-66					
3	等温温度	B1	B2	B3			
4	A1	-2	0	2	0		
5	A2	0	2	1	1		
6	A3	-1	1	2	0.6667		
7	$\bar{B}_j$	-1	1	1.67			
8							
9	方差分析计算结果						
10	方差来源	偏差平方和	自由度	均方	F比	临界值	显著性
11	因素A	1.555555556	2	0.78	1		
12	因素B	11.55555556	2	5.78	7.4286	F0.05(2,4)=6.94	*
13	误差e	3.111111111	4	0.78			
14	总和T	16.22222222	8				

图 5.19 方差分析计算结果

例 5.3 双因素有重复试验方差分析。

试确定三种不同的材料(因素 A)和三种不同的使用环境温度(因素 B)对蓄电池输出电压的影响,为此,对每种水平组合重复测输出电压 4 次,测得数据(V×100)列入表 5.3。试分析各因素及因素之间交互作用的显著性。

表 5.3 不同温度和材料下的输出电压试验结果表

材料	温度(℃)											
	B_1(10)				B_2(18)				B_3(27)			
A_1(1)	130	155	74	180	34	40	80	50	20	70	82	58
A_2(2)	150	188	159	126	136	122	106	115	22	70	58	45
A_3(3)	138	110	168	160	174	120	150	139	96	104	82	60

解 ① 打开 Excel,将表 5.3 中试验结果 x_{ijk} 复制到 Sheet1 中,并计算因素 A、B 平均值,输入如图 5.20 所示表。

② 计算出 $\bar{A}_i$ 和 $\bar{B}_j$。

在 N3 单元格中输入公式"= AVERAGE(B3:M3)",计算出 A_1 的平均值,将该公式复制到 N4:N5,计算出 $\bar{A}_i$,即 $\bar{x}_i$;在 B6 单元格中输入公式"= AVERAGE(B3:E5)",计算出 B_1 的平均值,将该公式复制到 F6,J6,计算出 $\bar{B}_j$,即 $\bar{x}_j$。得到结果如图 5.21 所示。

③ 在 P1 到 V6 中输入方差分析计算结果表。如图 5.22 所示。

	A	B	C	D	E	F	G	H	I	J	K	L	M	N
1	材料＼温度/℃	B_1				B_2				B_3				$\bar{A}_i$
2		-10				-18				-27				
3	A_1（1）	130	155	74	180	34	40	80	50	20	70	82	58	
4	A_2（2）	150	188	159	126	136	122	106	115	22	70	58	45	
5	A_3（3）	138	110	168	160	174	120	150	139	96	104	82	60	
6	$\bar{B}_j$													

图 5.20　例 5.3 试验结果

	A	B	C	D	E	F	G	H	I	J	K	L	M	N
1	材料＼温度/℃	B_1				B_2				B_3				$\bar{A}_i$
2		-10				-18				-27				
3	A_1（1）	130	155	74	180	34	40	80	50	20	70	82	58	81.0833
4	A_2（2）	150	188	159	126	136	122	106	115	22	70	58	45	108.083
5	A_3（3）	138	110	168	160	174	120	150	139	96	104	82	60	125.083
6	$\bar{B}_j$	144.8333333				105.5				63.91666667				

图 5.21　平均值计算结果

	P	Q	R	S	T	U	V
1	方差来源	偏差平方和	自由度	方差	F 比	临界值	显著性
2	因素 A						
3	因素 B						
4	A×B						
5	误差 e						
6	总和 T						

图 5.22　方差分析表

④ 计算偏差平方和。

在 Q2 内输入公式"=3＊4＊DEVSQ(N3:N5)"，即为计算因素 A 偏差平方和 $S_A = rn\sum_{i=1}^{m}(\bar{x}_i - \bar{x})^2$。式中"DEVSQ(N3:N5)"求 $\sum_{i=1}^{m}(\bar{x}_i - \bar{x})^2$。

在 Q3 内输入公式"=3＊4＊DEVSQ(B6:J6)"，计算出因素 B 的偏差平方和。

在 Q5 内输入公式"=SUM(DEVSQ(B3:E3)+DEVSQ(B4:E4)+DEVSQ(B5:E5)+DEVSQ(F3:I3)+DEVSQ(F4:I4)+DEVSQ(F5:I5)+DEVSQ(J3:M3)+DEVSQ(J4:M4)+DEVSQ(J5:M5))"，计算出试验误差平方和。

在 Q6 内输入公式"=DEVSQ(B3:M5)"，计算出总偏差平方和。

在 Q4 内输入公式"=Q6-Q2-Q3-Q5"，计算出交互作用 A×B 的偏差平方和。

⑤ 计算自由度。

在 R2 中输入公式"=COUNTA(A3:A5)-1"，计算出因素 A 的自由度。

在 R3 中输入公式"=COUNTA(B1:J1)-1"，计算出因素 B 的自由度。

在 R4 中输入公式"=R2＊R3"，计算出交互作用 A×B 的自由度。

在 R6 中输入公式"=COUNTA(B3:M5)-1"，计算出总自由度。

在 R5 中输入公式"=R6-R2-R3-R4"，计算出误差自由度。

⑥ 计算平均偏差平方和。

在 S2 中输入公式"=Q2/R2"，计算出因素 A 的平均偏差平方和。将该公式复制到 S3：

S5 单元格中,计算出因素 B、交互作用 A×B 的平均偏差平方和及试验误差平均平方和。

⑦ 求 F 比。

在 T2 中输入公式"= S2/＄S＄5",计算出因素 A 的 F 比,公式中"＄S＄5"表示复制该公式时,S5 单元格固定不变。

复制 T2 公式到 T3:T4 单元格中,T3 单元格公式则为"= S3/＄S＄5",计算出因素 B 的 F 比,T4 单元格公式则为"= S4/＄S＄5",计算出交互作用 A×B 的 F 比。

⑧ 计算临界值。

在 U3 中输入公式"= "F0.01(2,27) = " & ROUND(FINV(0.01,R2,＄R＄5),2)",计算出显著性水平为 0.01 时的因素 A 及因素 B 的 F 临界值,并只保留两位小数。

在 U4 中输入公式"= "F0.01(4,27) = " & ROUND(FINV(0.01,R4,＄R＄5),2)",计算出显著性水平为 0.01 时的交互作用 A×B 的 F 临界值,并只保留两位小数。

在第④到第⑧步中输入的公式如图 5.23 所示。

	P	Q	R	S	T	U	V
1	方差来源	偏差平方和	自由度	方差	F比	临界值	显著性
2	因素A	=3*4*DEVSQ(N3:N5)	=COUNTA(A3:A5)-1	=Q2/R2	=S2/$S$5		**
3	因素B	=3*4*DEVSQ(B6:J6)	=COUNTA(B1:J1)-1	=Q3/R3	=S3/$S$5	="F0.01(2,27)="&ROUND(FINV(0.01,R2,$R$5),2)	**
4	A×B	=Q6-Q2-Q3-Q5	=R2*R3	=Q4/R4	=S4/$S$5	="F0.01(4,27)="&ROUND(FINV(0.01,R4,$R$5),2)	**
5	误差e	=SUM(DEVSQ(B3:E3)+DEVSQ(B4:E4)+DEVSQ(B5:E5)+DEVSQ(F3:I3))	=R6-R2-R3-R4	=Q5/R5			
6	总和T	=DEVSQ(B3:M5)	=COUNTA(B3:M5)-1				

图 5.23 方差分析计算方法

最后得到结果如图 5.24 所示。

	P	Q	R	S	T	U	V
1	方差来源	偏差平方和	自由度	方差	F比	临界值	显著性
2	因素A	11816	2	5908	8.8789		**
3	因素B	39295.16667	2	19647.58	29.528	F0.01(2,27)=5.49	**
4	A×B	11191.83333	4	2797.958	4.2049	F0.01(4,27)=4.11	**
5	误差e	17965.75	27	665.3981			
6	总和T	80268.75	35				

图 5.24 方差分析计算结果

例 5.4 2 水平含有交互作用的正交试验设计及方差分析。题目见例 4.10。

解 ① 设计表头,并输入原始数据。打开 Excel,将表 4.34 内容复制到 Sheet1 中,并删除其原表中 B13:H18 内的计算值,得如图 5.25 所示表。

② 计算出 K_{1j}、K_{2j},k_{1j}、k_{2j},R,S_j。

在 B13 单元格中输入公式"= SUMIF(B5:B12,"=1",＄I＄5:＄I＄12)",计算出 A 因素 1 水平的试验结果和,将该公式复制到 C13:H13,计算出 K_1;将 B13 单元格中公式复制到 B14 中,并修改为"= SUMIF(B5:B12,"=2",＄I＄5:＄I＄12)",计算出 A 因素 2 水平的试验结果和,将该公式复制到 C14:H14,计算出 K_2。

在 B15 单元格中输入公式"= B13/COUNTIF(B5:B12,"=1")",计算出 A 因素 1 水平的试验结果平均值,将该公式复制到 C15:H15,计算出 k_1;将 B15 单元格中公式复制到 B16 中,并修改为"= B14/COUNTIF(B5:B12,"=2")",计算出 A 因素 2 水平的试验结果平均值,将该公式复制到 C16:H16,计算出 k_2。

	A	B	C	D	E	F	G	H	I
1	因素	A	B	A×B	C	空列	B×C	空列	
2	列号								SO₂摩尔分数×100
3		1	2	3	4	5	6	7	
4	试验号								
5	1	1（5）	1（40）	1	1（甲）	1	1	1	15
6	2	1	1	1	2（乙）	2	2	2	25
7	3	1	2（20）	2	1	1	2	2	3
8	4	1	2	2	2	2	1	1	2
9	5	2（10）	1	2	1	2	1	2	9
10	6	2	1	2	2	1	2	1	16
11	7	2	2	1	1	2	2	1	16
12	8	2	2	1	2	1	1	2	8
13	K_{1j}								
14	K_{2j}								
15	k_{1j}								
16	k_{2j}								
17	极差								
18	S_j								

图 5.25 试验方案与试验结果

计算极差。在 B17 单元格中输入公式"= MAX(B13:B14) − MIN(B13:B14)"，计算出因素 A 的极差，将该公式复制到 C17:H17，计算出 R。

计算偏差平方和。在 B18 单元格中输入公式"= 4 * DEVSQ(B15:B16)"，计算出因素 A 的偏差平方和，公式中"4"表示每水平重复 4 次。将该公式复制到 C18:H18，计算出 S_i。得到图 5.26 所示结果。

	A	B	C	D	E	F	G	H	I
1	因素	A	B	A×B	C	空列	B×C	空列	
2	列号								SO₂摩尔分数×100
3		1	2	3	4	5	6	7	
4	试验号								
5	1	1	1	1	1	1	1	1	15
6	2	1	1	1	2	2	2	2	25
7	3	1	2	2	1	1	2	2	3
8	4	1	2	2	2	2	1	1	2
9	5	2	1	2	1	2	1	2	9
10	6	2	1	2	2	1	2	1	16
11	7	2	2	1	1	2	2	1	19
12	8	2	2	1	2	1	1	2	8
13	K_{1j}	45	65	67	46	42	34	52	
14	K_{2j}	52	32	30	51	55	63	45	
15	k_{1j}	11.25	16.25	16.75	11.5	10.5	8.5	13	
16	k_{2j}	13	8	7.5	12.75	13.75	15.75	11.25	
17	极差	7	33	37	5	13	29	7	
18	S_j	6.125	136.125	171.125	3.125	21.125	105.125	6.125	

图 5.26 试验方案与计算分析

③ 在 A22 到 H28 中输入方差分析计算结果表。如图 5.27 所示。

④ 在方差分析表中填入上表中计算出的偏差平方和 S_i 并计算出试验误差平方和及总偏差平方和。

在 B22 内输入公式"= B18"，在 B23 内输入公式"= C18"，在 B24 内输入公式"= D18"，在 B25 内输入公式"= E18"，在 B26 内输入公式"= G18"，在 B27 内输入公式"= F18 + H18"，在 B28 内输入公式"= DEVSQ(I5:I12)"。

⑤ 计算自由度。

在 C22 中输入公式"= COUNTA(A13:A14) − 1"，计算出因素 A 的自由度。

20	方差分析表						
21	方差来源	偏差平方和	自由度	均方	统计量	临界值	显著性
22	A						
23	B						
24	A×B						
25	C						
26	B×C						
27	误差						
28	总和						

图 5.27　方差分析表

在 C23 中输入公式"= COUNTA(A13:A14) - 1",计算出因素 B 的自由度。

在 C24 中输入公式"= C22 * C23",计算出交互作用 A×B 的自由度。

在 C25 中输入公式"= COUNTA(A13:A14) - 1",计算出因素 C 的自由度。

在 C26 中输入公式"= C23 * C25",计算出交互作用 B×C 的自由度。

在 C28 中输入公式"= COUNTA(A5:A12) - 1",计算出总自由度。

在 C27 中输入公式"= C28 - SUM(C22:C26)",计算出误差自由度。

⑥ 计算平均偏差平方和。

在 D22 中输入公式"= B22/C22",计算出因素 A 的平均偏差平方和。将该公式复制到 D23:D27 单元格中,计算出各均方。

⑦ 求 F 比。

在 E22 中输入公式"= D22/\$D\$27",计算出因素 A 的 F 比,复制 E22 公式到 E23:E26 单元格中,计算出各因素的 F 比。

至此,可将因素 A、C 归入误差,因而在第 28 行前插入一行。在 A28 单元格中输入"e′(A C e)",在 B28 中输入"= B22 + B25 + B27",复制 B28 到 C28 中,复制 D27 到 D28 中,计算出新误差的偏差平方和、自由度、平均偏差平方和。

⑧ 计算临界值。

在 F25 中输入公式"= "F0.05(1,4) = " & ROUND(FINV(0.05,C22,C28),2)",计算出显著性水平为 0.05 时的 F 临界值,并只保留两位小数。在 F26 中输入公式"= "F0.01(1,4) = " & ROUND(FINV(0.01,C22,C28),2)",计算出显著性水平为 0.01 时的 F 临界值,并只保留两位小数。

在第④到第⑧步中输入的公式如图 5.28 所示。

20	方差分析表						
21	方差来源	偏差平方和	自由度	均方	统计量	临界值	显著性
22	A	=B18	=COUNTA(A13:A14)-1	=B22/C22	=D23/$D$28		
23	B	=C18	=COUNTA(A13:A14)-1	=B23/C23	=D23/$D$28		
24	A×B	=D18	=C22*C23	=B24/C24	=D24/$D$28		
25	C	=E18	=COUNTA(A13:A14)-1	=B25/C25		="F0.05(1,4)="&ROUND(FINV(0.05,C22,C28),2)	
26	B×C	=G18	=C23*C25	=B26/C26	=D26/$D$28	="F0.01(1,4)="&ROUND(FINV(0.01,C22,C28),2)	
27	误差	=F18+H18	=C29-SUM(C22:C26)	=B27/C27			
28	e′(A C e)	=B22+B25+B27	=C22+C25+C27	=B28/C28			
29	总和	=DEVSQ(I5:I12)	=COUNTA(A5:A12)-1	=B29/C29			

图 5.28　方差分析计算方法

最后得到的结果如图 5.29 所示。

第 5 章 试验结果的软件分析

	A	B	C	D	E	F	G	H	I
1									
2	列号	A	B	A×B	C	空列	B×C	空列	SO_2摩尔分数×100
3									
4	试验号	1	2	3	4	5	6	7	
5	1	1	1	1	1	1	1	1	15
6	2	1	1	1	2	2	2	2	25
7	3	1	2	2	1	1	2	2	3
8	4	1	2	2	2	2	1	1	2
9	5	2	1	2	1	2	1	2	9
10	6	2	1	2	2	1	2	1	16
11	7	2	2	1	1	2	2	1	19
12	8	2	2	1	2	1	1	2	8
13	K_{1j}	45	65	67	46	42	34	52	
14	K_{2j}	52	32	30	51	55	63	45	
15	k_{1j}	11.25	16.25	16.75	11.5	10.5	8.5	13	
16	k_{2j}	13	8	7.5	12.75	13.75	15.75	11.25	
17	极差	7	33	37	5	13	29	7	
18	S_j	6.125	136.125	171.13	3.125	21.125	105.13	6.125	
19									
20	方差分析表								
21	方差来源	偏差平方和	自由度	均方	统计量	临界值	显著性		
22	A	6.125	1	6.125					
23	B	136.125	1	136.13	14.9178		*		
24	A×B	171.125	1	171.13	18.7534		*		
25	C	3.125	1	3.125		$F_{0.05}(1,4)=7.71$			
26	B×C	105.125	1	105.13	11.5205	$F_{0.01}(1,4)=21.2$	*		
27	误差	27.25	2	13.625					
28	e'(A C e)	36.5	4	9.125					
29	总和	448.875	7	64.125					

图 5.29 方差分析计算结果

5.1.3 Excel 分析工具在方差分析中的应用

在 Excel 中可以利用"分析工具库"中的方差分析工具来进行试验的方差分析。Excel"工具"菜单中若没有"数据分析"子菜单,可通过如下方法在"工具"菜单中添加。选择"工具"菜单中"加载宏",在弹出的"加载宏"对话框中,选择"分析工具库",再单击确定即可(图 5.30)。

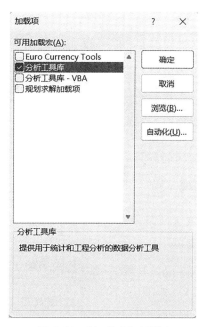

例 5.5 对例 5.1 中试验数据,如图 5.31 所示,试用 Excel 的"单因素方差分析"工具来判断工艺条件对收率的影响是否显著?

解 ① 将例 5.1 中试验结果数据复制到 Excel 中,如图 5.31 所示。图中的数据是按行组织的。

② 选择"工具"菜单中"数据分析"子菜单,弹出"数据分析"对话框,如图 5.32 所示。

在弹出的"数据分析"对话框中选择"方差分析:单因素方差分析"工具,则弹出"方差分析:单因素方差分析"对话框,如图 5.33 所示。

图 5.30 "加载宏"对话框

	A	B	C	D	E
1	工艺	试验号			
2		X_{ij}=原数据-57			
3		1	2	3	4
4	A_1	11	7	20	2
5	A_2	-15	2	-21	-2
6	A_3	-4	5	6	5
7	A_4	-7	-4	-16	-17
8	A_5	13	-14	-10	11
9	A_6	10	6	-1	13

图 5.31　试验结果

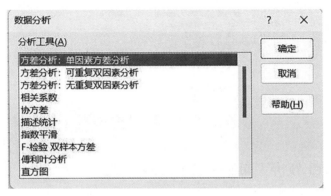

图 5.32　"数据分析"对话框

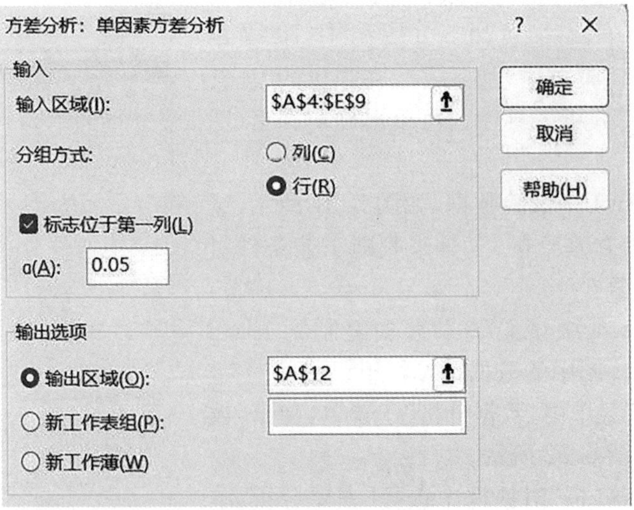

图 5.33　"方差分析:单因素方差分析"对话框

③ 按图 5.33 所示的方式填写对话框。

输入区域:在此输入待分析数据区域的单元格引用。

分组方式:根据输入区域中的数据是按行还是按列排列,选择"行"或"列"。在本例中,数据是按行排列的。

在"输入区域"中,如果第一列中包含标志项,则选中"标志位于第一列"复选框;如果"输入区域"中的第一行中包含标志项,则选中"标志位于第一行"复选框;如果"输入区域"中没有标志项,则不选该复选框,Excel 将在输出表中生成适宜的数据标志。本例的输入区域中包含了工艺标志列。

$\alpha(A)$:输入计算 F 检验临界值的置信度,或称显著性水平。

输出区域:Excel 方差分析结果输出区域左上角单元格引用。本例中所选的输出区域为当前工作表的 A12 单元格,输出方差分析结果如图 5.34 所示。

	A	B	C	D	E	F	G
12	方差分析:单因素方差分析						
13							
14	SUMMARY						
15	组	观测数	求和	平均	方差		
16	A_1	4	40	10	58		
17	A_2	4	-36	-9	116.66667		
18	A_3	4	12	3	22		
19	A_4	4	-44	-11	42		
20	A_5	4	0	0	195.33333		
21	A_6	4	28	7	36.66667		
22							
23							
24	方差分析						
25	差异源	SS	df	MS	F	P-value	F-crit
26	组间	1440	5	288	3.67139	0.01824	2.77285
27	组内	1412	18	78.44444			
28	总计	2852	23				

图 5.34 "方差分析:单因素方差分析"分析结果

新工作表组:若选此项,可在当前工作簿中插入新工作表,并由新工作表的 A1 单元格开始输出方差分析结果。如果需要给新工作表命名,则可在右侧的编辑框中键入名称。

新工作簿:若选此项,可创建一新工作簿,并在新工作簿的新工作表中输出方差分析结果。

④ 按要求填完单因素方差分析对话框之后,单击"确定"按钮,即可得到方差分析结果,如图 5.34 所示。

由图 5.34,所得到的方差分析表与例 5.1 是一致的,其中 F-crit 是显著性水平为 0.05 时的 F 临界值,也就是从 F 分布表中查到的 $F_{0.05}(5,18)=2.77$,所以当 $F>$F-crit 时,因素(工艺条件)对试验指标(收率)有显著影响。P-value 表示的是 6 个组内平均值相等的假设成立的概率为 0.01824%,显然,P-value 越小说明因素对试验指标的影响就越显著。

例 5.6 对例 5.2 中试验数据,如图 5.35 所示,试用 Excel 的"无重复双因素方差分析"工具来判断等温温度及淬火温度对铣刀硬度是否有显著的影响。

解 ① 将例 5.2 中试验结果数据复制到 Excel 中,如图 5.35 所示。

	A	B	C	D
1	等温温度＼淬火温度	试验号		
2		X_{ij}=原数据-66		
3		B1	B2	B3
4	A1	-2	0	2
5	A2	0	2	1
6	A3	-1	1	2

图 5.35　例 5.2 试验结果

② 选择"工具"菜单中"数据分析"子菜单,在弹出"数据分析"对话框中选择"方差分析:无重复双因素分析"工具,则弹出"方差分析:无重复双因素分析"对话框,如图 5.36 所示。

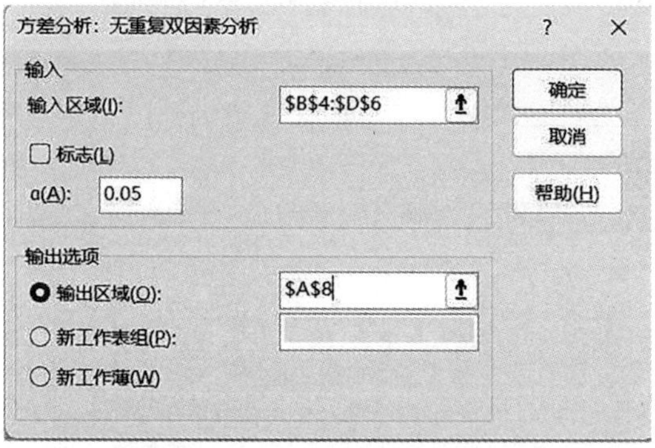

图 5.36　"方差分析:无重复双因素分析"对话框

③ 按图 5.36 所示的方式填写对话框。

输入区域:在此输入待分析数据区域的单元格引用。本例中选择 B4:D6。

α(A):输入计算 F 检验临界值的置信度,或称显著性水平。

输出区域:Excel 方差分析结果输出区域左上角单元格引用。本例中所选的输出区域为当前工作表的 A8 单元格。

④ 按要求填完"方差分析:无重复双因素分析"对话框之后,单击"确定"按钮,即可得到方差分析结果,如图 5.37 所示。

	SUMMARY	观测数	求和	平均	方差	
8						
9	行1	3	0	0	4	
10	行2	3	3	1	1	
11	行3	3	2	0.666666667	2.333333333	
12						
13	列1	3	-3	-1	1	
14	列2	3	3	1	1	
15	列3	3	5	1.666666667	0.333333333	
16						
17						
18	方差分析					
19	差异源	SS	df	MS	F	P-value	F-crit
20	行	1.555555556	2	0.777777778	1	0.444444444	6.94427191
21	列	11.55555556	2	5.777777778	7.428571429	0.044995409	6.94427191
22	误差	3.111111111	4	0.777777778			
23							
24	总计	16.22222222	8				

图 5.37　"方差分析:无重复双因素分析"分析结果

由图 5.37,所得到的方差分析表与例 5.2 是一致的,用表中 F 值与 F-crit 值比较,可知因素 A 没有显著性影响,因素 B 有显著性影响。

例 5.7 对例 5.3 中试验数据,试用 Excel 的"可重复双因素方差分析"工具来分析各因素及交互作用的显著性。

解 ① 将例 5.3 中试验结果数据在 Excel 按图 5.38 格式进行组织,并且不能省略标志行和标志列。

	A	B	C	D
1		B_1	B_2	B_3
2	A_1(1)	130	34	20
3		155	40	70
4		74	80	82
5		180	50	58
6	A_2(2)	150	136	22
7		188	122	70
8		159	106	58
9		126	115	45
10	A_3(3)	138	174	96
11		110	120	104
12		168	150	82
13		160	139	60

图 5.38 例 5.3 试验结果

② 选择"工具"菜单中"数据分析"子菜单,在弹出"数据分析"对话框中选择"方差分析:可重复双因素分析"工具,则弹出"方差分析:可重复双因素分析"对话框,如图 5.39 所示。

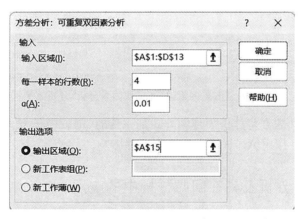

图 5.39 "方差分析:可重复双因素分析"对话框

③ 按图 5.39 所示的方式填写对话框。

输入区域:在此输入待分析数据区域的单元格引用。本例中选择 A4:D13,包括了标志行(第一行)和标志列(第一列)。

每一样本的行数:为每个组合水平重复次数。本例每个组合水平重复 4 次,输入 4。

α(A):输入计算 F 检验临界值的置信度,或称显著性水平。本例输入 0.01。

输出区域：Excel 方差分析结果输出区域左上角单元格引用。本例中所选的输出区域为当前工作表的 A15 单元格。

④ 按要求填完"方差分析：可重复双因素分析"对话框之后，单击"确定"按钮，即可得到方差分析结果，如图 5.40 所示。

	A	B	C	D	E	F	G
15	方差分析：可重复双因素分析						
16							
17	SUMMARY	B_1	B_2	B_3	总计		
18	A_1（1）						
19	观测数	4	4	4	12		
20	求和	539	204	230	973		
21	平均	134.75	51	57.5	81.0833333		
22	方差	2056.91667	417.333333	721	2450.08333		
23							
24	A_2（2）						
25	观测数	4	4	4	12		
26	求和	623	479	195	1297		
27	平均	155.75	119.75	48.75	108.083333		
28	方差	656.25	160.25	422.25	2493.7197		
29							
30	A_3（3）						
31	观测数	4	4	4	12		
32	求和	576	583	342	1501		
33	平均	144	145.75	85.5	125.083333		
34	方差	674.666667	508.25	371.666667	1279.17424		
35							
36	总和						
37	观测数	12	12	12			
38	求和	1738	1266	767			
39	平均	144.833333	105.5	63.9166667			
40	方差	1004.51515	2039.18182	681.174242			
41							
42	方差分析						
43	差异源	SS	df	MS	F	P-value	F-crit
44	样本	11816	2	5908	8.87889546	0.00108814	5.48811777
45	列	39295.1667	2	19647.5833	29.5275594	1.5993E-07	5.48811777
46	交互	11191.8333	4	2797.95833	4.20493856	0.00895332	4.10562211
47	内部	17965.75	27	665.398148			
48							
49	总计	80268.75	35				

图 5.40　"方差分析：可重复双因素分析"分析结果

由图 5.40，所得到的方差分析表与例 5.3 是一致的，用表中 F 值与 F-crit 值比较，可知因素 A、因素 B 及交互作用 A×B 均有高度显著性影响。

5.1.4　Excel 分析工具在回归分析中的应用

在 Excel 中提供了多种回归分析手段，如分析工具库、规划求解、图表功能等。

1. 图表法

例 5.8　对例 4.17 中试验数据，在 Excel 中求出线性回归方程。

解　① 将例 4.17 中试验结果数据复制到 Excel 中，如图 5.41 所示。

② 单击工具条中图表 按钮，弹出如图 5.42 所示"图表向导"。

第 5 章　试验结果的软件分析

	A	B	C	D	E	F	G	H
1	x	0.2	0.21	0.25	0.3	0.35	0.4	0.5
2	y	0.015	0.02	0.05	0.08	0.105	0.13	0.2

图 5.41　例 4.17 试验数据

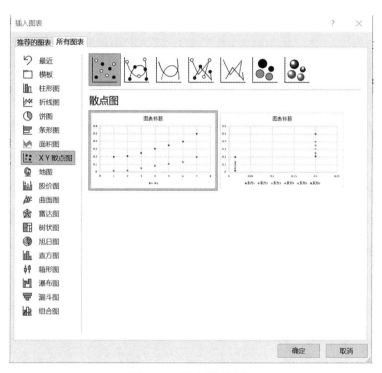

图 5.42　图表类型选择

在"图表向导—4 步骤之 1—图表类型"中选择"XY 散点图",并选择第 1 种子图表类型。

单击"下一步",在"图表向导—4 步骤之 2—图表源数据"中选择数据区域 A1:H2,如图 5.43 所示。

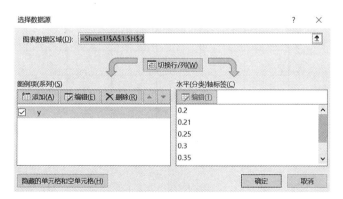

图 5.43　图表源数据

单击"下一步",在"图表向导—4 步骤之 3—图表选项"中对标题、坐标轴、网格线、图例、数据标志进行相关设置,如图 5.44 所示。

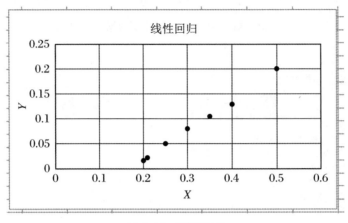

图 5.44　图表选项

单击"下一步",在"图表向导—4 步骤之 4—图表位置"中将产生的散点图作为对象插入当前工作表中,如图 5.45 所示。

图 5.45　图表位置

单击"完成",得到图 5.46 所示散点图。

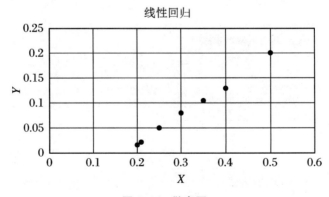

图 5.46　散点图

③ 选中该图,选择"图表"菜单中"添加趋势线(R)…",在"类型"选项卡中选择"线性(L)",如图 5.47 所示。

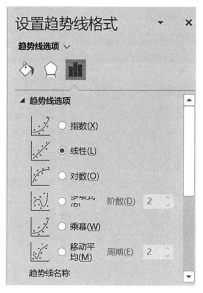

图 5.47 选择趋势线类型

图 5.48 设置趋势线选项

在"选项"选项卡中,选择"显示公式(E)"及"显示 R 平方值(R)",如图 5.48 所示。单击"确定"按钮,得到如图 5.49 所示的回归直线。

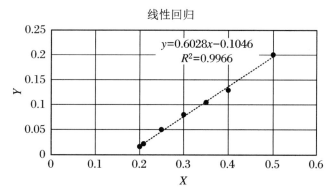

图 5.49 一元线性回归分析结果

由图 5.49 可知,回归直线方程为
$$Y = -0.1046 + 0.6028x$$
与例 4.17 求得结果一致。图中 $R^2 = 0.9966$,即相关系数为 0.9966,与例 4.19 分析结果 0.9980 基本一致。

2. Excel 分析工具在回归分析中的应用

例 5.9 对例 4.17 中试验数据,在 Excel 中利用"回归分析"分析工具求出线性回归方程。

解 ① 将例 4.17 中试验结果数据复制到 Excel 中,如图 5.50 所示,数据必须以列的形式给出。

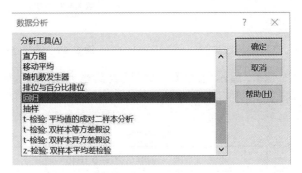

图 5.50　例 4.17 试验数据

② 在"工具"菜单中选择"数据分析(D)…",弹出如图 5.51 所示"数据分析"对话框,在"分析工具"中选择"回归"选项,单击"确定"按钮,弹出如图 5.52 所示"回归"对话框。

图 5.51　"数据分析"对话框

③ 按图 5.52 所示的方式填写对话框。

图 5.52　"回归"对话框

· 202 ·

Y 及 X 值输入区域:在此输入待分析数据区域的单元格引用。

标志:如果选择数据区域时,选择了第一行,则选中此复选框。

常数为零:选中此项表示强制回归线通过原点。

置信度:选中此项,可修改置信度信息,默认置信度为 95%。

输出区域:Excel 方差分析结果输出区域左上角单元格引用。本例中所选的输出区域为当前工作表的 A10 单元格,输出回归分析结果如图 5.53 所示。

	A	B	C	D	E	F	G	H	I
10	SUMMARY OUTPUT								
11									
12	回归统计								
13	Multiple R	0.99829079							
14	R Square	0.9965845							
15	Adjusted R	0.9959014							
16	标准误差	0.00421607							
17	观测值	7							
18									
19	方差分析								
20		df	SS	MS	F	Significance F			
21	回归分析	1	0.025933	0.025933	1458.916	2.31763E-07			
22	残差	5	8.89E-05	1.78E-05					
23	总计	6	0.026021						
24									
25		Coefficients	标准误差	t Stat	P-value	Lower 95%	Upper 95%	下限 99.0%	上限 99.0%
26	Intercept	-0.1045927	0.005231	-19.9946	5.78E-06	-0.11803948	-0.091146	-0.125685	-0.0835
27	x	0.60278223	0.015781	38.19576	2.32E-07	0.562214867	0.6433496	0.5391494	0.666415
28									
29									
30									
31	RESIDUAL OUTPUT								
32									
33	观测值	预测 y	残差						
34	1	0.015596377	-0.00096						
35	2	0.02199159	-0.00199						
36	3	0.04610288	0.003897						
37	4	0.07624199	0.003758						
38	5	0.1063811	-0.00138						
39	6	0.13652022	-0.00652						
40	7	0.19679844	0.003202						

图 5.53 回归分析结果

新工作表组:若选此项,可在当前工作簿中插入新工作表,并由新工作表的 A1 单元格开始输出方差分析结果。如果需要给新工作表命名,则可在右侧的编辑框中键入名称。

新工作簿:若选此项,可创建一新工作簿,并在新工作簿的新工作表中输出方差分析结果。

残差:在分析结果中会给出残差表。

残差图:在分析结果中生成一张图表,绘制每个自变量及其残差。

标准残差:在残差表中给出标准残差。

线性拟合图:为预测值和观察值生成一个图表。

正态概率图:在分析结果中绘制出正态概率图。

④ 按要求填完回归对话框之后,单击"确定"按钮,得到如图 5.53 所示结果。

由图 5.53,截距(intercept)为 -0.1046,斜率为 0.6028,所得回归方程与例 4.17 结果一致。方差分析结果与例 4.18 结果一致。图 5.53 中还给出了残差表。

5.2 其他软件在试验结果分析中的应用

5.3.1 正交设计软件

可实现正交试验设计及分析的软件有 SPSSAU、正交设计助手、Minitab、Design-Expert 等,下面选择 Minitab 软件进行操作演示。

例 5.10 使用 Minitab 软件对正交试验进行极差分析。

具体操作步骤如下:

(1) 打开 Minitab 软件,依次选择工具栏"统计"—"DOE"—"田口"—"创建田口设计"选项,调出"田口设计"对话框(图 5.54)。

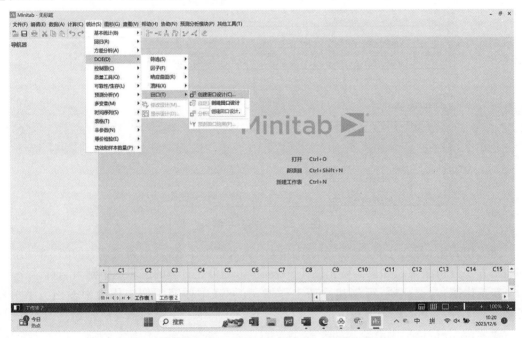

图 5.54 调出"田口设计"对话框

(2) 在"田口设计"对话框中,根据需求选择合适的因素、水平数,并点击"设计"按钮,选择合适正交表。

注意:要考虑到试验过程中的误差,所选正交表安排完因素后,要有一列空白列,以考察试验误差进行方差分析(故本例:选 4 因素,3 水平,L9 表)。

(3) 点击"因子"按钮,填入因素后确定。

(4) 根据上述试验方案进行试验,将所得数据填入表格中(图 5.55~图 5.59)。

(5) 选择工具栏"统计"—"DOE"—"田口"—"分析田口设计"选项(图 5.60),调出"分析田口设计"对话框。

第5章 试验结果的软件分析

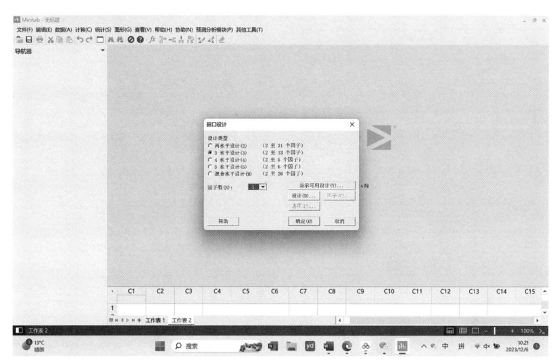

图5.55 "田口设计"对话框

图5.56 "田口设计:设计"对话框

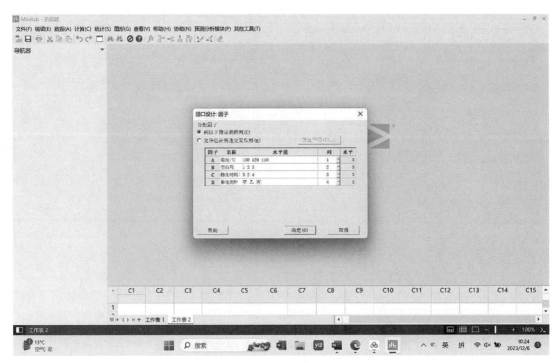

图 5.57 "田口设计:因子"对话框

图 5.58 填写数据 1

第5章 试验结果的软件分析

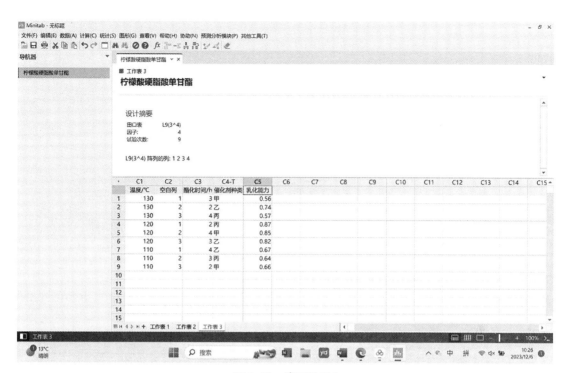

图5.59 填写数据2

图5.60 调出"分析田口设计"对话框

(6) 选择响应数据，点击"选择"—"分析"，调出"分析田口设计：分析"对话框，点击确定按钮（图5.61）。

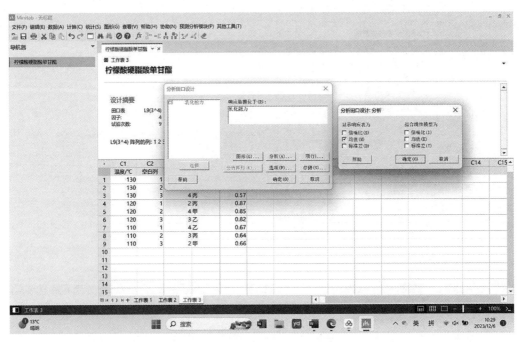

图5.61 "分析田口设计：分析"对话框

(7) 得出因素的主次（图5.62）。

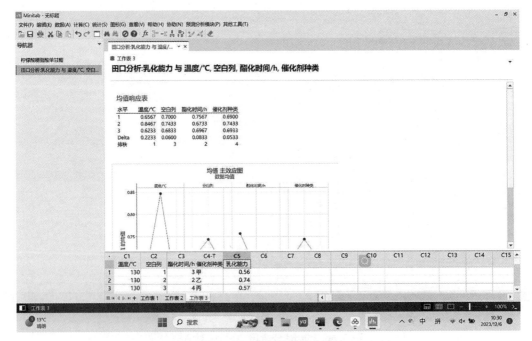

图5.62 得出因素的主次

(8) 同样，Minitab 软件也可进行方差分析，可自行探索(图 5.63)。

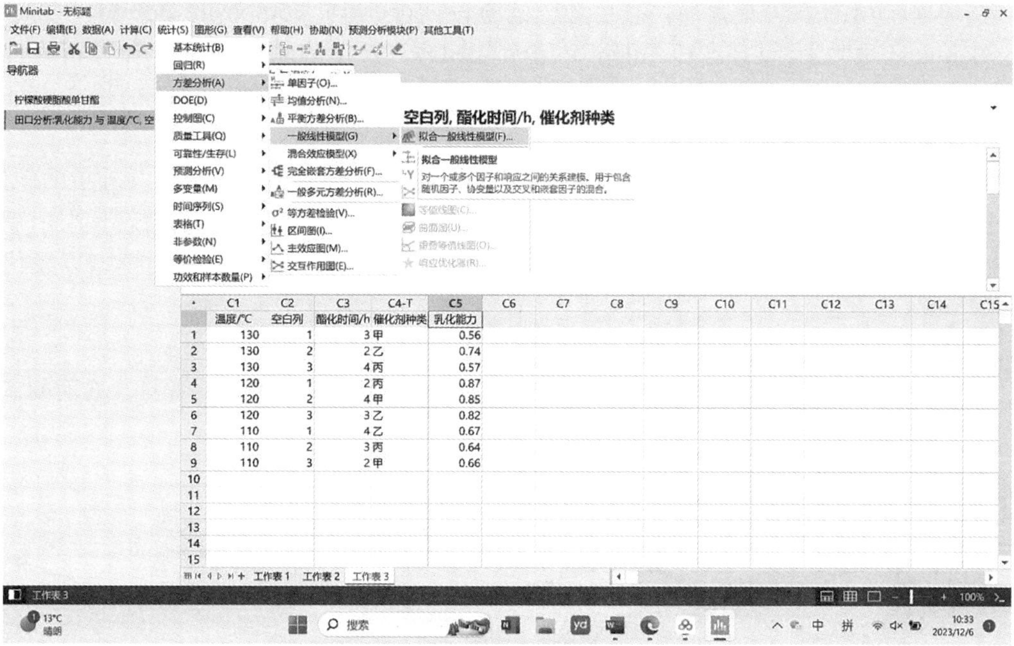

图 5.63　方差分析

5.3.2　响应面设计软件

响应面分析法是通过设计合理的有限次数试验，建立包括各显著因素的一次项、平方项和任何两个因素之间的一级交互作用项的数学模型，精确研究各因素与响应值之间的关系，快速有效地确定多因素系统的最佳条件。该方法具有试验次数少、周期短、精度高等优点，是一种有效优化基础试验条件的技术。

当怀疑因素对指标存在非线性影响，所有因素均为计量值数据并且试验区域已接近最优区域的时候，就可以用响应面法来设计优化试验。响应面分析的一般步骤：

(1) 确定因素及水平：注意因素数一般不超过 4 个，因素均为计量值数据；
(2) 方法选择：创建[中心复合]或者[Box-Behnken]设计；
(3) 确定试验运行顺序；
(4) 进行试验并收集数据；
(5) 分析试验数据；
(6) 优化因素的设置水平；
(7) 验证试验。

其中，确定因素方法一般采用 Plackett-Burman 法，这是一种以不完全平衡块(balanced incomplete blocks)为原理的部分析因实验设计法，适用于从众多的考察因素中快速、有效地筛选出最为重要的几个因素，供进一步详细研究使用。确定水平一般采用最陡爬坡试验，该试验分别对 3 个显著因素的正负效应设计最陡爬坡试验路径，包括各因素的变化步长和变化方向，以便最快地逼近最大响应区域。

响应面常用的方法有两种：中心复合试验设计（central composite design，CCD）和 Box-Behnken 试验设计（Box-Behnken design，BBD）。常用的响应面设计和分析软件有 Matlab、SAS 和 Design-Expert，在已经发表的有关响应面（RSM）优化试验的论文中，Design-Expert 是使用最广泛的软件。

Design-Expert 软件是由 State-East 公司开发的一款面向试验设计的相关分析的软件，相对于其他数理分析软件 JMP、SAS、Minitab 等，它具有使用简单，不需数理统计功底，就可以设计出高效的试验方案，并对试验数据做专业的分析，给出全面、可视的模型以及优化结果。

具体操作方法：

（1）首先打开软件 Design-Expert 12，选择建立新的实验设计方案或者打开之前的试验设计方案（图 5.64）。

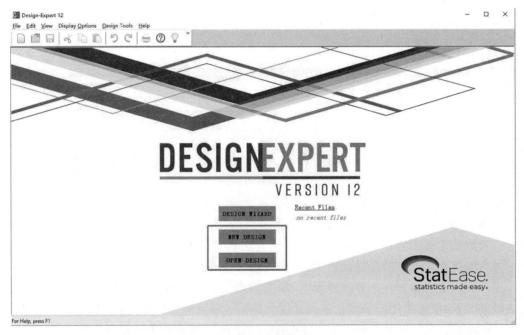

图 5.64　打开软件

（2）此处我们点击"New Design"，然后选择"Response Surface"中的"Box-Behnken"（图 5.65）。

（3）根据要求和试验设计选择输入数值。对照参考文献[27]中的数据表填写，输入对应的因素数量以及试验中的绝对因素（默认为 0），然后输入因素的名称、单位、最大值和最小值，点击"Next"进入下一个页面（图 5.66）。

（4）根据试验设计输入响应值的数量、名称和单位（图 5.67）。

（5）点击"Finish"之后就会出现试验设计表，前两列为试验顺序，可以选择其中一列作为自己的试验顺序，3～5 列为三个因素水平的设置（此时显示的为具体数值，下一步我们将转换为编码值），最后一列是响应值的填写位置（图 5.68）。

第 5 章 试验结果的软件分析

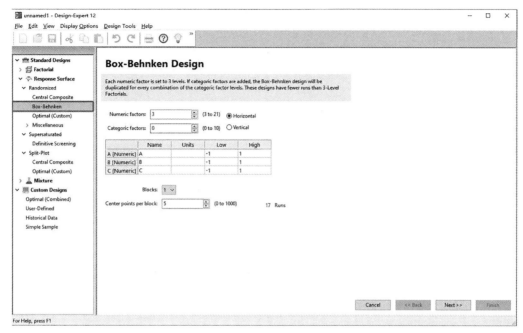

图 5.65 "Box-Behnken"界面

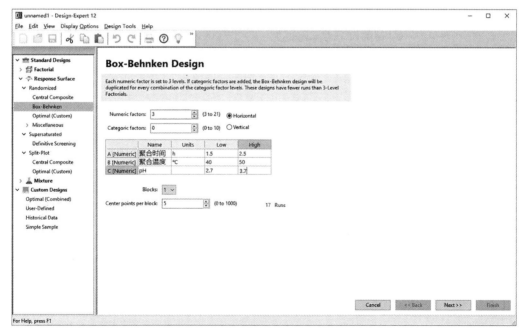

图 5.66 输入数据

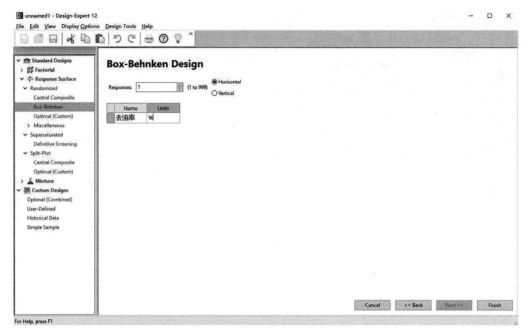

图 5.67　输入信息

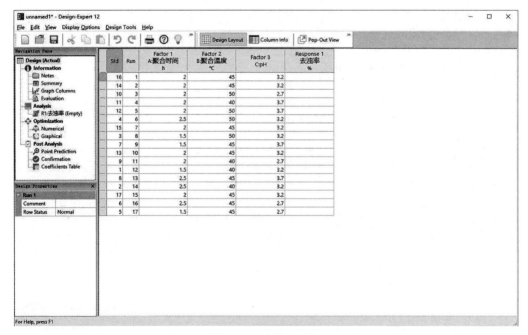

图 5.68　试验设计表

(6) 我们将数值转变为编码值。点击"Display Options"后再点击"Process Factors",选择"Coded",将真实数值转变为编码值。当水平数目为3水平时:高点编码值为1,中点编码值为0,低点编码值为-1(图5.69)。

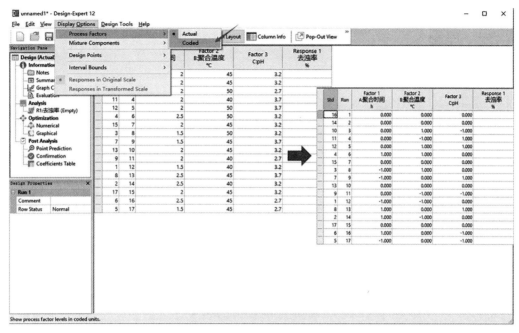

图 5.69 将真实值转变为编码值

(7) 转变后,将试验得到的结果数值输入后面的响应值框内(图5.70)。

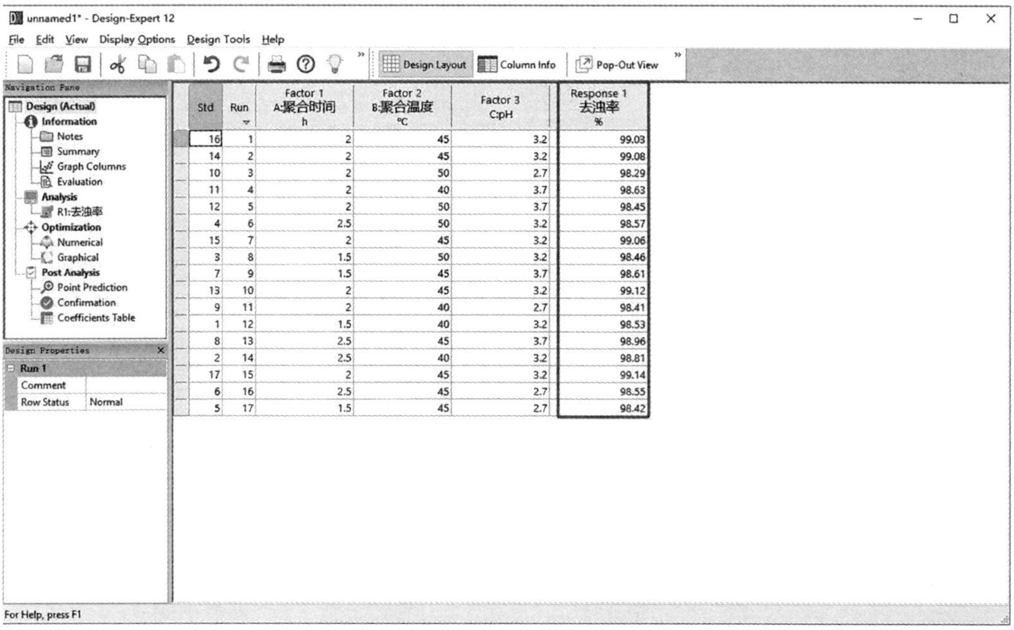

图 5.70 输入试验结果

(8) 输入响应值框的数据后,点击左端的"Analysis"进行数据分析(图 5.71):

① "Transform"选项卡,一般选择默认值即可。如果有别的要求,可以根据需要和指示查找每种模式的详细介绍再选择。

② "Fit Summary"选项卡。了解一下各项,再点击"Model"选项卡,取默认值即可。

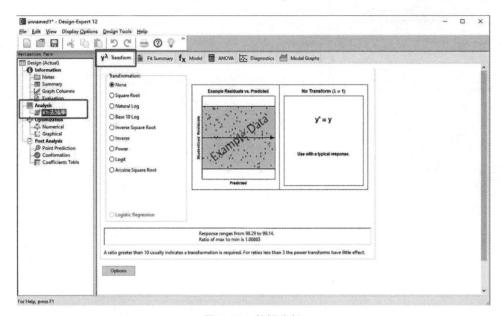

图 5.71 数据分析

③ 点击"ANOVA"选项卡,显示方差分析、方差的显著性检验、系数显著性检验回归方程(图 5.72)。

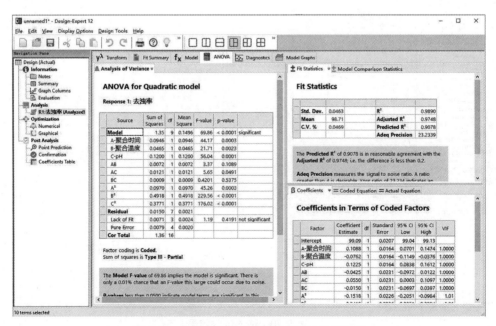

图 5.72 点击"ANOVA"选项卡后的显示界面

(9) 点击"Diagnostics"选项卡,依次点击左端选项,首先展示的是"Normal Plot",参差的正态规律分布图,图中的点越靠近直线越好(图5.73)。

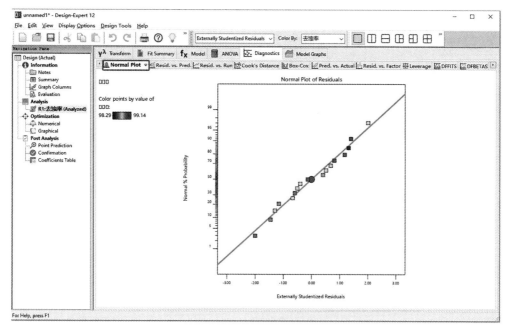

图 5.73　Normal Plot 界面

(10) 第二个展示的是"Resid. vs. Pred.",残差与方程预测值的对应关系图,图中点分布越分散越无规律越好(图5.74)。

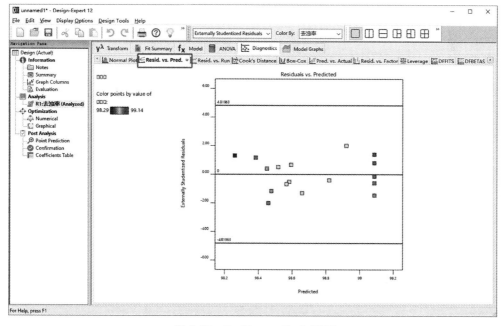

图 5.74　Resid. vs. Pred. 界面

(11) 第三个展示的是"Pred. vs. Actual",预测值和试验实际值的对应关系图,图中点越靠近同一条直线越好(图 5.75)。

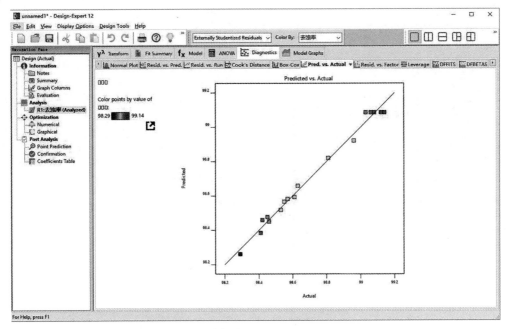

图 5.75　Pred. vs. Actual 界面

(12) 第四个展示的是"Report",放大后的数据显示如图 5.76 所示,包含试验实际测量值和方程预测值。

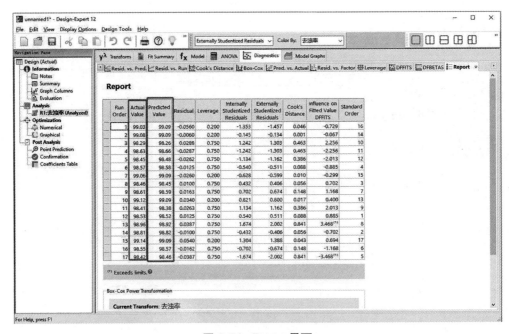

图 5.76　Report 界面

（13）然后点击"Model Graphs"查看等高线图,等高线图考察每两个因素对因变量造成的影响,并由拟合的方程形成等高线,为二维平面图形,可经由该图找出较好的范围（图 5.77）。

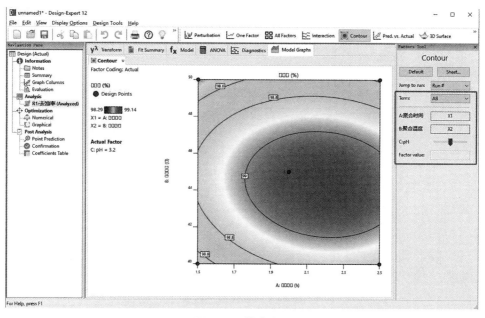

图 5.77　等高线图

（14）三维响应曲面图可更加直观地看出两因素的影响情况,可以很直观地找出最优范围,刚才所看到的二维等高线图即为三维响应面图在底面的投影图（图 5.78）。

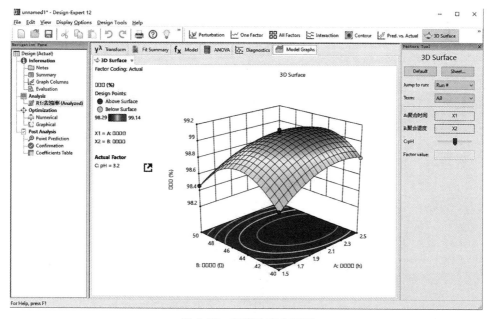

图 5.78　三维响应曲面图

(15) 接下来是关键的优化条件选项,根据实际情况确定每个因素可以取值的范围(图 5.79)。

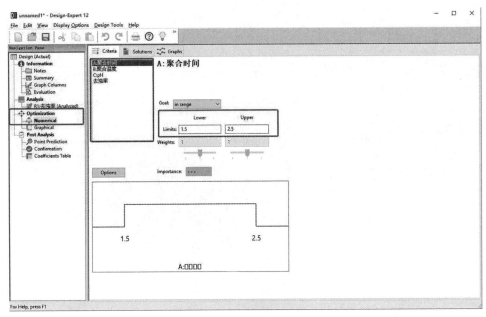

图 5.79　优化条件选项

(16) 然后进行响应值目标的确定,每个试验都有不同的目的,比如此处我们想知道什么条件下制备的 PASC 对煤泥水的去浊率最高,但别的试验中对目标的要求有时候需要最大值,有时候需要最小值,有时候需要把结果稳定在某个范围或者需要一个固定的数值。那么在这四种模式中就可以选择其相对应的情况(图 5.80)。

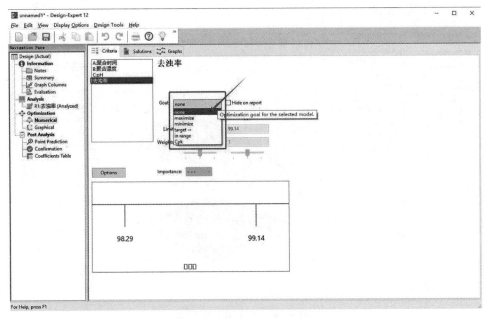

图 5.80　响应值目标的确定

（17）上一步完成后在此处点击"Solutions"选项卡，即可看到经过分析得到的最优值，一般会列出许多方案，第一个方案就是各因素取最优值后的结果可取到的最大化的解决方案，为预测值（图5.81）。

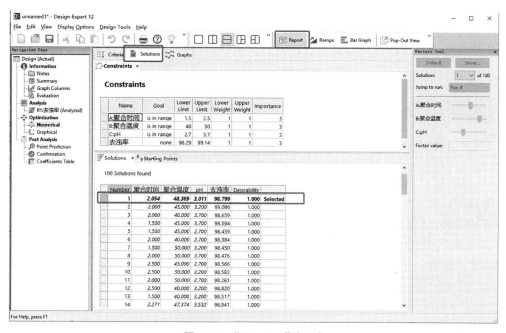

图5.81　"Solutions"选项卡

第6章 试验设计与分析在科研中的应用

6.1 正交试验设计在煤泥浮选试验中的应用

浮选是目前大多选煤厂采用的分选方法,是利用矿物表面的物理化学性质差异选别矿物颗粒的过程,又称浮游选矿,是应用最广泛的选矿方法。浮选虽带来许多良好的效应,但因自身容易受多种因素影响,其效应会被煤泥性质、捕收剂的选择以及浮选所用机械参数等众多因素所影响。正因其所受影响因素之多,并且选煤厂现场条件复杂,为得到较好的浮选效应,若采用全面考察方法进行试验探究其影响因素,成本高,工作量大,试验周期较为漫长,反而得不偿失。

正交试验设计方法弥补了全面考察法的缺点,可利用最少的试验次数确定影响因素的变化对试验的影响,利用其"均衡搭配"和"整齐可比"的优点,通过对试验数据的科学分析,确定影响因素主次地位,同时得到最佳的因素水平组合方案,大大减少试验成本,避免浪费。因此本文利用正交试验设计,在保证试验次数较少的情况下,得到较准确的正十二烷、仲辛醇、矿浆浓度和单位面积充气量因素对浮选的影响。

6.1.1 问题及解决方案

1. 问题

采用 GB/T 36167《选煤实验室分步释放浮选试验方法》对煤样进行浮选试验,需要考察的因素水平为正十二烷用量、仲辛醇用量、矿浆浓度和单位面积充气量,列出因素水平表(表6.1)。要求采用较少的试验次数,得到较准确的四种因素最佳水平搭配。

表6.1 因素水平表

水平	A 正十二烷 (g/t 干煤泥)	B 仲辛醇 (g/t 干煤泥)	C 矿浆浓度 (g/L)	D 单位面积充气量 ($m^3/(m^2 \cdot min)$)
1	800	80	60	0.15
2	1000	100	80	0.20
3	1200	120	100	0.25

2. 解决方案

以浮选精煤产率和浮选精煤灰分为试验指标,采用正交试验设计法制订试验方案开展试验,并通过直观分析和方差分析得到最佳的浮选因素水平搭配。正交试验设计表及试验结果见表 6.2。

表 6.2　正交试验设计表及试验结果

排次	正十二烷 (g/t 干煤泥)	仲辛醇 (g/t 干煤泥)	矿浆浓度 (g/L)	单位面积充气量 ($m^3/(m^2 \cdot min)$)	试验指标 精煤产率 (%)	精煤灰分 (%)
1	800	80	100	0.20	87.38	13.06
2	800	100	60	0.15	87.10	13.14
3	800	120	80	0.25	87.89	13.11
4	1000	80	80	0.15	84.71	12.49
5	1000	100	100	0.25	89.00	14.07
6	1000	120	60	0.20	83.75	13.45
7	1200	80	60	0.25	86.30	12.90
8	1200	100	80	0.20	88.45	13.52
9	1200	120	100	0.15	89.63	14.26

6.1.2　正交试验结果的直观分析和方差分析

1. 正交试验结果的直观分析

为进一步研究所考察的因素对试验指标影响的主次地位、获得因素水平的最佳组合搭配,分别以精煤产率和精煤灰分为煤泥分步释放浮选试验考察指标,对试验结果进行了极差计算,结果如表 6.3 所示。

由试验结果的直观分析可知,在正十二烷和仲辛醇为浮选药剂进行的分步释放浮选试验中,正十二烷和仲辛醇的药剂用量对精煤产率和灰分的影响较大,充气量和矿浆浓度对精煤产率和灰分影响较小。根据极差(R)大小得到影响精煤产率的主次因素分别为:正十二烷＞仲辛醇＞单位面积充气量＞矿浆浓度;影响精煤灰分的主次因素分别为:仲辛醇＞正十二烷＞矿浆浓度＞单位面积充气量。

根据不同因素水平下的试验结果的和(K 值)或平均值(k 值)的大小可知:对精煤产率来说,指标越大越好,其优方案为 $A_3B_2D_3C_3$;对精煤灰分来说,指标越小越好,其优方案为 $B_1A_1C_2D_1$。对两个优方案进行综合分析:

(1) A 因素:对于精煤产率来说,A 为主要因素,虽然以 A_3 为优,但 A_1 与 A_3 相差不大;对于精煤灰分来说,A 为较主要因素,以 A_1 为优,且 A_1 和 A_3 灰分相差较大,故 A 因素选择较优的 A_1。

表 6.3 直观分析计算表

试验号	A	B	C	D	精煤产率 (%)	精煤灰分 (%)
	1	2	3	4		
1	1(800)	2	3(100)	4	87.38	13.06
2	1	2(100)	1(60)	1(0.15)	87.10	13.14
3	1	3(120)	2(80)	3(0.25)	87.89	13.11
4	2(1000)	1(80)	2	1	84.71	12.49
5	2	2	3	3	89.00	14.07
6	2	3	1	2(0.20)	83.75	13.45
7	3(1200)	1	3	3	86.30	12.90
8	3	2	1	2	88.45	13.52
9	3	3	2	1	89.63	14.26
			精煤产率			
K_1	262.37	258.39	259.30	261.44		
K_2	257.46	264.55	262.23	259.58		
K_3	264.38	261.27	262.68	263.19		
k_1	87.46	86.13	86.43	87.15	$T=784.21$	
k_2	85.82	88.18	87.41	86.53		
k_3	88.13	87.09	87.56	87.73		
极差	2.31	2.05	1.13	1.20		
因素主次			A→B→D→C			
优方案			$A_3 B_2 D_3 C_3$			
			精煤灰分			
K_1	39.31	38.45	40.11	39.89		
K_2	40.01	40.73	39.86	40.03		
K_3	40.68	40.82	40.03	40.08		
k_1	13.10	12.82	13.37	13.30	$T=120$	
k_2	13.34	13.58	13.29	13.34		
k_3	13.56	13.61	13.34	13.36		
极差	0.46	0.79	0.08	0.06		
因素主次			B→A→C→D			
优方案			$B_1 A_1 C_2 D_1$			

(2) B 因素：对于精煤产率来说，B 为较主要因素，B_2 为最优水平；对于精煤灰分来说，B 为主要因素，以 B_1 为优，且 B_1 与 B_2 相差较大，虽然对于精煤产率来说 B_1 与 B_2 也相差较大，但 B 对于精煤灰分是主要因素，故选择 B_1。

(3) C 因素：对于精煤产率来说，C 为次要因素，以 C_3 为优，但 C_2 与 C_3 相差不大；对于精煤灰分来说，C 为较次要因素，以 C_2 为优，故选择 C_2。

(4) D 因素：对于精煤产率来说，D 为较次要因素，以 D_3 为优；对于精煤灰分来说，D 为次要因素，以 D_1 为优，且 D_1 与 D_3 相差不大，故选择 D_3。

由上述分析可知，因素水平的最佳搭配为 $A_1 B_1 C_2 D_3$。

2. 方差分析

由于正交试验结果的直观分析无法进行误差的分析,也无法进行各因素的显著性检验,因此分别以精煤产率和精煤灰分为试验考察指标对试验结果进行了方差分析。各因素的偏差平方和计算结果如表 6.4 所示。

表 6.4 方差分析计算表

试验号	A 1	B 2	C 3	D 4	精煤产率 (%)	精煤灰分 (%)
1	1(800)	2	3(100)	4	87.38	13.06
2	1	2(100)	1(60)	1(0.15)	87.10	13.14
3	1	3(120)	2(80)	3(0.25)	87.89	13.11
4	2(1000)	1(80)	2	1	84.71	12.49
5	2	2	3	3	89.00	14.07
6	2	3	1	2(0.20)	83.75	13.45
7	3(1200)	1	3	3	86.30	12.90
8	3	2	1	2	88.45	13.52
9	3	3	2	1	89.63	14.26
			精煤产率			
K_1	262.37	258.39	259.30	261.44		
K_2	257.46	264.55	262.23	259.58		
K_3	264.38	261.27	262.68	263.19		
k_1	87.46	86.13	86.43	87.15	$T=784.21$	
k_2	85.82	88.18	87.41	86.53		
k_3	88.13	87.09	87.56	87.73		
方差	8.4483	6.3332	2.2458	2.1727		
因素主次			A→B→C→D			
			精煤灰分			
K_1	39.31	38.45	40.11	39.89		
K_2	40.01	40.73	39.86	40.03		
K_3	40.68	40.82	40.03	40.08		
k_1	13.10	12.82	13.37	13.30	$T=120$	
k_2	13.34	13.58	13.29	13.34		
k_3	13.56	13.61	13.34	13.36		
方差	0.3129	0.7900	0.0800	0.0600		
因素主次			B→A→C→D			

表 6.4 为试验结果的方差分析计算表。由表 6.4 可知,针对精煤产率和精煤灰分计算的 D 因素的偏差平方和都是最小。可将 D 因素归入误差,进行 F 值计算;再通过查 F 分布表进行因素的显著性检验,方差分析表分别如表 6.5、表 6.6 所示。

表 6.5 精煤产率方差分析表

方差来源	偏差平方和 S	自由度 f	平均偏差平方和 V	F 值	显著性
A	8.4483	2	4.2241	3.8884	
B	6.3332	2	3.1666	2.9149	—
C	2.2458	2	1.1229	1.0336	
D	2.1727	2	1.0863		
总和 T	30.10	8			

表 6.6 精煤灰分方差分析表

方差来源	偏差平方和 S	自由度 f	平均偏差平方和 V	F 值	显著性
A	0.3129	2	0.1564	48.8750	*
B	1.2026	2	0.6013	187.9062	**
C	0.0109	2	0.0054	1.7187	—
D	0.0065	2	0.0032		
总和 T	2.51	8			

由方差分析结果可知，A 因素（正十二烷）对精煤灰分的影响为一般显著，B 因素（仲辛醇）对精煤灰分的影响为高度显著，C 因素无显著性；而对于精煤产率而言，A、B、C 因素均无显著性，故最优条件为 B_1A_1CD，C、D 因素对试验指标均无显著影响，不进行优选，视情况而定。

6.1.3 结论

(1) 通过对试验结果的直观分析可知，在正十二烷和仲辛醇为浮选药剂进行的分步释放浮选试验中，影响精煤产率的主次因素分别为：正十二烷＞仲辛醇＞单位面积充气量＞矿浆浓度；影响精煤灰分的主次因素分别为：仲辛醇＞正十二烷＞矿浆浓度＞单位面积充气量。综合分析得到因素水平的最佳搭配为 $A_1B_1C_2D_3$。通过对试验结果的方差分析可知，A 因素（正十二烷）对精煤灰分的试验效果改变为一般显著，B 因素（仲辛醇）对精煤灰分的试验效果改变为高度显著，C 因素无显著性；而对于精煤产率而言，A、B、C 因素均无显著性，故最优条件为 B_1A_1CD，C、D 因素对试验指标均无显著影响，不进行优选，视情况而定。

(2) 直观分析下，因素水平的最佳搭配为 $A_1B_1C_2D_3$；方差分析下，最优条件为 B_1A_1CD，C、D 因素视情况而定。可以看出两种分析方法得到的结论是一致的，且最优条件并不在九种试验条件之内，因此，正交试验设计除了能在众多的试验条件中选出代表性强的少数试验条件之外，还可以根据代表性强的少数试验结果数据推断出最佳的试验条件，充分表现正交试验设计"均衡搭配"和"整齐可比"的优点，大大减少试验成本，避免浪费。

6.2 响应面试验设计在聚合物制备中的应用

絮凝沉淀法是运用最为广泛的水处理工艺,其中聚丙烯酰胺是广泛应用于水处理工艺中的一种高效絮凝沉淀剂。聚丙烯酰胺作为化工中的很重要的水溶性高分子聚合物,也是一种环保产品,在很多领域都有很重要的应用,比如主要应用于污水、污泥脱水等。其中,阳离子型聚丙烯酰胺属于线性分子链上带有可电离基团的共聚物,可作增稠剂、絮凝剂、减阻剂等。

阳离子型聚丙烯酰胺的合成可采用操作简便且效率高的微波辅助合成法,利用丙烯酰胺、甲基丙烯酰胺丙基三甲基氯化铵为单体并加入适量的引发剂在微波辅助的条件下合成该聚合产物。所合成的阳离子型聚丙烯酰胺的特性黏度可以反映其分子量的大小,即可以用聚合产物的特性黏度为试验指标开展合成试验研究,得到微波辅助合成阳离子型聚丙烯酰胺的优化反应条件。

6.2.1 问题及解决方法

1. 问题

微波辅助合成阳离子型聚丙烯酰胺,需要考察总单体质量分数、引发剂浓度、微波响应时间等诸多因素对最终合成聚合产物的影响,且这些因素哪些是主要因素、各因素需选取的合理范围等信息都不清晰,因此需要先通过单因素探索试验大体确认主要因素及其水平范围,再基于单因素试验结果进行试验设计得到最优因素水平搭配。

2. 解决方法

先通过单因素试验确定主要因素及其水平范围,再根据单因素试验结果采用响应面设计法设计试验方案并分析其结果。响应面分析法是一种优化工艺设计和工艺条件的有效方法,响应面设计法是先利用合理的单因素试验进行设计,根据单因素试验的结果,选取最佳试验范围在 Design-Expert 软件中生成多组试验,对影响试验结果的因素与响应值采用多元二次回归方程拟合,分析方程确定最佳工艺参数,并可以通过对比最佳工艺条件下模拟响应值和实际响应值判定准确性,使用统计学方法有效解决多变量问题。

6.2.2 试验结果与分析

1. 单因素试验结果

(1) 总单体质量分数对聚合产物的影响。

在讨论总单体质量分数对聚合产物的影响前控制其他变量不变,其他变量控制为:共 50 g,引发剂浓度为 0.3%,单体摩尔比为 8∶2,尿素浓度为 0.1%,微波反应装置一段 5 min

升温至 70 ℃,二段 70 ℃恒温 10 分钟,功率均为 200 W。则总单体质量分数对聚合物特性黏度影响的试验如表 6.7 所示。试验结果如图 6.1 所示。

表 6.7 总单体质量分数对聚合物特性黏度影响的试验

总单体质量分数	$M_{总单体}$(g)	M_{AM}(g)	M_{MAPTAC}(g)	V_{MAPTAC}(mL)	$V_{引发剂}$(mL)	$V_{尿素}$(mL)
15%	7.5	4.222	3.278	3.113	0.9	0.075
20%	10	5.630	4.370	4.150	1.2	0.1
25%	12.5	7.037	5.463	5.188	1.5	0.125
30%	15	8.444	6.556	6.226	1.8	0.150
35%	17.5	9.852	7.648	7.263	2.1	0.175

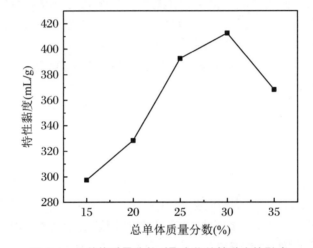

图 6.1 总单体质量分数对聚合物特性黏度的影响

分析图 6.1 可知,当单体质量比例低于 30%时,此时生成的聚合物的特性黏度会显著上升,但是一旦超过 30%,特性黏度就会显著下降,从而影响到最终的结果。出现上述情况的可能原因有:当总单体质量分数较小的时候,两个单体之间的有效碰撞不充分,则反应速率较低,转化率较低;当总单体质量分数较高的时候,碰撞过于激烈,从而产生大量的热量,使体系的温度剧烈升高,从而使得所得到的聚合产物的特性黏度较低。根据试验结果,我们可以知道当总单体质量分数为 30%时为最佳,其特性黏度最高。

(2) 引发剂浓度对聚合产物的影响。

控制变量控制其他试验条件不变:共配置 50 g 溶液,其中总单体质量分数为 25%,单体摩尔比为 25%,尿素浓度为 0.1%,单体丙烯酰胺的质量为 7.037 g,单体甲基丙烯酰胺丙基三甲基氯化铵的质量为 5.463 g 即 5.188 mL,尿素的体积为 0.125 mL,微波反应装置一段 5 min 升温至 70 ℃,二段 70 ℃恒温 10 分钟,功率均为 200 W。则当引发剂浓度分别为 0.1%,0.2%,0.3%,0.4%,0.5%时所得的试验结果如图 6.2 所示。

分析图 6.2 可知,当引发剂浓度低于 0.3%时,聚合物的特性黏度会随着引发剂浓度的增加而上升,当引发剂的浓度超过 0.3%后,聚合物的特性黏度会随着引发剂浓度的增加而下降。出现上述情况的原因可能有:我们知道在加入丙烯酰胺和甲基丙烯酰胺丙基三甲基氯化铵两种单体时,添加适量的引发剂是促进两种单体聚合反应的关键因素。如果添加的引发剂浓度过低,它们就无法完成聚合。然而,随着引发剂浓度的升高,聚合速率也会提高,但是聚合度却会降低。在某个特定的水平,随着自由基的碰撞概率的提高,聚合度甚至可能会下降。根据试验结果,在引发剂浓度为 0.3%时所得到的聚合产物的特性黏度最高,而特性黏度和聚合物的分子量呈正比,则此时所得到的聚合产物的分子量最大,效果最佳。

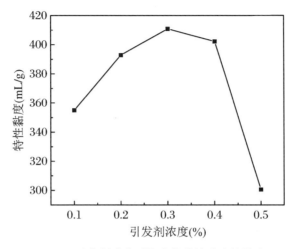

图 6.2　引发剂浓度对聚合物特性黏度的影响

(3) 微波辅助时间对聚合产物的影响。

控制其他变量不变,数据如表 6.8 所示。

表 6.8　所控制的其他变量具体数据

总单体质量分数	引发剂浓度	单体摩尔比	尿素浓度	M_{AM}	V_{MAPTAC}	$V_{引发剂}$	$V_{尿素}$	$V_{水}$
25%	0.3%	8∶2	0.1%	7.037 g	10.376 mL	1.5 mL	0.125 mL	37.5 mL

则微波辅助时间对聚合产物黏度的影响如图 6.3 所示。

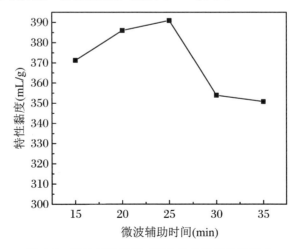

图 6.3　微波辅助时间对聚合物特性黏度的影响

分析图 6.3 可知,在微波辅助时间为 25 分钟时所生成的聚合产物的特性黏度最高。分析出现此现象的可能原因如下:对于本试验的微波辅助合成聚合产物,通过微波辅助的反应,我们可以控制合成的时间,从而提升转化率。然而,这种控制方式的效果有限,因为随着反应时间的延长,副作用和反应体系对微波能量的吸收都会变得异常强烈,甚至导致物质的分解。

2. 响应面优化结果

(1) 响应面试验设计。

通过单因素试验,选取总单体质量分数、微波辅助时间和引发剂浓度三个因素作为主要影响因素,响应值为所生成聚合物的特性黏度,通过使用 Design-Expert 软件中的 Box-Behnken 模型对我们所选的试验影响因素和响应值进行响应面试验设计,并在软件中对试验数据进行分析处理,可以构建出各个因素之间与响应值间的数学回归模型,研究影响聚合产物特性黏度的各因素显著性大小及其交互作用,最终确定反应的最优条件。设计的试验因素及水平如表 6.9 所示。

表 6.9 响应面分析因素及水平

因素	单位	最低水平	最高水平
总单体质量分数	%	20	30
引发剂浓度	%	0.2	0.4
微波辅助时间	min	15	25

(2) 响应面试验结果及分析。

利用三个单因素和以聚合产物的特性黏度为响应值,利用 Design-Expert 软件生成 17 组试验,试验组数和测得的特性黏度见表 6.10,响应面得到的方差分析见表 6.11。得到的总单体质量分数和引发剂浓度交互影响该聚合产物的特性黏度见图 6.4,总单体质量分数和微波辅助时间共同对聚合物特性黏度的影响的响应面见图 6.5,引发剂浓度和微波辅助时间一起对聚合物特性黏度的影响见图 6.6。

表 6.10 响应面试验

理论序	试验序	A 总单体质量分数 (%)	B 引发剂浓度 (%)	C 微波辅助时间 (min)	特性黏度 (mL/g)
1	17	25	0.2	20	257.61
2	15	35	0.2	20	252.25
3	14	25	0.4	20	242.02
4	5	35	0.4	20	307.30
5	8	25	0.3	15	235.69
6	7	35	0.3	15	287.81
7	11	25	0.3	25	268.59
8	16	35	0.3	25	276.15
9	2	30	0.2	15	274.26
10	4	30	0.4	15	269.79

续表

理论序	试验序	A 总单体质量分数（%）	B 引发剂浓度（%）	C 微波辅助时间（min）	特性黏度（mL/g）
11	1	30	0.2	25	274.02
12	10	30	0.4	25	287.66
13	9	30	0.3	20	358.93
14	13	30	0.3	20	349.67
15	12	30	0.3	20	351.62
16	6	30	0.3	20	346.75
17	3	30	0.3	20	354.06

表 6.11 线性回归模型的方差列表

方差来源	平方和	自由度	均方	F	P 值	显著性
模型	28586.47	9	3176.27	110.33	<0.0001	显著
A	1788.02	1	1788.02	62.11	0.0001	
B	295.61	1	295.61	10.27	0.0150	
C	188.86	1	188.86	6.56	0.0375	
AB	1247.50	1	1247.50	43.33	0.0003	
AC	496.4	1	496.4	17.24	0.0043	
BC	81.99	1	81.99	2.85	0.1353	
A^2	9860.05	1	9860.05	342.51	<0.0001	
B^2	6410.53	1	6410.53	222.68	<0.0001	
C^2	5687.89	1	5687.89	197.58	<0.0001	
残差	201.51	7	28.79			
拟合不足	116.32	3	38.77	1.82	0.2833	不显著
纯误差	85.19	4	21.30			
总误差	28787.98	16				

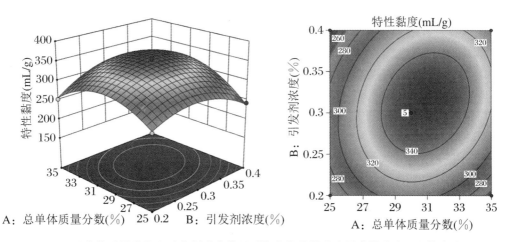

图 6.4 总单体质量分数和引发剂浓度共同对聚合物特性黏度影响的响应面和等高线图

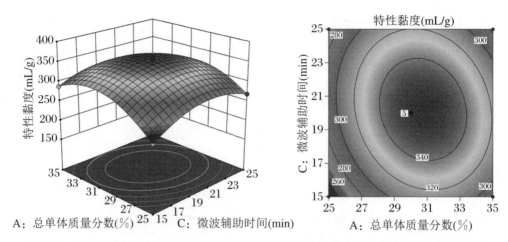

图 6.5　总单体质量分数和微波辅助时间共同影响聚合物特性黏度的响应面图和等高线图

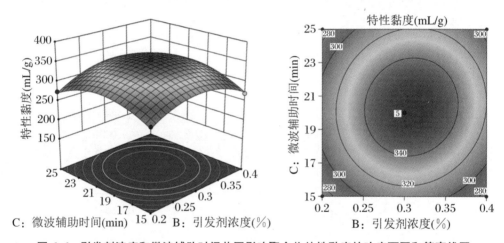

图 6.6　引发剂浓度和微波辅助时间共同影响聚合物特性黏度的响应面图和等高线图

由表 6.11,对该试验进行方差分析,模型的 P 值比 0.05 小得多,则我们可以知道该响应面所生成的模型是很显著的。采用 F 检验法来判定选定的因素对响应值聚合产物特性黏度的影响显著性,其中 P 的值越小,表明该因素对响应值的显著性越高。再由表 6.11 可知回归方程的失拟项所得到的结果是不显著,在响应面软件中我们也可以看到其决定系数 R-Squared 的值为 0.9930,这个值可以知道此次模型试验预测出来的数值其误差相对于正确的值来说比较小,则表明这个响应面的模型可以正确地反映我们的实际值。

可通过得到响应面 3D 图的凹凸性比较和所得到的等高线的差别来判断所选的其中两个因素对聚合物特性黏度影响的强弱。一般来说,等高线更接近于椭圆则表明两个因素共同的影响作用对于试验有着比较好的显著性。则由上述的各个因素交叉影响的等高线图和我们综合本试验的三个因素对聚合物特性黏度的影响并结合响应面试验我们可以知道,总单体质量分数、微波辅助时间和引发剂浓度对聚合物特性黏度的影响程度顺序先后是先总单体质量分数,其次引发剂浓度,最后微波辅助时间。且通过响应面试验我们可以得到最优的反应条件为总单体质量分数30%、引发剂浓度0.3%和微波辅助时间20 min。

6.2.3 结论

试验通过微波辅助合成的方法利用丙烯酰胺和甲基丙烯酰胺丙基三甲基氯化铵为单体,加入引发剂过硫酸铵合成聚合产物。并以总单体质量分数,引发剂浓度和微波辅助时间为试验因素,以所生成聚合产物的特性黏度为响应值进行响应面优化反应条件,得出以下结论:

(1) 试验中三个因素影响聚合产物特性黏度的先后次序:先是总单体质量分数,其次是引发剂浓度,最后是微波辅助时间。

(2) 响应面优化得到的最优反应条件是微波辅助时间20 min、引发剂浓度0.3%和总单体质量分数30%。

(3) 试验结果为阳离子型聚丙烯酰胺的合成提供了理论依据。

6.3 均匀试验设计在组合梁斜拉桥施工控制多参数敏感性分析中的应用

斜拉桥是一种由索、塔、梁组成的大跨度高次超静定结构,在施工过程中塔、梁、索的受力与变形相互影响,同时又受众多施工随机因素影响,使得实际成桥状态与理想成桥状态偏离。为确保斜拉桥施工过程的安全性和成桥状态的合理性,需对其进行施工控制。斜拉桥的施工控制是一个复杂的系统工程,桥梁每时每刻表现出来的状态都是多种参数共同作用的结果,其核心为减小结构实际状态与理想状态间的误差累积量,而影响结构状态的参数敏感性分析则为误差分析的关键步骤。

传统的斜拉桥参数敏感性分析方法多为单因素敏感性分析,此试验方法虽操作简单,但面对多因素多水平的分析时局限性较大。同时,基于梯度分析法、牛顿插值公式近似法、响应面法等在寻找控制参数与结构响应间的显式关系及对控制参数不同水平的抽样上同样存在不足,现从试验设计和统计学的角度出发引入均匀试验设计、多元线性回归分析并结合统计检验方法,以桑园子黄河大桥为工程背景,分析成桥状态下主梁线形、塔偏、拉索索力对施工控制参数的敏感性,从而为此类桥梁的设计、施工和施工控制提供参考。

6.3.1 问题及解决方法

1. 问题

斜拉桥一般采用悬臂现浇法或悬臂拼装法施工,施工过程复杂,影响结构受力变形的参数较多。通过文献调研，并结合工程实际情况，需以成桥状态下主梁线形、主塔位移、拉索索力为试验指标，选取桥面板弹模、主塔弹模、斜拉索弹性模量、桥面板容重、桥面板张拉控制应力及拉索初拉力主要考察因素进行敏感性分析，且以各参数的设计值为基准值，在基准值的 90%～110%之间均匀选取 11 个水平，各参数的具体取值范围如表 6.12 所示。6 因素 11 水平问题应该如何进行试验设计？

表 6.12 各控制参数及其变化范围

参　数	单位	基准值	下限	上限
桥面板弹模 E_{c55}	10^4 MPa	3.55	3.195	3.905
主塔弹模 E_{c50}	10^4 MPa	3.45	3.105	3.795
斜拉索弹模 E_s	10^5 MPa	2.0	1.8	2.2
桥面板容重 C	kN/m³	25.0	22.5	27.5
桥面板张拉控制应力 σ	MPa	1745.0	1570.5	1919.5
拉索初拉力 T	kN	4814.5	4333.0	5295.9

2. 解决方法

针对上述研究具体情况，拟定敏感性分析因素 6 个，每个因素有 11 个水平，可采用均匀试验设计法进行试验方案设计。选用均匀设计表 $U_{11}(11^6)$ 来安排不同施工控制参数各水平的组合试验，设计出的试验方案如表 6.13 所示。

表 6.13 试验方案

试验编号	E_{c55}	E_{c50}	E_s	C	σ	T
1	31950	31740	188000	24.5	1779.9	5199.6
2	32660	33120	200000	27.0	1640.3	5103.4
3	33370	34500	212000	24.0	1884.6	5007.1
4	34080	35880	180000	26.5	1745.0	4910.8
5	34790	37260	192000	23.5	1605.4	4814.5
6	35500	31050	204000	26.0	1849.7	4718.2
7	36210	32430	216000	23.0	1710.1	4621.9
8	36920	33810	184000	25.5	1570.5	4525.6
9	37630	35190	196000	22.5	1814.8	4429.3
10	38340	36570	208000	25.0	1675.2	4333.0
11	39050	37950	220000	27.5	1919.5	5295.9

按照上述试验方案分别改变相应模型参数，计算成桥状态下各参数的结构响应，所得结果如表 6.14 所示。由于数据较多，不能对所有成桥线形、成桥塔偏及成桥索力的数据一一进行分析，因此表 6.14 所展示的成桥线形、成桥索力和成桥塔偏分别以成桥状态下主梁跨中位移、主跨跨中位置最长索 SMC13 的索力和南塔塔顶顺桥向的位移为代表。

表 6.14 结构响应计算结果

试验编号	成桥线形(mm)	成桥塔偏(mm)	成桥索力(kN)
1	163.0	−91.7	4466.6
2	68.7	−58.5	4549.7
3	84.0	−57.8	4399.0
4	30.6	−52.9	4490.6
5	58.0	−56.9	4332.8
6	−41.8	−20.6	4427.2
7	−12.3	−26.6	4269.7
8	−80.6	−16.2	4358.5
9	−55.2	−18.2	4209.1
10	−129.2	7.9	4286.3
11	109.4	−69.0	4620.5

6.3.2 均匀试验结果的回归分析

1. 成桥线形回归分析

以主梁跨中位移为因变量、各施工控制参数为自变量将样本点数值进行多元逐步回归分析,采用最小二乘法对回归系数进行求解,考虑到不同自变量的量纲和数量级不同,将所得回归系数进行标准化处理,以进一步判断敏感度大小。基于数理统计原理,设定显著性水平为 0.05(即当显著性小于 0.05 时表明该参数的影响极显著),利用相关系数 R^2 来判定自变量与因变量间线性相关的程度;采用 t 检验将显著性参数(敏感性参数)纳入回归模型中,并剔除不显著的施工控制参数(非敏感性参数);利用 F 检验对所得多元回归模型进行显著性检验,同时剔除显著性水平大于 0.05 的回归模型。逐步回归检验结果如表 6.15 所示。

表 6.15 成桥线形回归方程显著性检验

回归模型	自变量	回归方程显著性检验			回归系数显著性检验			
		R^2	F 检验	显著性	回归系数	标准化回归系数	T 检验	显著性
1	常量	0.872	69.298	<0.001	1245.369	—	−8.192	<0.001
	T				0.262	0.941	8.325	<0.001
2	常量	0.985	323.742	<0.001	−996.911	—	−16.439	<0.001
	T				0.314	1.126	24.962	<0.001
	C				−19.877	−0.376	−8.206	<0.001
3	常量	0.994	562.002	<0.001	−883.584	—	−18.174	<0.001
	T				0.317	1.138	40.277	<0.001
	C				−20.2	−0.376	−13.381	<0.001
	E_s				−0.001	−0.09	−3.696	0.008

由表 6.15 可知,采用逐步回归法所拟合的 3 个回归模型显著性水平均小于 0.05,说明所拟合的模型整体上具有统计学意义;相关系数 R^2 均大于 0 小于 1 且随着自变量纳入数目的增多而增大,说明较模型 1 和模型 2,模型 3 具有更高的拟合优度,即模型 3 中的施工控制参数对成桥线形的解释程度更高,所引起的主梁成桥线形的变动占总变动的百分比更高。回归模型 3 的回归方程为

$$Y_1 = -883.584 + 0.317T - 20.2C - 0.001E_s \qquad (6.1)$$

其回归系数 t 检验显著性水平小于设定值 0.05,表明成桥线形对斜拉索初张力、混凝土桥面板容重、斜拉索弹模均呈现出显著性差异。结合回归系数的意义可知,拉索初张力每增加 1 个单位,主梁跨中反拱增大 0.317 个单位;桥面板容重每增加 1 个单位,主梁跨中下挠 20.2 个单位;斜拉索弹模每增加 1 个单位,主梁跨中下挠 0.001 个单位。通过标准化回归系数可看出,成桥线形的参数敏感度排序为拉索初张力>桥面板容重>斜拉索弹模。

2. 成桥塔偏回归分析

采用上述方法以主塔塔顶顺桥向的位移为因变量、各施工控制参数为自变量进行多元逐步回归分析,并对逐步回归结果进行检验,如表 6.16 所示。

表 6.16 成桥塔偏回归方程显著性检验

回归模型	自变量	回归方程显著性检验			回归系数显著性检验			
		R^2	F 检验	显著性	回归系数	标准化回归系数	T 检验	显著性
1	常量	0.854	59.514	<0.001	367.232	—	6.911	<0.001
	T				-0.085	-0.932	-7.715	<0.001
2	常量	0.931	68.135	<0.001	297.410	—	7.037	<0.001
	T				-0.099	-1.091	-11.349	<0.001
	C				5.586	0.318	3.309	0.011
3	常量	0.991	350.824	<0.001	206.258	—	10.265	<0.001
	T				-0.102	-1.121	-31.381	<0.001
	C				5.846	0.333	9.370	<0.001
	E_s				-0.001	0.222	7.194	<0.001

由表 6.16 可知,表中所示回归模型显著性水平均小于 0.05,说明所拟合的模型具有使用价值;相关系数 $0 < R_1^2 < R_2^2 < R_3^2 < 1$,表明回归模型 3 具有更高的拟合优度,其对应的回归方程为

$$Y_2 = 206.258 - 0.102T - 5.846C + 0.001E_s \qquad (6.2)$$

各回归系数 t 检验显著性水平均小于 0.05,说明斜拉索初张力、混凝土桥面板容重、斜拉索弹模的变化对成桥塔偏均有较大影响,而被剔除的自变量主塔弹模、桥面板弹模及桥面板张拉控制应力的改变对成桥塔偏影响不大;具体来说,拉索初张力每增加 1 个单位,主塔塔顶位移向南岸侧增大 0.102 个单位;桥面板容重每增加 1 个单位,主塔塔顶位移向北岸侧增大 5.846 个单位;斜拉索弹模每增加 1 个单位,主塔塔顶位移向北岸侧增大 0.001 个单位。进一步将回归系数标准化,根据其数值大可以看出,拉索初张力对成桥塔偏的影响程度

远远大于桥面板容重和斜拉索弹模的影响。

3. 成桥索力回归分析

同理,对成桥索力的试验结果进行多元逐步回归分析并对其进行显著性检验,如表6.17所示。

表6.17 成桥索力回归方程显著性检验

回归模型	自变量	回归方程显著性检验			回归系数显著性检验			
		R^2	F检验	显著性	回归系数	标准化回归系数	T检验	显著性
1	常量	0.722	26.983	<0.001	2764.944	—	8.762	<0.001
	C				65.439	0.866	5.194	<0.001
2	常量	0.999	5846.082	<0.001	2220.193	—	109.923	<0.001
	C				43.649	0.578	54.108	<0.001
	T				0.226	0.577	54.023	0.011

由表知,表中所示回归模型显著性水平均小于0.05,说明所拟合的模型回归显著;相关系数$0<R_1^2<R_2^2<1$,表明回归模型2具有更高的拟合优度,与之对应的函数表达式为

$$Y_3 = 2220.193 + 0.226T + 43.649C \tag{6.3}$$

拉索初张力、桥面板容重的回归系数 t 检验显著性水平均小于0.05,说明拉索初张力、桥面板容重为成桥索力的敏感性参数,其余4个施工控制参数对成桥索力影响不显著。敏感参数与成桥索力间的数量关系为:拉索初张力每增加1个单位,主跨跨中拉索索力增大0.226个单位;桥面板容重每增加1个单位,主跨跨中拉索索力增大43.649个单位。对比其标准化回归系数,发现拉索初张力和桥面板容重对成桥索力影响的程度相差不大。

4. 回归模型诊断

残差分析可用于诊断回归模型的好坏,由残差的大小可以发现离群数据进而判断模型是否合适,且合理的模型要求残差呈正态分布。采用P-P图分别对成桥线形[式(6.1)]、成桥塔偏[式(6.2)]、成桥索力[式(6.3)]回归方程的随机误差进行正态性检验,从P-P图中可以直观看出残差的实际累积概率与假定理论分布累积概率的符合程度,从而判断其是否符合正态分布,即若残差符合正态分布,则实际累积概率与理论累积概率应基本一致,如图6.7所示。

由图6.7可知,3个回归模型的各残差点总体上大致分布在理论直线(对角线)上,实际累积概率与理论累积概率基本保持一致,说明各回归模型的随机误差服从正态分布,反映了回模型拟合精度良好,利用该模型能够精确模拟施工控制参数与成桥状态下结构响应之间复杂的隐式关系。

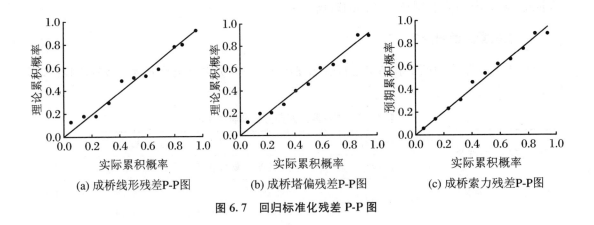

图 6.7 回归标准化残差 P-P 图

6.3.3 结论

以桑园子黄河大桥为研究背景,将均匀试验设计、多元线性逐步回归和统计学检验方法引入斜拉桥施工控制参数敏感性分析,对成桥状态下主梁和主塔关键截面的位移、拉索索力进行多参数敏感性分析,得到如下主要结论:

(1)成桥线形、成桥塔偏对拉索初张力、混凝土桥面板容重、斜拉索弹模的改变较为敏感,且敏感程度:拉索初张力>桥面板容重>斜拉索弹模;成桥索力对拉索初张力、桥面板容重的改变较为敏感,两者敏感程度接近。

(2)成桥状态下主梁位移、主塔塔偏、拉索索力对拉索初张力和桥面板容重均较为敏感,在施工过程中要严格控制拉索初张力及桥面板容重的精度,对于已出现的变异应尽快在模型中修正,避免因施工误差对桥梁施工及运营造成安全问题。

(3)基于均匀试验、多元线性逐步回归和统计显著性检验的参数敏感性分析方法可以准确地获得斜拉桥成桥状态下主梁、主塔及斜拉索结构响应的敏感性参数,定量地了解各参数对结构响应的影响程度,实现了大跨度斜拉桥施工控制的多参数敏感性分析,为此类斜拉桥的施工和施工监控提供参考。

附 录

附录1 F 分布表

$\alpha = 0.10$

f_2	f_1																		
	1	2	3	4	5	6	7	8	9	10	12	15	20	24	30	40	60	120	1000
1	39.86	49.50	53.59	55.83	57.24	58.20	58.91	59.44	59.86	60.19	60.71	61.22	61.74	62.00	62.26	62.53	62.79	63.06	63.30
2	8.53	9.00	9.16	9.24	9.29	9.33	9.35	9.37	9.38	9.39	9.41	9.42	9.44	9.45	9.46	9.47	9.47	9.48	9.49
3	5.54	5.46	5.39	5.34	5.31	5.28	5.27	5.25	5.24	5.23	5.22	5.20	5.18	5.18	5.17	5.16	5.15	5.14	5.13
4	4.54	4.32	4.19	4.11	4.05	4.01	3.98	3.95	3.94	3.92	3.90	3.87	3.84	3.83	3.82	3.80	3.79	3.78	3.76
5	4.06	3.78	3.62	3.52	3.45	3.40	3.37	3.34	3.32	3.30	3.27	3.24	3.21	3.19	3.17	3.16	3.14	3.12	3.11
6	3.78	3.46	3.29	3.18	3.11	3.05	3.01	2.98	2.96	2.94	2.90	2.87	2.84	2.82	2.80	2.78	2.76	2.74	2.72
7	3.59	3.26	3.07	2.96	2.88	2.83	2.78	2.75	2.72	2.70	2.67	2.63	2.59	2.58	2.56	2.54	2.51	2.49	2.47
8	3.46	3.11	2.92	2.81	2.73	2.67	2.62	2.59	2.56	2.54	2.50	2.46	2.42	2.40	2.38	2.36	2.34	2.32	2.30
9	3.36	3.01	2.81	2.69	2.61	2.55	2.51	2.47	2.44	2.42	2.38	2.34	2.30	2.28	2.25	2.23	2.21	2.18	2.16
10	3.29	2.92	2.73	2.61	2.52	2.46	2.41	2.38	2.35	2.32	2.28	2.24	2.20	2.18	2.16	2.13	2.11	2.08	2.06
11	3.23	2.86	2.66	2.54	2.45	2.39	2.34	2.30	2.27	2.25	2.21	2.17	2.12	2.10	2.08	2.05	2.03	2.00	1.98

续表

f_2	\multicolumn{17}{c}{f_1}
	1	2	3	4	5	6	7	8	9	10	12	15	20	24	30	40	60	120	1000
12	3.18	2.81	2.61	2.48	2.39	2.33	2.28	2.24	2.21	2.19	2.15	2.10	2.06	2.04	2.01	1.99	1.96	1.93	1.91
13	3.14	2.76	2.56	2.43	2.35	2.28	2.23	2.20	2.16	2.14	2.10	2.05	2.01	1.98	1.96	1.93	1.90	1.88	1.85
14	3.10	2.73	2.52	2.39	2.31	2.24	2.19	2.15	2.12	2.10	2.05	2.01	1.96	1.94	1.91	1.89	1.86	1.83	1.80
15	3.07	2.70	2.49	2.36	2.27	2.21	2.16	2.12	2.09	2.06	2.02	1.97	1.92	1.90	1.87	1.85	1.82	1.79	1.76
16	3.05	2.67	2.46	2.33	2.24	2.18	2.13	2.09	2.06	2.03	1.99	1.94	1.89	1.87	1.84	1.81	1.78	1.75	1.72
17	3.03	2.64	2.44	2.31	2.22	2.15	2.10	2.06	2.03	2.00	1.96	1.91	1.86	1.84	1.81	1.78	1.75	1.72	1.69
18	3.01	2.62	2.42	2.29	2.20	2.13	2.08	2.04	2.00	1.98	1.93	1.89	1.84	1.81	1.78	1.75	1.72	1.69	1.66
19	2.99	2.61	2.40	2.27	2.18	2.11	2.06	2.02	1.98	1.96	1.91	1.86	1.81	1.79	1.76	1.73	1.70	1.67	1.64
20	2.97	2.59	2.38	2.25	2.16	2.09	2.04	2.00	1.96	1.94	1.89	1.84	1.79	1.77	1.74	1.71	1.68	1.64	1.61
21	2.96	2.57	2.36	2.23	2.14	2.08	2.02	1.98	1.95	1.92	1.87	1.83	1.78	1.75	1.72	1.69	1.66	1.62	1.59
22	2.95	2.56	2.35	2.22	2.13	2.06	2.01	1.97	1.93	1.90	1.86	1.81	1.76	1.73	1.70	1.67	1.64	1.60	1.57
23	2.94	2.55	2.34	2.21	2.11	2.05	1.99	1.95	1.92	1.89	1.84	1.80	1.74	1.72	1.69	1.66	1.62	1.59	1.55
24	2.93	2.54	2.33	2.19	2.10	2.04	1.98	1.94	1.91	1.88	1.83	1.78	1.73	1.70	1.67	1.64	1.61	1.57	1.54
25	2.92	2.53	2.32	2.18	2.09	2.02	1.97	1.93	1.89	1.87	1.82	1.77	1.72	1.69	1.66	1.63	1.59	1.56	1.52
26	2.91	2.52	2.31	2.17	2.08	2.01	1.96	1.92	1.88	1.86	1.81	1.76	1.71	1.68	1.65	1.61	1.58	1.54	1.51
27	2.90	2.51	2.30	2.17	2.07	2.00	1.95	1.91	1.87	1.85	1.80	1.75	1.70	1.67	1.64	1.60	1.57	1.53	1.50
28	2.89	2.50	2.29	2.16	2.06	2.00	1.94	1.90	1.87	1.84	1.79	1.74	1.69	1.66	1.63	1.59	1.56	1.52	1.48
29	2.89	2.50	2.28	2.15	2.06	1.99	1.93	1.89	1.86	1.83	1.78	1.73	1.68	1.65	1.62	1.58	1.55	1.51	1.47
30	2.88	2.49	2.28	2.14	2.05	1.98	1.93	1.88	1.85	1.82	1.77	1.72	1.67	1.64	1.61	1.57	1.54	1.50	1.46
40	2.84	2.44	2.23	2.09	2.00	1.93	1.87	1.83	1.79	1.76	1.71	1.66	1.61	1.57	1.54	1.51	1.47	1.42	1.38
60	2.79	2.39	2.18	2.04	1.95	1.87	1.82	1.77	1.74	1.71	1.66	1.60	1.54	1.51	1.48	1.44	1.40	1.35	1.30
120	2.75	2.35	2.13	1.99	1.90	1.82	1.77	1.72	1.68	1.65	1.60	1.55	1.48	1.45	1.41	1.37	1.32	1.26	1.20
1000	2.71	2.31	2.09	1.95	1.85	1.78	1.72	1.68	1.64	1.61	1.55	1.49	1.43	1.39	1.35	1.30	1.25	1.18	1.08

$\alpha = 0.05$

f_2 \ f_1	1	2	3	4	5	6	7	8	9	10	12	15	20	24	30	40	60	120	1000
1	161.5	199.5	215.7	224.6	230.2	234.0	236.8	238.9	240.5	241.9	243.9	246.0	248.0	249.1	250.1	251.1	252.2	253.3	254.2
2	18.51	19.00	19.16	19.25	19.30	19.33	19.35	19.37	19.38	19.40	19.41	19.43	19.45	19.45	19.46	19.47	19.48	19.49	19.49
3	10.13	9.55	9.28	9.12	9.01	8.94	8.89	8.85	8.81	8.79	8.74	8.70	8.66	8.64	8.62	8.59	8.57	8.55	8.53
4	7.71	6.94	6.59	6.39	6.26	6.16	6.09	6.04	6.00	5.96	5.91	5.86	5.80	5.77	5.75	5.72	5.69	5.66	5.63
5	6.61	5.79	5.41	5.19	5.05	4.95	4.88	4.82	4.77	4.74	4.68	4.62	4.56	4.53	4.50	4.46	4.43	4.40	4.37
6	5.99	5.14	4.76	4.53	4.39	4.28	4.21	4.15	4.10	4.06	4.00	3.94	3.87	3.84	3.81	3.77	3.74	3.70	3.67
7	5.59	4.74	4.35	4.12	3.97	3.87	3.79	3.73	3.68	3.64	3.57	3.51	3.44	3.41	3.38	3.34	3.30	3.27	3.23
8	5.32	4.46	4.07	3.84	3.69	3.58	3.50	3.44	3.39	3.35	3.28	3.22	3.15	3.12	3.08	3.04	3.01	2.97	2.93
9	5.12	4.26	3.86	3.63	3.48	3.37	3.29	3.23	3.18	3.14	3.07	3.01	2.94	2.90	2.86	2.83	2.79	2.75	2.71
10	4.96	4.10	3.71	3.48	3.33	3.22	3.14	3.07	3.02	2.98	2.91	2.85	2.77	2.74	2.70	2.66	2.62	2.58	2.54
11	4.84	3.98	3.59	3.36	3.20	3.09	3.01	2.95	2.90	2.85	2.79	2.72	2.65	2.61	2.57	2.53	2.49	2.45	2.41
12	4.75	3.89	3.49	3.26	3.11	3.00	2.91	2.85	2.80	2.75	2.69	2.62	2.54	2.51	2.47	2.43	2.38	2.34	2.30
13	4.67	3.81	3.41	3.18	3.03	2.92	2.83	2.77	2.71	2.67	2.60	2.53	2.46	2.42	2.38	2.34	2.30	2.25	2.21
14	4.60	3.74	3.34	3.11	2.96	2.85	2.76	2.70	2.65	2.60	2.53	2.46	2.39	2.35	2.31	2.27	2.22	2.18	2.14
15	4.54	3.68	3.29	3.06	2.90	2.79	2.71	2.64	2.59	2.54	2.48	2.40	2.33	2.29	2.25	2.20	2.16	2.11	2.07
16	4.49	3.63	3.24	3.01	2.85	2.74	2.66	2.59	2.54	2.49	2.42	2.35	2.28	2.24	2.19	2.15	2.11	2.06	2.02
17	4.45	3.59	3.20	2.96	2.81	2.70	2.61	2.55	2.49	2.45	2.38	2.31	2.23	2.19	2.15	2.10	2.06	2.01	1.97
18	4.41	3.55	3.16	2.93	2.77	2.66	2.58	2.51	2.46	2.41	2.34	2.27	2.19	2.15	2.11	2.06	2.02	1.97	1.92
19	4.38	3.52	3.13	2.90	2.74	2.63	2.54	2.48	2.42	2.38	2.31	2.23	2.16	2.11	2.07	2.03	1.98	1.93	1.88
20	4.35	3.49	3.10	2.87	2.71	2.60	2.51	2.45	2.39	2.35	2.28	2.20	2.12	2.08	2.04	1.99	1.95	1.90	1.85
21	4.32	3.47	3.07	2.84	2.68	2.57	2.49	2.42	2.37	2.32	2.25	2.18	2.10	2.05	2.01	1.96	1.92	1.87	1.82
22	4.30	3.44	3.05	2.82	2.66	2.55	2.46	2.40	2.34	2.30	2.23	2.15	2.07	2.03	1.98	1.94	1.89	1.84	1.79
23	4.28	3.42	3.03	2.80	2.64	2.53	2.44	2.37	2.32	2.27	2.20	2.13	2.05	2.01	1.96	1.91	1.86	1.81	1.76
24	4.26	3.40	3.01	2.78	2.62	2.51	2.42	2.36	2.30	2.25	2.18	2.11	2.03	1.98	1.94	1.89	1.84	1.79	1.74
25	4.24	3.39	2.99	2.76	2.60	2.49	2.40	2.34	2.28	2.24	2.16	2.09	2.01	1.96	1.92	1.87	1.82	1.77	1.72

续表

f_2	\multicolumn{13}{c}{f_1}
	1	2	3	4	5	6	7	8	9	10	12	15	20	24	30	40	60	120	1000
26	4.23	3.37	2.98	2.74	2.59	2.47	2.39	2.32	2.27	2.22	2.15	2.07	1.99	1.95	1.90	1.85	1.80	1.75	1.70
27	4.21	3.35	2.96	2.73	2.57	2.46	2.37	2.31	2.25	2.20	2.13	2.06	1.97	1.93	1.88	1.84	1.79	1.73	1.68
28	4.20	3.34	2.95	2.71	2.56	2.45	2.36	2.29	2.24	2.19	2.12	2.04	1.96	1.91	1.87	1.82	1.77	1.71	1.66
29	4.18	3.33	2.93	2.70	2.55	2.43	2.35	2.28	2.22	2.18	2.10	2.03	1.94	1.90	1.85	1.81	1.75	1.70	1.65
30	4.17	3.32	2.92	2.69	2.53	2.42	2.33	2.27	2.21	2.16	2.09	2.01	1.93	1.89	1.84	1.79	1.74	1.68	1.63
40	4.08	3.23	2.84	2.61	2.45	2.34	2.25	2.18	2.12	2.08	2.00	1.92	1.84	1.79	1.74	1.69	1.64	1.58	1.52
60	4.00	3.15	2.76	2.53	2.37	2.25	2.17	2.10	2.04	1.99	1.92	1.84	1.75	1.70	1.65	1.59	1.53	1.47	1.40
120	3.92	3.07	2.68	2.45	2.29	2.18	2.09	2.02	1.96	1.91	1.83	1.75	1.66	1.61	1.55	1.50	1.43	1.35	1.27
1000	3.85	3.00	2.61	2.38	2.22	2.11	2.02	1.95	1.89	1.84	1.76	1.68	1.58	1.53	1.47	1.41	1.33	1.24	1.11

$\alpha = 0.01$

f_2	\multicolumn{13}{c}{f_1}
	1	2	3	4	5	6	7	8	9	10	12	15	20	24	30	40	60	120	1000
1	4052.2	4999.5	5403.4	5624.6	5763.7	5859.0	5928.4	5981.1	6022.5	6055.8	6106.3	6157.3	6208.7	6234.6	6260.6	6286.8	6313.0	6339.4	6362.7
2	98.503	99.000	99.166	99.249	99.299	99.333	99.356	99.374	99.388	99.399	99.416	99.433	99.449	99.458	99.466	99.474	99.482	99.491	99.498
3	34.116	30.817	29.457	28.710	28.237	27.911	27.672	27.489	27.345	27.229	27.052	26.872	26.690	26.598	26.505	26.411	26.316	26.221	26.137
4	21.198	18.000	16.694	15.977	15.522	15.207	14.976	14.799	14.659	14.546	14.374	14.198	14.020	13.929	13.838	13.745	13.652	13.558	13.475
5	16.258	13.274	12.060	11.392	10.967	10.672	10.456	10.289	10.158	10.051	9.888	9.722	9.553	9.466	9.379	9.291	9.202	9.112	9.031
6	13.745	10.925	9.780	9.148	8.746	8.466	8.260	8.102	7.976	7.874	7.718	7.559	7.396	7.313	7.229	7.143	7.057	6.969	6.891
7	12.246	9.547	8.451	7.847	7.460	7.191	6.993	6.840	6.719	6.620	6.469	6.314	6.155	6.074	5.992	5.908	5.824	5.737	5.660
8	11.259	8.649	7.591	7.006	6.632	6.371	6.178	6.029	5.911	5.814	5.667	5.515	5.359	5.279	5.198	5.116	5.032	4.946	4.869
9	10.561	8.022	6.992	6.422	6.057	5.802	5.613	5.467	5.351	5.257	5.111	4.962	4.808	4.729	4.649	4.567	4.483	4.398	4.321
10	10.044	7.559	6.552	5.994	5.636	5.386	5.200	5.057	4.942	4.849	4.706	4.558	4.405	4.327	4.247	4.165	4.082	3.996	3.920
11	9.646	7.206	6.217	5.668	5.316	5.069	4.886	4.744	4.632	4.539	4.397	4.251	4.099	4.021	3.941	3.860	3.776	3.690	3.613
12	9.330	6.927	5.953	5.412	5.064	4.821	4.640	4.499	4.388	4.296	4.155	4.010	3.858	3.780	3.701	3.619	3.535	3.449	3.372

续表

f_2	f_1																	
	1	2	3	4	5	6	7	8	9	10	12	15	20	24	30	40	60	120	1000
13	9.074	6.701	5.739	5.205	4.862	4.620	4.441	4.302	4.191	4.100	3.960	3.815	3.665	3.587	3.507	3.425	3.341	3.255	3.176
14	8.862	6.515	5.564	5.035	4.695	4.456	4.278	4.140	4.030	3.939	3.800	3.656	3.505	3.427	3.348	3.266	3.181	3.094	3.015
15	8.683	6.359	5.417	4.893	4.556	4.318	4.142	4.004	3.895	3.805	3.666	3.522	3.372	3.294	3.214	3.132	3.047	2.959	2.880
16	8.531	6.226	5.292	4.773	4.437	4.202	4.026	3.890	3.780	3.691	3.553	3.409	3.259	3.181	3.101	3.018	2.933	2.845	2.764
17	8.400	6.112	5.185	4.669	4.336	4.102	3.927	3.791	3.682	3.593	3.455	3.312	3.162	3.084	3.003	2.920	2.835	2.746	2.664
18	8.285	6.013	5.092	4.579	4.248	4.015	3.841	3.705	3.597	3.508	3.371	3.227	3.077	2.999	2.919	2.835	2.749	2.660	2.577
19	8.185	5.926	5.010	4.500	4.171	3.939	3.765	3.631	3.523	3.434	3.297	3.153	3.003	2.925	2.844	2.761	2.674	2.584	2.501
20	8.096	5.849	4.938	4.431	4.103	3.871	3.699	3.564	3.457	3.368	3.231	3.088	2.938	2.859	2.778	2.695	2.608	2.517	2.433
21	8.017	5.780	4.874	4.369	4.042	3.812	3.640	3.506	3.398	3.310	3.173	3.030	2.880	2.801	2.720	2.636	2.548	2.457	2.372
22	7.945	5.719	4.817	4.313	3.988	3.758	3.587	3.453	3.346	3.258	3.121	2.978	2.827	2.749	2.667	2.583	2.495	2.403	2.317
23	7.881	5.664	4.765	4.264	3.939	3.710	3.539	3.406	3.299	3.211	3.074	2.931	2.781	2.702	2.620	2.535	2.447	2.354	2.268
24	7.823	5.614	4.718	4.218	3.895	3.667	3.496	3.363	3.256	3.168	3.032	2.889	2.738	2.659	2.577	2.492	2.403	2.310	2.223
25	7.770	5.568	4.675	4.177	3.855	3.627	3.457	3.324	3.217	3.129	2.993	2.850	2.699	2.620	2.538	2.453	2.364	2.270	2.182
26	7.721	5.526	4.637	4.140	3.818	3.591	3.421	3.288	3.182	3.094	2.958	2.815	2.664	2.585	2.503	2.417	2.327	2.233	2.144
27	7.677	5.488	4.601	4.106	3.785	3.558	3.388	3.256	3.149	3.062	2.926	2.783	2.632	2.552	2.470	2.384	2.294	2.198	2.109
28	7.636	5.453	4.568	4.074	3.754	3.528	3.358	3.226	3.120	3.032	2.896	2.753	2.602	2.522	2.440	2.354	2.263	2.167	2.077
29	7.598	5.420	4.538	4.045	3.725	3.499	3.330	3.198	3.092	3.005	2.868	2.726	2.574	2.495	2.412	2.325	2.234	2.138	2.047
30	7.562	5.390	4.510	4.018	3.699	3.473	3.304	3.173	3.067	2.979	2.843	2.700	2.549	2.469	2.386	2.299	2.208	2.111	2.019
40	7.314	5.179	4.313	3.828	3.514	3.291	3.124	2.993	2.888	2.801	2.665	2.522	2.369	2.288	2.203	2.114	2.019	1.917	1.819
60	7.077	4.977	4.126	3.649	3.339	3.119	2.953	2.823	2.718	2.632	2.496	2.352	2.198	2.115	2.028	1.936	1.836	1.726	1.617
120	6.851	4.787	3.949	3.480	3.174	2.956	2.792	2.663	2.559	2.472	2.336	2.192	2.035	1.950	1.860	1.763	1.656	1.533	1.401
1000	6.660	4.626	3.801	3.338	3.036	2.820	2.657	2.529	2.425	2.339	2.203	2.056	1.897	1.810	1.716	1.613	1.495	1.351	1.159

附录2 常用正交表

(1) $L_4(2^3)$

试验号	列 号		
	1	2	3
1	1	1	1
2	1	2	2
3	2	1	2
4	2	2	1

注:任意两列的交互作用列是另外一列。

(2) $L_8(2^7)$

试验号	列 号						
	1	2	3	4	5	6	7
1	1	1	1	1	1	1	1
2	1	1	1	2	2	2	2
3	1	2	2	1	1	2	2
4	1	2	2	2	2	1	1
5	2	1	2	1	2	1	2
6	2	1	2	2	1	2	1
7	2	2	1	1	2	2	1
8	2	2	1	2	1	1	2

$L_8(2^7)$二列间的交互作用列

试验号	列 号						
	1	2	3	4	5	6	7
(1)	(1)	3	2	5	4	7	6
(2)		(2)	1	6	7	4	5
(3)			(3)	7	6	5	4
(4)				(4)	1	2	3
(5)					(5)	3	2
(6)						(6)	1
(7)							(7)

$L_8(2^7)$ 表头设计

因素数	列 号						
	1	2	3	4	5	6	7
3	A	B	A×B	C	A×C	B×C	
4	A	B	A×B C×D	C	A×C B×D	B×C A×D	D
5	A D×E	B C×D	A×B C×E	C B×D	A×C B×E	D A×E B×C	E A×D

(3) $L_8(4^1 \times 2^4)$

试验号	列 号				
	1	2	3	4	5
1	1	1	1	1	1
2	1	2	2	2	2
3	2	1	1	2	2
4	2	2	2	1	1
5	3	1	2	1	2
6	3	2	1	2	1
7	4	1	2	2	1
8	4	2	1	1	2

$L_8(4^1 \times 2^4)$ 表头设计

因素数	列 号				
	1	2	3	4	5
2	A	B	$(A \times B)_1$	$(A \times B)_2$	$(A \times B)_3$
3	A	B	C		
4	A	B	C	D	
5	A	B	C	D	E

(4) $L_{12}(2^{11})$

试验号	列 号										
	1	2	3	4	5	6	7	8	9	10	11
1	1	1	1	1	1	1	1	1	1	1	1
2	1	1	1	1	1	2	2	2	2	2	2
3	1	1	2	2	2	1	1	1	2	2	2
4	1	2	1	2	2	1	2	2	1	1	2
5	1	2	2	1	2	2	1	2	1	2	1
6	1	2	2	2	1	2	2	1	2	1	1
7	2	1	2	2	1	1	2	2	1	2	1
8	2	1	2	1	2	2	2	1	1	1	2
9	2	1	1	2	2	2	1	2	2	1	1
10	2	2	2	1	1	1	1	2	2	1	2
11	2	2	1	2	1	2	1	1	1	2	2
12	2	2	1	1	2	1	2	1	2	2	1

(5) $L_{16}(2^{15})$

试验号	列 号														
	1	2	3	4	5	6	7	8	9	10	11	12	13	14	15
1	1	1	1	1	1	1	1	1	1	1	1	1	1	1	1
2	1	1	1	1	1	1	1	2	2	2	2	2	2	2	2
3	1	1	1	2	2	2	2	1	1	1	1	2	2	2	2
4	1	1	1	2	2	2	2	2	2	2	2	1	1	1	1
5	1	2	2	1	1	2	2	1	1	2	2	1	1	2	2
6	1	2	2	1	1	2	2	2	2	1	1	2	2	1	1
7	1	2	2	2	2	1	1	1	1	2	2	2	2	1	1
8	1	2	2	2	2	1	1	2	2	1	1	1	1	2	2
9	2	1	2	1	2	1	2	1	2	1	2	1	2	1	2
10	2	1	2	1	2	1	2	2	1	2	1	2	1	2	1
11	2	1	2	2	1	2	1	1	2	1	2	2	1	2	1
12	2	1	2	2	1	2	1	2	1	2	1	1	2	1	2
13	2	2	1	1	2	2	1	1	2	2	1	1	2	2	1
14	2	2	1	1	2	2	1	2	1	1	2	2	1	1	2
15	2	2	1	2	1	1	2	1	2	2	1	2	1	1	2
16	2	2	1	2	1	1	2	2	1	1	2	1	2	2	1

$L_{16}(2^{15})$ 二列间的交互作用列

试验号	列号														
	1	2	3	4	5	6	7	8	9	10	11	12	13	14	15
(1)	(1)	3	2	5	4	7	6	9	8	11	10	13	12	15	14
(2)		(2)	1	6	7	4	5	10	11	8	9	14	15	12	13
(3)			(3)	7	6	5	4	11	10	9	8	15	14	13	12
(4)				(4)	1	2	3	12	13	14	15	8	9	10	11
(5)					(5)	3	2	13	12	15	14	9	8	11	10
(6)						(6)	1	14	15	12	13	10	11	8	9
(7)							(7)	15	14	13	12	11	10	9	8
(8)								(8)	1	2	3	4	5	6	7
(9)									(9)	3	2	5	4	7	6
(10)										(10)	1	6	7	4	5
(11)											(11)	7	6	5	4
(12)												(12)	1	2	3
(13)													(13)	3	2
(14)														(14)	1

$L_{16}(2^{15})$ 表头设计

因素数	列号														
	1	2	3	4	5	6	7	8	9	10	11	12	13	14	15
4	A	B	A×B	C	A×C	B×C		D	A×D	B×D		C×D			
5	A	B	A×B	C	A×C	B×C	D×E	D	A×D	B×D	C×E	C×D		A×E	E
6	A	B	A×B	C	A×C	B×C		D	A×D	B×D	E	C×D		F	C×E
			D×E		E×F	D×F			B×E	A×E		B×F			A×F
						C×F									
7	A	B	A×B	C	A×C	B×C		D	A×D	B×D	E	C×D	F	G	C×E
			D×E		D×F	E×F			B×E	A×E		A×F			B×F
			F×G		E×G	D×G			C×F	C×G		B×G			A×G
8	A	B	A×B	C	A×C	B×C	H	D	A×D	B×D	E	C×D	F	G	C×E
			D×E		D×F	E×F			B×E	A×E		A×F			B×F
			F×G		E×G	D×G			C×F	C×G		B×G			A×G
			C×H		C×H	A×H			G×H	F×H		E×H			D×H

(6) $L_{16}(4^1 \times 4^{12})$

试验号	列号												
	1	2	3	4	5	6	7	8	9	10	11	12	13
1	1	1	1	1	1	1	1	1	1	1	1	1	1
2	1	1	1	1	1	2	2	2	2	2	2	2	2
3	1	2	2	2	2	1	1	1	1	2	2	2	2
4	1	2	2	2	2	2	2	2	2	1	1	1	1
5	2	1	1	2	2	1	1	2	2	1	1	2	2
6	2	1	1	2	2	2	2	1	1	2	2	1	1
7	2	2	2	1	1	1	1	2	2	2	2	1	1
8	2	2	2	1	1	2	2	1	1	1	1	2	2
9	3	1	2	1	2	1	2	1	2	1	2	1	2
10	3	1	2	1	2	2	1	2	1	2	1	2	1
11	3	2	1	2	1	1	2	1	2	2	1	2	1
12	3	2	1	2	1	2	1	2	1	1	2	1	2
13	4	1	2	2	1	1	2	2	1	1	2	2	1
14	4	1	2	2	1	2	1	1	2	2	1	1	2
15	4	2	1	1	2	1	2	2	1	2	1	1	2
16	4	2	1	1	2	2	1	1	2	1	2	2	1

$L_{16}(4^1 \times 4^{12})$ 表头设计

因素数	列号												
	1	2	3	4	5	6	7	8	9	10	11	12	13
3	A	B	(A×B)$_1$	(A×B)$_2$	(A×B)$_3$	C	(A×C)$_1$	(A×C)$_2$	(A×C)$_3$	B×C			
4	A	B	(A×B)$_1$ C×D	(A×B)$_2$	(A×B)$_3$	C	(A×C)$_1$ B×D	(A×C)$_2$	(A×C)$_3$	B×C (A×D)$_1$	D	(A×D)$_2$	(A×D)$_3$
5	A	B	(A×B)$_1$ C×D	(A×B)$_2$ C×E	(A×B)$_3$	C	(A×C)$_1$ B×D	(A×C)$_2$ B×D	(A×C)$_3$	(A×D)$_1$ (A×E)$_2$	B×C (A×E)$_2$	D (A×D)$_2$	E (A×E)$_1$ (A×D)$_3$

(7) $L_{16}(4^3 \times 2^6)$

试验号	列 号								
	1	2	3	4	5	6	7	8	9
1	1	1	1	1	1	1	1	1	1
2	1	2	2	1	1	2	2	2	2
3	1	3	3	2	2	1	1	2	2
4	1	4	4	2	2	2	2	1	1
5	2	1	2	2	2	1	2	1	1
6	2	2	1	2	2	2	1	2	2
7	2	3	4	1	1	1	2	2	2
8	2	4	3	1	1	2	1	1	1
9	3	1	3	1	2	1	2	1	2
10	3	2	4	1	2	2	1	2	1
11	3	3	1	2	1	1	2	2	1
12	3	4	2	2	1	2	1	1	2
13	4	1	4	2	1	1	1	1	2
14	4	2	3	2	1	2	2	2	1
15	4	3	2	1	2	1	1	2	1
16	4	4	1	1	2	2	2	1	2

(8) $L_{16}(4^4 \times 2^3)$

试验号	列 号						
	1	2	3	4	5	6	7
1	1	1	1	1	1	1	1
2	1	2	2	2	1	2	2
3	1	3	3	3	2	1	2
4	1	4	4	4	2	2	1
5	2	1	2	3	2	2	1
6	2	2	1	4	2	1	2
7	2	3	4	1	1	2	2
8	2	4	3	2	1	1	1
9	3	1	3	4	1	2	2
10	3	2	4	3	1	1	1
11	3	3	1	2	2	2	1
12	3	4	2	1	2	1	2
13	4	1	4	2	2	1	2
14	4	2	3	1	2	2	1
15	4	3	2	4	1	1	1
16	4	4	1	3	1	2	2

(9) $L_9(3^4)$

试验号	列号			
	4	1	2	3
1	1	1	1	1
2	1	2	2	2
3	1	3	3	3
4	2	1	2	3
5	2	2	3	1
6	2	3	1	2
7	3	1	3	2
8	3	2	1	3
9	3	3	2	1

注:任意二列间的交互作用列为另外二列。

(10) $L_{27}(3^{13})$

试验号	列号												
	1	2	3	4	5	6	7	8	9	10	11	12	13
1	1	1	1	1	1	1	1	1	1	1	1	1	1
2	1	1	1	1	2	2	2	2	2	2	2	2	2
3	1	1	1	1	3	3	3	3	3	3	3	3	3
4	1	2	2	2	1	1	1	2	2	2	3	3	3
5	1	2	2	2	2	2	2	3	3	3	1	1	1
6	1	2	2	2	3	3	3	1	1	1	2	2	2
7	1	3	3	3	1	1	1	3	3	3	2	2	2
8	1	3	3	3	2	2	2	1	1	1	3	3	3
9	1	3	3	3	3	3	3	2	2	2	1	1	1
10	2	1	2	3	1	2	3	1	2	3	1	2	3
11	2	1	2	3	2	2	1	2	3	1	2	3	1
12	2	1	2	3	3	1	2	3	1	2	3	1	3
13	2	2	3	1	1	2	3	2	3	1	3	1	2
14	2	2	3	1	2	3	1	3	1	2	1	2	3
15	2	2	3	1	3	1	2	1	2	3	2	3	1
16	2	3	1	2	1	2	3	3	1	2	2	3	1
17	2	3	1	2	2	3	1	1	2	3	3	1	2
18	2	3	1	2	3	1	2	2	3	1	1	2	3
19	3	1	3	2	1	3	2	1	3	2	1	3	2
20	3	1	3	2	2	1	3	2	1	3	2	1	3
21	3	1	3	2	3	2	1	3	2	1	3	2	1
22	3	2	1	3	1	3	2	2	1	3	3	2	1
23	3	2	1	3	2	1	3	3	2	1	1	3	2
24	3	2	1	3	3	2	1	1	3	2	2	1	3
25	3	3	2	1	1	3	2	3	2	1	2	1	3
26	3	3	2	1	2	1	3	1	3	2	3	2	1
27	3	3	2	1	3	2	1	2	1	3	1	3	2

附 录

$L_{27}(3^{13})$ 二列间的交互作用列

试验号	列 号												
	1	2	3	4	5	6	7	8	9	10	11	12	13
(1)	(1)	3	2	2	6	5	5	9	8	8	12	11	11
		4	4	3	7	7	6	10	10	9	13	13	12
(2)		(2)	1	1	8	9	10	5	6	7	5	6	7
			4	3	11	12	13	11	12	13	8	9	10
(3)			(3)	1	9	10	8	7	5	6	6	7	5
				2	13	11	12	12	13	11	10	8	9
(4)				(4)	10	8	9	6	7	5	7	5	6
					12	13	11	13	11	12	9	10	8
(5)					(5)	1	1	2	3	4	2	4	3
						7	6	11	13	12	8	10	9
(6)						(6)	1	4	2	3	3	2	4
							5	13	12	11	10	9	8
(7)							(7)	3	4	2	4	3	2
								12	11	13	9	8	10
(8)								(8)	1	1	2	3	4
									10	9	5	7	6
(9)									(9)	1	4	2	3
										8	7	6	5
(10)										(10)	3	4	2
											6	5	7
(11)											(11)	1	1
												13	12
(12)												(12)	1
													11

$L_{27}(3^{13})$ 表头设计

因子数	列 号												
	1	2	3	4	5	6	7	8	9	10	11	12	13
3	A	B	$(A \times B)_1$	$(A \times B)_2$	C	$(A \times C)_1$	$(A \times C)_2$	$(B \times C)_1$			$(B \times C)_2$		
4	A	B	$(A \times B)_1$ $(C \times D)_2$	$(A \times B)_2$	C	$(A \times C)_1$ $(B \times D)_2$	$(A \times C)_2$	$(B \times C)_1$ $(A \times D)_2$	D	$(A \times D)_1$	$(B \times C)_2$	$(B \times D)_1$	$(C \times D)_1$

(11) $L_{16}(4^5)$

试验号	列 号				
	1	2	3	4	5
1	1	1	1	1	1
2	1	2	2	2	2
3	1	3	3	3	3
4	1	4	4	4	4
5	2	1	2	3	4
6	2	2	1	4	3
7	2	3	4	1	2
8	2	4	3	2	1
9	3	1	3	4	2
10	3	2	4	3	1
11	3	3	1	2	4
12	3	4	2	1	3
13	4	1	4	2	3
14	4	2	3	1	4
15	4	3	2	4	1
16	4	4	1	3	2

(12) $L_{12}(3^1 \times 2^4)$

试验号	列 号				
	1	2	3	4	5
1	1	1	1	1	1
2	1	1	1	2	2
3	1	2	2	1	2
4	1	2	2	2	1
5	2	1	2	1	1
6	2	1	2	2	2
7	2	2	1	2	2
8	2	2	1	2	2
9	3	1	2	1	2
10	3	1	1	2	1
11	3	2	1	1	2
12	3	2	2	2	1

(13) $L_{25}(5^6)$

试验号	列 号					
	1	2	3	4	5	6
1	1	1	1	1	1	1
2	1	2	2	2	2	2
3	1	3	3	3	3	3
4	1	4	4	4	4	4
5	1	5	5	5	5	5
6	2	1	2	3	4	5
7	2	2	3	4	5	1
8	2	3	4	5	1	2
9	2	4	5	1	2	3
10	2	5	1	2	3	4
11	3	1	3	5	2	4
12	3	2	4	1	3	5
13	3	3	5	2	4	1
14	3	4	1	3	5	2
15	3	5	2	4	1	3
16	4	1	4	2	5	3
17	4	2	5	3	1	4
18	4	3	1	4	2	5
19	4	4	2	5	3	1
20	4	5	3	1	4	2
21	5	1	5	4	3	2
22	5	2	1	5	4	3
23	5	3	2	1	5	4
24	5	4	3	2	1	5
25	5	5	4	3	2	1

附录3 相关系数临界值表

自由度 $n-2$	$\gamma_{\alpha,n-2}$			自由度 $n-2$	$\gamma_{\alpha,n-2}$		
	$\alpha=0.01$	$\alpha=0.05$	$\alpha=0.10$		$\alpha=0.01$	$\alpha=0.05$	$\alpha=0.10$
1	0.9999	0.9969	0.9877	32	0.4357	0.3388	0.2869
2	0.9900	0.9500	0.9000	33	0.4296	0.3338	0.2826
3	0.9587	0.8783	0.8054	34	0.4238	0.3291	0.2785
4	0.9172	0.8114	0.7293	35	0.4182	0.3246	0.2746
5	0.8745	0.7545	0.6694	36	0.4128	0.3202	0.2709
6	0.8343	0.7067	0.6215	37	0.4076	0.3160	0.2673
7	0.7977	0.6664	0.5822	38	0.4026	0.3120	0.2638
8	0.7646	0.6319	0.5494	39	0.3978	0.3081	0.2605
9	0.7348	0.6021	0.5214	40	0.3932	0.3044	0.2573
10	0.7079	0.5760	0.4973	41	0.3887	0.3008	0.2542
11	0.6835	0.5529	0.4762	42	0.3843	0.2973	0.2512
12	0.6614	0.5324	0.4575	43	0.3801	0.2940	0.2483
13	0.6411	0.5140	0.4409	44	0.3761	0.2907	0.2455
14	0.6226	0.4973	0.4259	45	0.3721	0.2876	0.2429
15	0.6055	0.4821	0.4124	46	0.3683	0.2845	0.2403
16	0.5897	0.4683	0.4000	47	0.3646	0.2816	0.2377
17	0.5751	0.4555	0.3887	48	0.3610	0.2787	0.2353
18	0.5614	0.4438	0.3783	49	0.3575	0.2759	0.2329
19	0.5487	0.4329	0.3687	50	0.3542	0.2732	0.2306
20	0.5368	0.4227	0.3598	60	0.3248	0.2500	0.2108
21	0.5256	0.4132	0.3515	70	0.3017	0.2319	0.1954
22	0.5151	0.4044	0.3438	80	0.2830	0.2172	0.1829
23	0.5052	0.3961	0.3365	90	0.2673	0.2050	0.1726
24	0.4958	0.3882	0.3297	100	0.2540	0.1946	0.1638
25	0.4869	0.3809	0.3233	125	0.2278	0.1743	0.1466
26	0.4785	0.3739	0.3172	150	0.2083	0.1593	0.1339
27	0.4705	0.3673	0.3115	200	0.1809	0.1381	0.1161
28	0.4629	0.3610	0.3061	300	0.1480	0.1129	0.0948
29	0.4556	0.3550	0.3009	400	0.1283	0.0978	0.0822
30	0.4487	0.3494	0.2960	500	0.1149	0.0875	0.0735
31	0.4421	0.3440	0.2913	1000	0.0813	0.0619	0.0520

附录4 均匀设计表

$U_5(5^3)$	1	2	3
1	1	2	4
2	2	4	3
3	3	1	2
4	4	3	1
5	5	5	5

$U_5(5^3)$ 使用表

因素数	列	号		D
2	1	2		0.3100
3	1	2	3	0.4570

$U_6^*(6^4)$	1	2	3	4
1	1	2	3	6
2	2	4	6	5
3	3	6	2	4
4	4	1	5	3
5	5	3	1	2
6	6	5	4	1

$U_6^*(6^4)$ 使用表

因素数	列	号		D
2	1	3		0.1875
3	1	2	3	0.2656
4	1	2	3	4	0.2990

$U_7(7^4)$	1	2	3	4
1	1	2	3	6
2	2	4	6	5
3	3	6	2	4
4	4	1	5	3
5	5	3	1	2
6	6	5	4	1
7	7	7	7	7

$U_7(7^4)$ 使用表

因素数	列	号		D
2	1	3		0.2398
3	1	2	3	0.3721
4	1	2	3	4	0.4760

$U_7^*(7^4)$	1	2	3	4
1	1	3	5	7
2	2	6	2	6
3	3	1	7	5
4	4	4	4	4
5	5	7	1	3
6	6	2	6	2
7	7	5	3	1

$U_7^*(7^4)$ 使用表

因素数	列	号		D
2	1	3		0.1582
3	2	3	4	0.2132

$U_8^*(8^5)$

	1	2	3	4	5
1	1	2	4	7	8
2	2	4	8	5	7
3	3	6	3	3	6
4	4	8	7	1	5
5	5	1	2	8	4
6	6	3	6	6	3
7	7	5	1	4	2
8	8	7	5	2	1

$U_8^*(8^5)$ 使用表

因素数	列	号			D
2	1	3			0.1445
3	1	3	4		0.2000
4	1	2	3	5	0.2709

$U_9(9^5)$

	1	2	3	4	5
1	1	2	4	7	8
2	2	4	8	5	7
3	3	6	3	3	6
4	4	8	7	1	5
5	5	1	2	8	4
6	6	3	6	6	3
7	7	5	1	4	2
8	8	7	5	2	1
9	9	9	9	9	9

$U_9(9^5)$ 使用表

因素数	列	号			D
2	1	3			0.1944
3	1	3	4		0.3102
4	1	2	3	5	0.4066

$U_9^*(9^4)$

	1	2	3	4
1	1	3	7	9
2	2	6	4	8
3	3	9	1	7
4	4	2	8	6
5	5	5	5	5
6	6	8	2	4
7	7	1	9	3
8	8	4	6	2
9	9	7	3	1

$U_9^*(9^4)$ 使用表

因素数	列	号		D
2	1	3		0.1574
3	1	3	4	0.1980

附 录

$U_{10}^*(10^8)$

	1	2	3	4	5	6	7	8
1	1	2	3	4	5	7	9	10
2	2	4	6	8	10	3	7	9
3	3	6	9	1	4	10	5	8
4	4	8	1	5	9	6	3	7
5	5	10	4	9	3	2	1	6
6	6	1	7	2	8	9	10	5
7	7	3	10	6	2	5	8	4
8	8	5	2	10	7	1	6	3
9	9	7	5	3	1	8	4	2
10	10	9	8	7	6	4	2	1

$U_{10}^*(10^8)$ 使用表

因素数			列 号				D
2	1	6					0.1125
3	1	5	6				0.1681
4	1	3	4	5			0.2236
5	1	2	4	5	7		0.2414
6	1	2	3	5	6	8	0.2994

$U_{11}(11^6)$

	1	2	3	4	5	6
1	1	2	3	5	7	10
2	2	4	6	10	3	9
3	3	6	9	4	10	8
4	4	8	1	9	6	7
5	5	10	4	3	2	6
6	6	1	7	8	9	5
7	7	3	10	2	5	4
8	8	5	2	7	1	3
9	9	7	5	1	8	2
10	10	9	8	6	4	1
11	11	11	11	11	11	11

$U_{11}(11^6)$ 使用表

因素数		列 号				D
2	1	5				0.1632
3	1	4	5			0.2649
4	1	3	4	5		0.3528
5	1	2	3	4	5	0.4286
6	1	2	3	4	5	6	0.4942

$U_{11}^*(11^4)$

	1	2	3	4
1	1	5	7	11
2	2	10	2	10
3	3	3	9	9
4	4	8	4	8
5	5	1	11	7
6	6	6	6	6
7	7	11	1	5
8	8	4	8	4
9	9	9	3	3
10	10	2	10	2
11	11	7	5	1

$U_{11}^*(11^4)$ 使用表

因素数	列	号		D
2	1	2		0.1136
3	2	3	4	0.2307

$U_{12}^*(12^{10})$

	1	2	3	4	5	6	7	8	9	10
1	1	2	3	4	5	6	8	9	10	12
2	2	4	6	8	10	12	3	5	7	11
3	3	6	9	12	2	5	11	1	4	10
4	4	8	12	3	7	11	6	10	1	9
5	5	10	2	7	12	4	1	6	11	8
6	6	12	5	11	4	10	9	2	8	7
7	7	1	8	2	9	3	4	11	5	6
8	8	3	11	6	1	9	12	7	2	5
9	9	5	1	10	6	2	7	3	12	4
10	10	7	4	1	11	8	2	12	9	3
11	11	9	7	5	3	1	10	8	6	2
12	12	11	10	9	8	7	5	4	3	1

$U_{12}^*(12^{10})$ 使用表

因素数	列	号					D
2	1	5					0.1163
3	1	6	9				0.1838
4	1	6	7	9			0.2233
5	1	3	4	8	10		0.2272
6	1	2	6	7	8	9	0.2670
7	1	2	6	7	8	9	10	0.2768

附 录

$U_{13}^*(13^8)$

	1	2	3	4	5	6	7	8
1	1	2	5	6	8	9	10	12
2	2	4	10	12	3	5	7	11
3	3	6	2	5	11	1	4	10
4	4	8	7	11	6	10	1	9
5	5	10	12	4	1	6	11	8
6	6	12	4	10	9	2	8	7
7	7	1	9	3	4	11	5	6
8	8	3	1	9	12	7	2	5
9	9	5	6	2	7	3	12	4
10	10	7	11	8	2	12	9	3
11	11	9	3	1	10	8	6	2
12	12	11	8	7	5	4	3	1
13	13	13	13	13	13	13	13	13

$U_{13}^*(13^8)$ 使用表

因素数			列 号					D
2	1	3						
3	1	4	7					
4	1	4	5	7				
5	1	4	5	6	7			
6	1	2	4	5	6	7		
7	1	2	4	5	6	7	8	

$U_{13}^*(13^4)$

	1	2	3	4
1	1	5	9	11
2	2	10	4	8
3	3	1	13	5
4	4	6	8	2
5	5	11	3	13
6	6	2	12	10
7	7	7	7	7
8	8	12	2	4
9	9	3	11	1
10	10	8	6	12
11	11	13	1	9
12	12	4	10	6
13	13	9	5	3

$U_{13}^*(13^4)$ 使用表

因素数		列 号		D
2	1	3		
3	1	3	4	
4	1	2	3	4

$U_{14}^*(14^5)$					
	1	2	3	4	5
1	1	4	11	11	13
2	2	8	7	7	11
3	3	12	3	3	9
4	4	1	14	14	7
5	5	5	10	10	5
6	6	9	6	6	3
7	7	13	2	2	1
8	8	2	11	13	14
9	9	6	3	9	12
10	10	10	10	5	10
11	11	14	2	1	8
12	12	3	9	12	6
13	13	7	1	8	4
14	14	11	8	4	2

$U_{14}^*(14^5)$ 使用表				
因素数	列	号		D
2	1	4		0.0957
3	1	2	3	0.1455
4	1	2	3	5	0.2091

$U_{15}(15^5)$

	1	2	3	4	5
1	1	4	11	11	13
2	2	8	7	7	11
3	3	12	3	3	9
4	4	1	14	14	7
5	5	5	10	10	5
6	6	9	6	6	3
7	7	13	2	2	1
8	8	2	11	13	14
9	9	6	3	9	12
10	10	10	10	5	10
11	11	14	2	1	8
12	12	3	9	12	6
13	13	7	1	8	4
14	14	11	8	4	2
15	15	15	15	15	15

$U_{15}(15^5)$ 使用表

因素数	列	号		D
2	1	4		0.1233
3	1	2	3	0.2043
4	1	2	3	5	0.2772

$U_{15}(15^7)$

	1	2	3	4	5	6	7
1	1	5	7	9	11	13	15
2	2	10	14	2	6	10	14
3	3	15	5	11	1	7	13
4	4	4	12	4	12	4	12
5	5	9	3	13	7	1	11
6	6	14	10	6	2	14	10
7	7	3	1	15	13	11	9
8	8	8	8	8	8	8	8
9	9	13	15	1	3	5	7
10	10	2	6	10	14	2	6
11	11	7	13	3	9	15	5
12	12	12	4	12	4	12	4
13	13	1	11	5	15	9	3
14	14	6	2	14	10	6	2
15	15	11	9	7	5	3	1

$U_{15}(15^7)$ 使用表

因素数	列		号		D
2	1	3			0.0833
3	1	2	6		0.1361
4	1	2	4	6	0.1551
5	2	3	4	5	7	0.2272

参 考 文 献

[1] 陈中文,袁小鹏.大学生科研导论[M].北京:科学出版社,2008.
[2] 吴贵生.试验设计与数据处理[M].北京:冶金工业出版社,1997.
[3] 郑少华,姜奉华.试验设计与数据处理[M].北京:中国建材工业出版社,2004.
[4] 李云雁,胡传荣.试验设计与数据处理[M].北京:化学工业出版社,2005.
[5] 刘炯天,樊民强.试验研究方法[M].徐州:中国矿业大学出版社,2006.
[6] 赵选民.试验设计方法[M].北京:科学出版社,2006.
[7] 方开泰.均匀设计与均匀设计表[M].北京:科学出版社,1994.
[8] 成岳.科学研究与工程试验设计方法[M].武汉:武汉理工大学出版社,2005.
[9] 陈魁.试验设计与分析[M].北京:清华大学出版社,1996.
[10] 周振英,刘炯天.选煤工艺试验研究方法[M].徐州:中国矿业大学出版社,1991.
[11] 陈兆能,邱泽麟,余经洪.试验设计与分析[M].上海:上海交通大学出版社,1991
[12] 关颖男,施大德.试验设计方法入门[M].北京:冶金工业出版社,1985.
[13] 栾军.试验设计的技术与方法[M].上海:上海交通大学出版社,1987.
[14] 本书编写组.正交试验设计法[M].上海:上海科学技术出版社,1979.
[15] 何少华,文竹青,娄涛.试验设计与数据处理[M].长沙:国防科技大学出版社,2002.
[16] 盛骤.概率论与数理统计[M].北京:高等教育出版社,2001.
[17] 张荣曾.选煤实用数理统计[M].北京:煤炭工业出版社,1985.
[18] 张晋昕,段素荣,李河.多因素方差分析出现 $F<1$ 时对误差均方的调整[J].循证医学,2005(10):297-299.
[19] 石磊,王学仁,孙文爽.试验设计基础[M].重庆:重庆大学出版社,1997.
[20] 杨德.试验设计与分析[M].北京:中国农业出版社,2002.
[21] 牛长山,徐通模.试验设计与数据处理[M].西安:西安交通大学出版社,1988.
[22] 栾军.现代试验设计优化方法[M].上海:上海交通大学出版社,1995.
[23] 茆诗松.回归分析及其试验设计[M].上海:华东师范大学出版社,1981.
[24] 苏均和.试验设计[M].上海:上海财经大学出版社,2005.
[25] 茆诗松,周纪芗,陈颖.试验设计[M].北京:中国统计出版社,2004.
[26] 张铁茂,丁建国.试验设计与数据处理[M].北京:兵器工业出版社,1990.
[27] 项可风,吴启光.试验设计与数据分析[M].上海:上海科学技术出版社,1989.
[28] 宁琴,李彩霞,洪琰,等.响应面法优化煤矸石基 PASC 制备及絮凝机理研究[J].煤炭转化,2023,46(3):108-116.
[29] Schroth B K, Sposito G. Surface charge properties of kaolinite[J]. Clays and Clay Minerals,1997,45(1):85-91.
[30] 邹文杰.炼焦中煤选择性絮凝-浮选分离研究[D].徐州:中国矿业大学,2014:116-119.
[31] 董立周,刘继红,王俊涛,等.煤泥浮选技术发展概况[J].选煤技术,2015,(05):96-100.

- [32] 刘嘉.煤泥最优浮选条件的试验[J].露天采矿技术,2014,(11):59-62.
- [33] 朱一民.2020年浮选药剂的进展[J].矿产综合利用,2021,(2):102-118.
- [34] 贾斌.煤泥浮选效果影响因素研究[J].能源与环保,2021,43(2):78-82.
- [35] 郭艳.捕收剂作用下煤和矿物对浮选机理及效果的影响[J].煤炭与化工,2020,43(8):101-104.
- [36] 张晓燕.叶轮转速对煤泥浮选效果及动力学影响分析[J].煤,2019,28(11):95-97.
- [37] 刘焕胜,刘瑞芹.浮选药剂连续乳化法的研究与试验[J].煤炭加工与综合利用,2003(4):17-20,61.
- [38] 谌托.淮北矿业浮选工艺的发展[J].煤炭加工与综合利用,2018(7):38-40,44.
- [39] 龙跃.倾斜薄矿体抛掷爆破全面采矿方法试验研究[J].有色冶金,2015,31(5):12-14.
- [40] 邱轶兵.试验设计与数据处理[M].合肥:中国科学技术大学出版社,2008.
- [41] 闵凡飞,朱金波,张明旭.正交法在高泥化煤泥水沉降试验中的应用[J].安徽理工大学学报(自然科学版),2010,30(4):52-56.
- [42] GB/T 19093—2003.煤粉筛分试验方法[S].北京:中国标准出版社,2003.
- [43] GB/T 36167—2018.选煤实验室分步释放浮选试验方法[S].北京:中国标准出版社,2018.
- [44] 赵先华.分步释放浮选曲线的修正及煤泥密度的确定[J].煤炭加工与综合利用,2011(6):4-8,68.
- [45] 申杰,黄勇,张嘉云,等.余吾选煤厂细粒煤泥调浆浮选试验研究[J].煤炭加工与综合利用,2021(3):14-18.
- [46] 张伟,王晨,左其亭.基于污泥处理科学研究的本科教学实验设计研究[J].科学咨询(教育科研),2021(6):31-32.
- [47] 黄英才,许丹丹,白少元,等.我国城镇污泥资源化利用综述[J].环境与发展,2020,32(11):250-252.
- [48] 黄慧,高磊.污水处理厂污泥处理处置现状及利用分析[J].能源与节能,2022(9):46-48.
- [49] 寿倩影.耐酸碱型阳离子聚丙烯酰胺P(AM-MAPTAC)的制备及其絮凝性能研究[D].重庆:重庆大学,2017.
- [50] 蔡小川,高玉荣,陈曲,等.微波辅助法合成高分子量聚丙烯酰胺[J].当代化工,2017,46(2):201-203.
- [51] 陶燕江,祁彦青.生态环保污水处理技术研究[J].工业微生物,2023,53(1):58-60.
- [52] 邓宏达.我国三次采油污水处理技术研究进展[J].化学工程与装备,2022(5):264-265
- [53] 黄静.基于高效引发体系的有机絮凝剂合成机理及其水处理应用研究[D].重庆:重庆工商大学,2022.
- [54] 马长坡,周翼洪,张健,等.阳离子聚丙烯酰胺的制备及其应用进展[J].化工新型材料,2020,48(6):226-231.
- [55] 王柱,陈洋,李兴华,等.有机高分子型阳离子聚丙烯酰胺絮凝剂合成技术研究进展[J].造纸科学与技术,2022,41(6):15-19.
- [56] 康传宏,周久娜,郭继香.超高分子量聚丙烯酰胺的合成方法综述[J].应用化工,2022,51(11):3310-3313.
- [57] 孙一鸣.聚铝污泥回流强化混凝工艺深度处理制药废水效果研究[D].哈尔滨:哈尔滨工业大学,2019.
- [58] 吴瑞鹏,谢昱卓,刘凯,等.化学联合声波团聚的正交实验优化和单因素分析[J].热能动力工程,2020,35(10):103-109.
- [59] 刘利辉,王立平,何海娜,等.正交实验法优化废氧化锌催化剂中氧化锌的回收工艺[J].化工技术与开发,2022,51(08):86-88,10.
- [60] 段丙旭,于睿晗,徐刚.约束系统参数对THOR假人响应灵敏度研究[J].时代汽车,2023(10):180-184,188.
- [61] 傅强,刘笑语,唐品,等.基于AHP-CRITIC法的半潜式钻井平台主尺度多准则决策[J].中国海洋平台,2021,36(5):63-70.

[62] 何瑶,江华娟,成颜芬,等.基于Box-Behnken设计-响应面法与质量综合评价优化经典名方桃红四物汤煎煮工艺[J].中草药,2021,52(22):6845-6855.

[63] 万山,杨喆,张乔会,等.响应面法优化山杏核壳总多酚提取工艺及其性质研究[J].食品工业科技,2015,36(22):221-226.

[64] 王淑勤,李晓雪,李丹.微波辅助合成 $ZnO-TiO_2$ 及其可见光催化脱硝活性[J].燃料化学学报(中英文),2023,51(5):589-597.

[65] 吉希希.三维结构石墨烯及其复合材料的制备与电化学和吸波应用[D].哈尔滨:哈尔滨工业大学,2020.

[66] 江标.金属有机框架Cu-BTC负载棉织物对偶氮染料和Cr(Ⅵ)的去除研究[D].天津:天津工业大学,2021.

[67] 赵静.超净煤分选过程中絮团形成机理的研究[D].北京:中国矿业大学(北京),2017.

[68] Niranjan P S, Tiwari A K, Upadhyay S K. Polymerization of acrylamide in a micellar medium: Inhibition effect of surfactants[J]. Journal of Applied Polymer Science, 2011,122(2):981-986.

[69] Utami S P, Harahap A F P, Darmawan M A, et al. Liquid-Liquid Extraction (LLE) of Furfural Purification from Oil Palm Empty Bunch with Toluene Solvent[J]. IOP Conference Series: Earth and Environmental Science, 2022,1034(1):012053.

[70] 杨辉,李聪.改性阳离子型天然高分子絮凝剂制备条件的响应面法优化[J].功能材料,2012,2(43):237-241.

[71] 袁群,葛红花,蒋以奎,等.模拟冷却水中 Al_2O_3 纳米颗粒分散条件的优化[J].功能材料,2015,46(37):23101-23105.

[72] 李文涛,刘耀东,曹明明.基于均匀设计的组合梁斜拉桥施工控制多参数敏感性分析[J].科学技术与工程,2024,24(3):1234-1241.

[73] Ali K, Katsuchi H, Yamada H. Comparativestudy on structural redundancy of cable-stayed and extradosed bridges through safety assessment of their staycables[J]. Engineering, 2021,7(1):111-123.

[74] Xia B H, Chen Z S, Li T L, et al. Construction control of a long span light urban rail transit cable-stayed bridge: a case study[J]. International Journal of Robotics and Automation, 2017,32(3):274-282.

[75] Zhang X, Chen X, Wang Q, et al. Numerical simulation of buffeting response of cable-stayed truss bridge with unconventional load in port[J]. Journal of Coastal Research, 2019,94:275-279.

[76] Zhang F X. The application of BP neural networks in cable-stayed construction control[J]. Applied Mechanics and Materials, 2014,3309:584-586.

[77] 熊树章.钢混叠合梁斜拉桥结构参数敏感性分析[J].中外公路,2016,36(1):159-162.

[78] 刘榕,伍英,丁延书,等.多塔矮塔斜拉桥结构参数敏感性分析[J].铁道科学与工程学报,2018,15(5):1224-1230.

[79] 肖春名,廖盛荣,赵晨光,等.V字形矮塔斜拉桥结构参数敏感性分析研究[J].公路,2023,68(1):187-193.

[80] 祝嘉珅,黄天立,周朝阳,等.高铁大跨拱承式独塔斜拉桥成桥状态力学参数敏感性分析[J].铁道科学与工程学报,2021,18(9):2244-2254.

[81] 杨懋,缪长青,王旭东.斜弯独塔混合梁斜拉桥参数敏感性分析[J].科学技术与工程,2022,22(28):12642-12650.

[82] 张治成.大跨度钢管混凝土拱桥施工控制研究[D].杭州:浙江大学,2004.

[83] 魏春明,陈淮,王艳.矮塔斜拉桥参数敏感性分析[J].郑州大学学报(理学版),2007,39(3):178-182.

[84] Liu J, Wang D. Static parameter sensitivity analysis of long-span cable-stayed bridge based on RSM[J]. Journal of Highway&Transportation Research&Development, 2016,10(1):64-71.

[85] 随嘉乐,张谢东,张光英.矮塔斜拉桥成桥线形控制参数敏感性分析[J].武汉理工大学学报(交通科学与工程版),2023,47(3):499-504.

[86] 柴小鹏,吴红林.利用正装迭代法确定斜拉桥合理施工状态[J].科学技术与工程,2011,11(22):5470-5473.

[87] 郭伟.用正装迭代法计算斜拉桥的施工索力[J].科学技术与工程,2012,12(18):4558-4560.

[88] 张宪堂,余辉,秦文彬,等.钢箱梁斜拉桥结构参数敏感性分析[J].山东科技大学学报(自然科学版),2020,39(5):41-47,55.

[89] 唐启.泉州湾跨海大桥钢混组合梁施工控制参数敏感性分析[J].世界桥梁,2016,44(5):57-61.

[90] 黄灿,赵雷,卜一之.特大跨度斜拉桥几何控制法单参数敏感性分析[J].公路交通科技,2012,29(5):70-75.

[91] 史宁中.统计检验的理论与方法[M].北京:科学出版社,1994.